中国蓝碳蓝皮书 2024

Blue Book on Blue Carbon in China 2024

主　编　李建平

副主编　徐　胜　卢　昆　包　锐

中国海洋大学出版社

·青岛·

内 容 简 介

为更好地应对全球气候变化，落实党中央国务院"双碳"战略目标，及时反映我国蓝碳资源状况与变化趋势，以及我国在海洋碳中和领域的新发现、新进展、新成果，中国海洋大学海洋碳中和中心组织 30 余位专家编写了《中国蓝碳蓝皮书（2024）》。全书内容分为七章，包括总体篇、产业篇、区域篇、热点篇、专题篇、政策法规篇、国际借鉴篇等，结合碳中和愿景目标，从多维度选取数据指标，针对我国蓝碳现状、问题与未来发展等进行了剖析，借鉴国际蓝碳实践的成功案例与丰富经验，提供中国应对全球气候变化的新方案、新思路。

本书可为各级政府制定气候变化应对政策提供科学支撑，同时可满足国内外气候变化与海洋碳中和研究的需求，更好地开展海洋科学传播，为探索蓝色碳汇，减缓气候变化行动提供基础数据和科学方法。本书适用于政府决策部门、海洋科学研究中心、高校研究部门，以及海洋大气、资源环境、海洋渔业、海洋能源、海洋经济、海洋治理及国际合作等领域的科研与教学人员参考使用，也可供对气候和海洋生态环境变化感兴趣的读者参考。

图书在版编目（CIP）数据

中国蓝碳蓝皮书.2024/李建平主编. --青岛：
中国海洋大学出版社，2024.8. --ISBN 978-7-5670
-3942-1

Ⅰ. P7-53

中国国家版本馆 CIP 数据核字第 2024B67H72 号

ZHONGGUO LANTAN LANPISHU

中国蓝碳蓝皮书（2024）

出版发行	中国海洋大学出版社		
社　　址	青岛市香港东路 23 号	**邮政编码**	266071
出 版 人	刘文菁		
网　　址	http://pub.ouc.edu.cn		
电子信箱	Wangjiqing@ouc-press.com		
订购电话	0532-82032573（传真）		
责任编辑	王积庆	**电　　话**	0532-85902349
装帧设计	青岛汇英栋梁文化传媒有限公司		
印　　制	青岛名扬数码印刷有限责任公司		
版　　次	2024 年 8 月第 1 版		
印　　次	2024 年 8 月第 1 次印刷		
成品尺寸	185 mm × 260 mm		
印　　张	14.75		
字　　数	297 千		
印　　数	1—900		
定　　价	198.00 元		
审 图 号	GS 鲁（2024）0313 号		

发现印装质量问题，请致电13792806519，由印刷厂负责调换。

《中国蓝碳蓝皮书（2024）》

编写委员会

主　　编　李建平

副 主 编　徐　胜　卢　昆　包　锐

编写委员会（以姓氏笔画为序）

Hui Yu　于　莹　卢　昆　田永军　史　磊　包　锐　冯玉铭　刘　超

刘　臻　刘大海　刘继晨　李　丽　李　萍　李　晨　李汉瑾　李建平

李宪宝　余　静　辛荣玉　宋　洋　张　平　张沛东　张坤珵　张明亮

陈奕彤　陈鹭真　武　文　孟昭苏　秦华伟　聂　婕　徐　胜　梁生康

董晓晨　董云伟　韩广轩　谢素娟　薛茗洋

秘 书 组

张晶晶　马　崑　王　怡

参与单位

中国海洋大学、厦门大学、中国科学院烟台海岸带研究所、自然资源部第一海洋研究所、自然资源部海洋发展战略研究所、山东省海洋资源与环境研究院、英国格拉斯哥大学（University of Glasgow, UK）

　　自工业革命以来，由于人类活动引起大气中温室气体含量的显著增加，从而导致全球气候变暖，这是当今全人类面临的最严峻挑战。研究指出，2023年地球限度中的九个已有六个被超越，全球气候进入"紧急状态"，人类生存"拉响红色警报"。数据显示，2024年4月全球气温再刷历史新高，已连续11个月打破同月纪录，且可能是过去10万年里最暖的月份，表明全球气温处于前所未有的水平，并呈现加速变暖的趋势。2023年7月，联合国秘书长安东尼·古特雷斯宣布"全球变暖时代结束，全球沸腾时代到来"。加速变暖的全球气候导致极端天气气候事件频发、海平面上升、海洋缺氧和酸化、生物多样性丧失等问题日益凸显，人类未来的生存和可持续发展面临重大威胁。政府间气候变化专门委员会（IPCC）第六次评估报告确认，观测到的全球增暖是由人类排放所驱动，主要是温室气体导致。世界气象组织（WMO）报告指出，二氧化碳（CO_2）是大气中最重要的温室气体，在全球气候变暖效应中贡献了约66%。美国国家海洋大气局（NOAA）最新报告指出，大气中CO_2浓度再创新高，在2023年达419.3 ppm，为工业化前水平的150%，且是过去近200万年以来的最高水平。由于CO_2是长寿命气体，这意味着在将来的许多年里，气温将持续上升。因此，控制大气中温室气体含量，加快气候行动刻不容缓。

　　为了有效应对全球气候变化这一全人类共同面临的重大挑战，2015年12月《巴黎协定》正式签署，其核心目标是将全球气温上升控制在远低于工业革命前水平的2 ℃以内，并努力控制在1.5 ℃以内。《巴黎协定》这一历史上首个具有法律约束力的气候变化国际条约具有里程碑意义。要实现《巴黎协定》的目标，全球温室气体排放需在2030年之前减少一半，在2050年左右达到净零排放，即碳中和。联合国秘书长安东尼·古特雷斯指出："到2050年实现碳中和是当今世界最为紧迫的使命"。2050年实现碳中和要求每个国家、城市、金融机构和公司都应采取净零排放计划，到2030年全球排放比2010年减少45%，而且全球有害温室气体占比超过65%和世界经济占比超过70%的国家将做出承诺——到20世纪中叶实现净零排放。

　　从历史发展的角度看，最初的温室气体减排等气候解决方案几乎都是围绕陆地"绿碳"生态系统展开的，人们对滨海湿地、盐沼以及海洋的固碳功能普遍缺乏重视，这种主观上的"忽视"最终也带来了世界"蓝碳"（blue carbon）研究客观上的迟缓，并造成了全球"蓝碳"研究分量不足的事实。2009年，联合国环境规划署（UNEP）发布《蓝碳：健康海洋固碳作用的评估报告》，首次明确蓝碳（又称"蓝色碳汇"或"海洋碳汇"）的概念，特指海洋活动及海洋生物吸收大气中的CO_2，并将其固定、储存在海洋生态系统中的过程、活动和机制，包括红树林、盐沼、海草床、浮游植物、大型藻类、贝类及海洋微型生物等。相比于陆地"绿碳"系统而言，在全球自然生态系统通过光合作用捕获的碳总量中，海洋生态系统固定的份额约为55%，其每年大约吸收了30%由人类活动排放到大气中的CO_2，而且单位海域固碳量大约是同等面积森林固碳量的10倍。比较而言，海洋碳库（高达39,000 PG），大约是陆地碳库容量的20倍，更是大气碳库容量的50倍。显然，作为世界上最大的碳汇主体，蓝碳无论是数量上，还是在效率上，均更有发展优势。

自从2020年9月习近平总书记在第七十五届联合国大会一般性辩论上提出"碳达峰、碳中和"发展目标以来，中国政府上下各级部门、社会各行各业都积极投身于"减碳增汇"的工作中来。然而，从实际来看，中国的蓝碳实践和理论研究目前依然面临微观机理不清、人工干预技术薄弱、评估标准和方法不全等一系列现实问题。在此背景下，成立于2022年6月的中国海洋大学海洋碳中和中心（以下简称海洋碳中和中心），以服务国家"双碳"目标重大需求为宗旨，以"深耕海洋、服务国家、世界一流"为建设目标，精心统筹国内外诸多科研机构专家学者，联合发起了《中国蓝碳蓝皮书》《海洋碳中和前沿进展》等专项研究，旨在通过发挥中国海洋大学在海洋领域"文理工农商"等多学科交叉融合优势，开展跨学科有组织科研，有效助力新时期中国"双碳"战略目标的实现以及提供面向全球的"蓝碳"智慧和中国方案。

为了推动蓝碳相关科研与业务工作的开展，并为政府、企业、利益相关者提供参考，海洋碳中和中心牵头组织全国的相关专家共同编写《中国蓝碳蓝皮书》，计划每年出版一本，此书是第一本。本研究得到了中国海洋大学"一流大学"建设专项经费（中央高校基本科研业务费专项，编号202242001）的资助，于2023年9月正式启动，随即海洋碳中和中心成立了由海洋、气候、环境、工程、信息、水产、经济、管理、法律等相关领域的国内外专家学者组成的专家组，以及来自中国海洋大学、厦门大学、英国格拉斯哥大学、中国科学院烟台海岸带研究所、自然资源部第一海洋研究所、自然资源部海洋发展战略研究所、山东省资源与环境研究院等单位的科学家组成的编写组。研究期间，整个团队统筹分工、精诚合作、密切配合，采取"线上＋线下"的方式，先后举办了研究启动会、专家组会议、项目全体会议，以及各章节编写组的内部交流会、秘书组工作会议等一系列专题研讨会，并广泛征求了各方意见和相关建议，最终完成了《中国蓝碳蓝皮书2024》的编撰工作。

本书共分七章，第一章为总体篇，全面总结了蓝碳的国内外发展态势、影响因素、主要问题和未来趋势；第二章产业篇和第三章区域篇，分别从海洋产业和区域发展视角考察了中国蓝碳的实践进程;第四章热点篇,探讨了海洋经济高质量发展、气候变化、数字化、智能化等与蓝碳之间的关系以及蓝碳金融与交易等热点问题;第五章专题篇,着重对红树林蓝碳核算、海草床蓝碳核算、盐沼蓝碳核算、海洋能源与蓝碳、海洋渔业与蓝碳等专题进行了分析;第六章政策法规篇,系统梳理了国内外蓝碳相关政策法规;第七章国际借鉴篇,选择美国、欧洲、日韩、澳大利亚等国家进行了国际蓝碳案例分析,审视和总结了全球蓝碳的发展经验。参与各章编写的专家如下:

第1章　总体篇

徐　胜　余　静　李建平

第2章　产业篇

卢　昆　李建平　Hui Yu　李汉瑾

第3章　区域篇

刘　臻　李宪宝　史　磊　李　晨　韩广轩　余　静

第4章　热点篇

包　锐　徐　胜　冯玉铭　李建平　聂　婕　孟昭苏

第5章　专题篇

梁生康　陈鹭真　张沛东　秦华伟　刘　臻　董云伟

第6章　政策法规篇

刘大海　陈奕彤　张　平　于　莹　刘　超　李　萍

第7章　国际借鉴篇

谢素娟　冯玉铭　田永军　武　文　张坤珵

本书是全体编写组和秘书组成员迎难而上、努力工作、攻坚克难、不辞辛劳、紧密协作、共同拼搏的最终成果。在此,向所有参与本书编撰的工作人员致以崇高的敬意和由衷的感谢!同时,也真诚地希望本书的出版能够为新时代中国蓝碳事业的高质量发展提供相关参考,能够助力于中国"双碳"战略目标的早日实现!

当然,作为我国蓝碳研究领域的首部蓝皮书,由于内容涵盖面广、研究主题多、编写时间紧,书中难免存在一些薄弱环节和疏漏之处,敬请广大读者朋友们批评指正,也期盼大家多多包涵并给予谅解!

李建平　教授、博士生导师

中国海洋大学未来海洋学院院长、海洋碳中和中心主任

2024 年 5 月

CONTENTS → →
目　录

第 1 章

总体篇

▌摘　要:立足于碳中和背景,发展蓝碳对实现碳中和目标具有重要的意义。发展蓝碳不仅是我国推动海洋生态文明建设的重要抓手,而且是助力实现碳达峰、碳中和目标的有力支撑。在探索和利用蓝色碳汇的过程中,需要综合考虑各种因素对蓝色碳汇效果的影响。本篇通过对中国蓝碳发展存在的问题、面临的机遇及发展趋势进行分析,从而提出针对性意见,进一步促进我国蓝色经济的发展,进而助力绿色可持续发展和"双碳"目标的如期实现。

▌关键词:蓝碳经济　海洋经济高质量发展水平　生态文明

1.1 蓝碳国内外形势分析

1.1.1 蓝碳定义

蓝碳(blue carbon),又称"蓝色碳汇"或"海洋碳汇"(ocean carbon sink),特指海洋活动及海洋生物吸收大气中的二氧化碳,并将其固定、储存在海洋生态系统中的过程、活动和机制(Nellemann et al.,2009),是相对于陆地森林固定的"绿碳"而言的。蓝碳包括红树林、滨海盐沼、海草床、浮游植物、大型藻类、贝类等,其中,红树林、滨海盐沼、海草床是三大蓝碳生态系统,不仅能够长期固定和储存来自大气和海洋的碳,还可以调控地球大气中的二氧化碳(CO_2)和氧气(O_2)的平衡。

中国作为最大的发展中国家,是目前全球 CO_2 年排放总量最多的国家,但累积人均排放量还相对较低。过去 20 多年中国碳排放量与碳排放增速变化情况见图 1.1.1。中国的碳中和战略关乎全球,为世界应对气候变化贡献重要力量。要实现碳中和,减源(包括节能减排、开发和使用清洁可再生能源)和增汇(包括增加绿碳和蓝碳、碳捕获、利用与封存)是两条根本途径。海洋是地球上最大的碳库,能够通过生物作用和物理作用固定 CO_2,随着板块地质活动向地球深部输出,实现碳的长期封存。因此,海洋以其巨大的碳储量、多样的固碳方式、稳定的保存形式和广阔的增汇潜力因而在缓解气候变化中发挥着不可替代的作用。

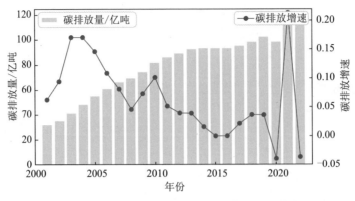

图 1.1.1 中国碳排放量（亿吨）与碳排放增速变化

滨海蓝碳作为优质的碳汇，以其强大的生态功能支撑高效的固碳能力。滨海生态系统拥有丰富的植被结构，通过光合作用进行自养，将大气的 CO_2 固定为有机物，此外来自海洋的外源碳由于潮汐作用等，以海水浸淹或地表径流等形式输入生态系统内。红树林、滨海盐沼湿地和海草床所固定的碳一部分用以供给植物自身生存所需的营养，通过呼吸作用回到大气中；一部分在人类生产生活导致的土地利用变化中氧化释放到大气中；大部分被储存在碳库中，由于沿海区域的潮水覆盖经常处于缺氧状态，减缓了有机碳的矿化分解从而得以长时间埋藏，尤其储存在土壤中的碳能够保存上千年。与裸露的滩涂相比，滨海蓝碳系统的植被可以改变湍流、径流流量和削减波浪作用，减少沉积物再悬浮促进快速沉积。这些特点使海岸带蓝碳生态系统固碳能力与速度显著优于陆地森林生态系统，在全球碳循环中发挥着重要作用，滨海生态系统在全球范围内每年埋藏 120～329 Tg C，占全球海洋沉积物中碳埋藏估值的 50% 以上，是开阔大洋平均碳埋藏率的 180 倍（Nellemann et al.，2009）。中国红树林面积分布见图 1.1.2，中国红树林、海草床、滨海湿地面积变化见图 1.1.3。

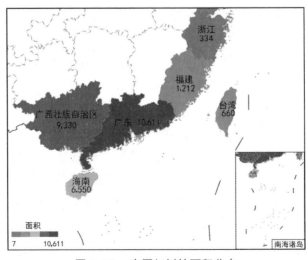

图 1.1.2 中国红树林面积分布

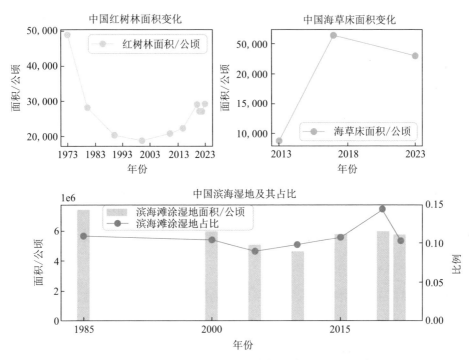

图 1.1.3　中国红树林、海草床、滨海湿地面积（公顷）变化

红树林生长在热带和亚热带的潮间带区域，是由常绿乔木和灌木组成的耐盐木本植物。红树林既是森林，也是湿地，兼具森林的"地球之肺"和湿地的"地球之肾"的功能，是地球上生态服务功能最高的自然生态系统之一。红树林具有复杂的群落结构，较高的初级生产力，虽然全球红树林的面积仅占全球陆地面积的 0.1%，但却能封存全球 5% 的碳。红树林中，有机碳储量平均每公顷 740 吨碳，碳储量可达每公顷 1,000 吨以上，相当于 2,000 多桶石油燃烧产生的 CO_2 排放量，其中 98% 储存在沉积物中（Schindler, Murray et al., 2023）。红树林的植被和沉积物的固碳量大约是热带雨林的 3～4 倍。红树林对生境要求独特，需在河口、内湾水流较缓处形成的泥质滩涂生长，故其分布面积仅 14.5 万 km^2，为全球森林总面积～0.3%。目前，世界上的红树林存储约 62 亿吨碳，相当于 228 亿吨 CO_2。假如 1% 的红树林遭到破坏，将导致～2.3 亿吨温室气体释放到大气中，这相当于 4,900 万辆汽车（北京市汽车总数的 7 倍）正常行驶一年的碳排放量。保护和开发红树林价值巨大。

滨海盐沼湿地又称潮汐沼泽，是潮间带植被覆盖的湿地生态系统，是具有深厚土壤的沿海湿地，通过矿物沉积物和有机物的积累而形成，然后被潮汐带来的盐水淹没。滨海盐沼从近北极圈地区到热带的各种气候条件下分布，在海岸线和河口区域占主导地位，其中温带地区最广泛。被誉为"地球之肺"的滨海盐沼湿地具有高度的生物多样性，为大量物种提供重要的栖息地，参与调控水文、营养物质和微量元素等的生物地球化学循环。全球盐沼约 40 万 km^2。滨海盐沼生态系统中几乎所有的碳都存在于几米深的土壤中。滨海盐沼湿地的地表水呈碱性，土壤中盐分含量较高，分布着芦苇、碱蓬、柽柳等植物。滨海盐沼是最有效的碳汇之一，其积累有机碳的速率是热带雨林的 55 倍，并将碳储存在土壤中长达千年（McLeod et al., 2011）。滨海盐沼湿地的碳储存量是森林的 3～5 倍。

海草是由陆地植物演化到适应海洋环境的高等植物，是地球上唯一可生活在海水中的开花植物，能吸收空气和海水中大量的 CO_2，被称为对抗全球变暖的"秘密武器"。海草床亦有"海底草原"和"海底森林"之称，为群落动物提供庇护和食物，也为人类生产生活提供保障。全球海草床约 33 万 km^2，只占世界海洋面积的 0.2%，但估计每年所固定的碳占海洋碳埋藏量的 10%～18%，是重要的蓝色碳汇。海草捕获碳效率约是热带雨林的 35 倍，每公顷海草可储存的碳是陆地森林的 2 倍。全球海草生态系统的有机碳库可高达 199 亿吨，保守算法为 42 亿～84 亿吨（Fourqurean et al., 2012）。据估计，修复养护 1 万亩的海草床，可中和 20 万辆汽车每年的碳排放量。

1.1.2　中国蓝碳发展现状

国内蓝碳项目示范案例增多，蓝碳经济成为国内沿海地区发展着力点。

2014 年，中国科学院学部科学与技术前沿论坛暨海洋科技发展战略研讨会为"中国未来海洋联盟"揭牌，并正式推出"中国蓝计划"。该计划旨在通过建设永久性时间序列海洋碳汇监测站，加强与国际学术机构的联系合作，逐步建立国际海洋碳汇标准体系，以及开发蓝碳增汇技术实施增汇工程等举措，扩大我国海洋科技力量的国际影响，为实现我国海洋强国战略做出贡献。

2015 年，中共中央、国务院颁布《中共中央　国务院加快推进生态文明建设的意见》，明确提出通过增加森林、草原、湿地、海洋碳汇等手段，有效控制二氧化碳、甲烷、氢氟碳化物、全氟化碳、六氟化硫等温室气体的排放。

2017 年，国家发展改革委、国家海洋局发布《"一带一路"建设海上合作设想》，明确提出将加强海洋领域应对气候变化合作和加强蓝碳国际合作作为未来"一带一路"国家开展国际合作的重点之一。

2019 年，中共中央办公厅、国务院办公厅发布《国家生态文明试验区（海南）实施方案》，明确提出开展海洋生态系统碳汇试点，并开展蓝碳标准体系和交易机制研究，依法合规探索设立国际碳排放权交易场所。

2020 年，深圳大鹏新区发布《海洋碳汇核算指南》，这是全国首个海洋碳汇核算指南。主要依据 2006 年政府间气候变化专门委员会（IPCC）国家温室气体清单指南》的湿地指南、《沿海湿地创造方法学》《潮汐湿地和海藻地修复方法学》的主要原则，参照《国家省级温室气体清单编制指南火深圳市城市温室气体清单编制指南》的主要框架，结合大鹏海域实际情况，针对海洋生物和滨海湿地的碳汇总量构建了核算体系。并重点筛选出红树林、盐沼泽、贝类、藻类等 7 个可交易碳汇类型及 11 项碳汇指标选取 17 项排放因子，明确了数据来源与途径，构建了质量控制指引，确定了统一的报告形式。但自前深圳市排放交易所正与深圳市标准技术研究院协同推动《海洋碳汇核算指南》

成为深圳市地方标准，全国性统一的标准仍有待建立。

2021 年，中央财经委员会第九次会议强调十四五是碳达峰的关键期，要提升碳汇能力，强化国土空间规划和用途管控，有效发挥森林、草地、湿地、海洋的固碳作用，提升生态系统碳汇增量。

2021 年 6 月，广东湛江红树林造林项目：该项目将广东湛江红树林国家级自然保护区范围内，2015—2020 年期间陆续种植的 380.4 hm^2 红树林按照 VCS 和 CCB 标准进行开发，成为全球首个 VCS 和 CCB 双重标准认证的红树林碳汇项目。广东湛江红树林项目作为中国首个蓝碳项目，其取得的成绩标志着我国蓝碳碳汇交易先声夺人。此蓝碳项目的初见成效，具有很强的示范作用，不仅能够有效并有力地树立起一个蓝碳交易范例，为后面蓝碳新项目的开发和实施铺好了道路，一定程度上吸引资本关注或进入此行业，并且能够给予政府更大的信心、更足的底气、更大的愿景，去进一步地推进蓝碳开发，并在蓝碳的碳汇交易之中促进我国碳金融的发展。

2021 年 9 月，泉州洛阳江红树林项目：这是福建省首宗海洋碳汇交易红树林生态修复项目，交易标的为 2,000 吨海洋碳汇，购买方为兴业银行。泉州洛阳江红树林生态修复项目的碳汇测算的依据是厦门产权交易中心委托厦门大学陈鹭真等教授开发的《红树林造林碳汇项目方法学》。

2021 年 10 月，防城港市信用合作联社发放了价值为 50 万的蓝碳碳汇收益质押贷款，此举标志着蓝碳的金融创新取得了新的进展，并且防城港市准备大力开发蓝碳，创新碳汇交易的绿色金融产品，努力把防城港市建设成碳汇金融创新的示范引领区。

2022 年 2 月，山东省青岛市充分利用"人工上升流技术与应用"，开展国内首个人工上升流增汇示范工程，推动海带等海藻类养殖增产，同时有效修复海洋生态环境并提高海洋吸收二氧化碳的能力，促进蓝碳增汇。该技术在山东青岛鳌山湾的示范应用可以有效提升当地大型海藻养殖产量促进海洋碳汇等过程，技术成果取得了较好的社会效益和经济效益。

2022 年，立足独特的资源优势，威海积极推动渔业碳汇行动，在全国率先出台地方性文件《威海市蓝碳经济行动方案》，率先完成海带养殖碳汇方法学制定，率先开展海洋渔业碳汇交易示范路演，在渔业碳汇机制研究、标识计量等领域取得了一系列关键突破。海岸线占全国 1/18 的威海，拥有 1.14 万平方千米广袤海域，是陆地面积的 2 倍。在三种海洋碳汇生态系统中，除红树林外，海草床和滨海盐沼湿地都在威海有着广泛分布。120 万亩海洋牧场，通过贝藻养殖和微生物作用，持续捕获固定封存二氧化碳，被公认为重要的蓝色碳库。

1.1.3　我国发展蓝碳的优势

1. 经济基础雄厚，发展潜力大

改革开放以来的 40 年，我国经济持续飞速发展，国内生产总值于 2020 年首次突破百万亿元大关。如图 1.1.4 所示，从 2000 年的 10 万亿元到 2023 年的 126 万亿元，我国 GDP 总量稳步提升，20 年内扩大了十倍，创下了世界经济发展的历史性奇迹。即使在新冠疫情的冲击下，我国经济出现短暂失调后不久，便在政府的宏观调控下恢复了平稳运行，纵观全球，我国是面对突发事件反应最快、耗时最短、效果最显著的国家及地区之一，这表明我国经济社会面临严峻考验具有极强的应对能力，且经济发展韧性强劲，未来仍有巨大的发展空间。日趋活跃的经济体不断对金融系统提出新的要求，引导其从金融工具、金融机构、金融市场组织等不同方面做出新的变化。在全社会倡导低碳经济的大背景下，蓝碳应时而生。作为世界第二大经济体，我国已经充分具备了发展蓝碳的物质基础。

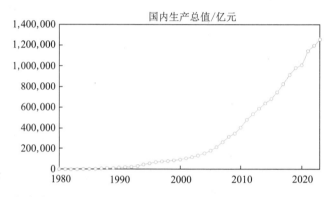

图 1.1.4　国内生产总值 1980—2023 年趋势图（单位：亿元；数据来源：中国统计年鉴）

2. 碳减排需求大

过去几十年，我国主要实行粗放型经济发展模式，以过度依赖资源及劳动力为特点，在改革开放之初极大地拉动我国经济快速增长，但带来好处的同时也带来了不少弊端。政府片面强调经济总量提升，忽视高耗能和高污染项目的潜在威胁，致使企业长期使用落后的生产方式和廉价的劳动力扩大生存规模，能源利用率低，温室气体排放量高，生态环境遭到严重破坏。如图 1.1.5，自 2006 年以来，我国一直是全球碳排放最多的国家，到 2023 年中国碳排放总量占全球 31.5%，碳减排需求大。

为此，2010 年我国政府大刀阔斧开展"低碳革命"，在全国五省八市建设低碳省区、低碳城市试验点。于"十二五"规划中首次强调要加快建设"资源节约、环境友好"的现代化社会，并且做出 2020 年实现我国单位国内生产总值碳排放比起 2005 年单位国内生产总值碳排放下降 40～50 个百分点，鼓励通过大力发展绿色金融解决经济增长与环境保护之间的矛盾关系（中国政府网，2012）。随着以碳金融为代表的绿色金融不断创新，我国经济转型发展找到了一条康庄大道，2012 年到 2019 年这 7 年时间里我国单位国内生产总值能耗累计降低了近四分之一，也就是说能源节约量达 12.7 亿吨标准煤。虽能源消耗总量依然增长，但能以年均 2.8% 的煤炭等传统能源消费的增长率满足了年均 7% 国民经济的增长率，这表明低碳市场有极大发展潜力（中华人民共和国国务院新闻办公室，2020）。巨大的碳减排需求缺口为发展碳金融提供了物质基础。

双碳目标提出后，我国自上而下都在为实现"2030 年碳达峰，2060 年碳中和"不懈努力。我国森林资源有限，尽管在植树造林、退耕还林的号召下有了一定的扩展，但其整体吸碳能力的增加比起碳排放的增长仍相差甚远，未来绿碳市场远远不足以满足国内外需求，我国迫切需要寻求新型减碳方式来解决碳排放过高的问题。发达国家蓝碳市场的发展让我们看到新的希望。研究表明海洋在固碳方面具有非常显著的作用，储存了整个地球近 93% 的二氧化碳，且每年可消除三层以上的温室气体排放，可见蓝碳市场前途广阔（生态环境部，2021）。

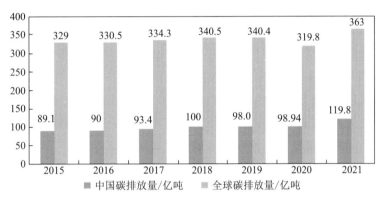

图 1.1.5　2015—2021 年中国与世界碳排放总量（亿吨）变动对比图（来源：国际能源署）

3. 企业和公众自愿减排的意愿高

近年来我国人均碳排放与单位国内生产总值碳排放量仍然居高不下，为如期高效完成双碳目标，全社会倡导减排与吸碳并行作用。而强制减排由于其政策性目的极强，时常与市场机制相悖，并非最佳方案，故政府大力推行以经济效益优先、深化社会责任感辅助的碳交易方式来吸引企业加入自愿减排的队伍。具体而言就是将碳排放作为交易标的纳入经济社会交易体系，分行业分体量赋予企业相应碳排放标准，超出部分要在市场上购买碳排放权，而富余部分则可以出售给别家企业，以此来扩充增加利润的渠道。短时间来看，企业节能减排多出的碳排放额所带来的收益远抵不上放弃高耗能高污染项目的机会成本；但若考虑到参与低碳经济带来的潜在好处，如能够提升企业形象，增加商誉，巩固顾客的忠诚度和培养公众的好感度，在未来无疑会产生源源不断的商业价值，加之目前国际能源价格高居不下，中下游的生产型企业承担了大部分生产成本，迫切需要新型清洁能源替代传统能源，因此企业自愿承担节能减排的社会责任并非纯粹的付出，而是会带来更大的经济效益，这是完全符合成本收益理论的。

北京碳交易试点的成功案例印证了以经济杠杆撬动自愿碳减排方案的适用性。2016 年，北京公交集团被纳入碳市场管理，为践行节能减排，该企业在燃料方面淘汰原有二氧化碳排放量极高的柴油车而采用新型电动汽车、天然气汽车，并加快沿途充电桩、加气站等配套基础设施的建设。根据北京公交集团社会责任报告显示，与 2016 年相比，该企业 2020 年柴油消耗量下降近 60%，从 2018 年其碳排放配额开始富余，2020

年一年富余的碳排放配额就高达 4 万吨，按当时的市场行情换算，其市场价值近 270 万元，实现了减排和创收相统一（北京公交集团，2020）。EDF 美国环保协会北京代表处全球气候行动高级主管刘洪铭表示，2030 年全球自愿减排市场规模的保守估值将达 50 亿至 300 亿美元之间，甚至可能达到 500 亿美元，未来自愿减排市场潜力巨大（21 世纪经济报道，2022）。我国自愿碳减排市场未来发展空间广阔，且绿碳成功推行为蓝碳奠定了一定的理论基础和人才储备，企业接受度良好，这对于刚刚起步的蓝碳项目都是非常有利的环境。2022 年初，我国第一个海洋碳汇交易平台——厦门市碳和排污权交易中心，顺利完成我国首次海洋渔业碳汇交易，意味着蓝碳交易正式走进我国的市场。

与此同时，减排还从公众层面发力，为鼓励公众在出行时贯彻减排思想，北京市依靠碳市场交易框架搭建了碳普惠项目，即公众可以注册登录北京交通绿色出行一体化服务平台，采用公交、地铁、步行、自行车、电动车等方式出行，可获得相应的碳减排量，并可通过平台兑换优惠券、代金卡等经济福利。截至 2022 年 3 月 23 日，"MaaS 出行绿动全城"活动已有百万余人参与，累计实现碳减排近 10 万吨，相当于 5 万辆燃油汽车停止驾驶一年的碳减排量。同时该活动还将两层左右的潜在碳减排支持者转变为碳减排实践者，大大提升了市民绿色出行意愿（京报网，2022）。2021 年底，兴业银行联合厦门航空公司创新性推出了"碳中和"机票，即顾客只要自愿多支付 10 元即可通过蓝碳基金购买海洋碳汇以此来抵消自身在航途中产生的碳排放。一个多月的时间，5 万张"碳中和"机票就一售而空，由此可以看出顾客支持蓝碳以及碳金融发展的意愿（央广网，2021）。

现今，低碳经济大行其道，无论是企业还是个人都更愿意自愿投身其中，这不仅表明企业和公众的社会责任感大大增加，更加表明碳金融与现代社会的适配程度极高，并且会随着社会的发展不断创新，蓝碳正是这样一个新兴的、充满朝气的行业。

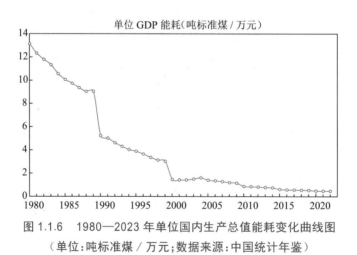

图 1.1.6 1980—2023 年单位国内生产总值能耗变化曲线图

（单位：吨标准煤／万元；数据来源：中国统计年鉴）

4. 政策支持力度大

发展低碳经济，政府是主抓手。早在 20 世纪 80 年代，我国就关注到能源节约和环境污染治理的问题，当时主要采取行政手段，包括节能指令、加价收费和许可证等强执行措施,如 1981 年颁布《超定额耗用燃料加价收费实施办法》,1991 年颁布《中华人民共和国大气污染防治实施细则》等法律条例,这些政策一定程度上增强了企业节能减排的自主性,推动了生产技术的升级换代和生态环境的改善。1995 年国务院颁布《1996—2010 年新能源和可再生能源发展纲要》,这标志着我国不再仅仅采用单一强制命令节能减排的方式,而是更多鼓励企业积极开发新能源,像风能、电能、太阳能和地热能等,从源头治理。政府力求将行政手段转变为市场化机制,把节能减排的任务交给市场进行自发调节,但这种美好期望至今仍未彻底实现,我国在节能减排上还有很长的路要走。2003 年,《排污费征收使用管理条例》的实施进一步规范了企业排放污染物的收费范围和标准,企业日常管理中必须将排污费专门会计处理,不仅减少了政府在环境治理上的财政压力,还让企业的排污行为受到市场机制的调节,效果显著,截至 2010 年底,主要污染排放物总量得到控制,环境治理目标取得阶段性进展。2010 年起,为鼓励企业创新节能技术和开发新能源,政府规定对节能企业进一步加大税收优惠力度,在之前企业所得税和消费税环节优惠的基础之上,暂免营业税和增值税,调动了更多企业投身于绿色项目的积极性。与此同时,央行提出意见,加大对环保项目和企业的信贷支持,绿色信贷迅速发展。各大银行纷纷响应央行号召,调整所持有的贷款结构,将更多资金投入绿色信贷项目和节能环保项目,解决了绿色企业资金流短缺的困难。政府始终致力于节能减排,将主动权逐步转移到市场手中,由此可见,碳金融的出现和壮大是大势所趋,人心所向。

党的十八大以来,党中央、国务院高度重视蓝碳经济发展,做出"增加海洋碳汇""探索建立蓝碳标准体系和交易机制"等一系列部署。2021 年 6 月 25 日,全国统一的碳交易市场正式开启,7 月 16 日,于北京、上海、武汉三地同时举办启动仪式,这标志着中国碳交易有了一个集中交易、统一清算的场地,大大方便了"低碳企业""低碳项目"的发展和壮大,也为蓝碳的后续发展提供了舒适安全的平台。截至 2023 年底,全国碳市场碳排放配额累计成交量高达 4.42 亿吨,累计成交额 249.19 亿元。根据世界银行的估算,到 2030 年中国碳金融额成交量将超过 260 亿吨,碳金融交易基数将超过万亿人民币(中研网,2022)。

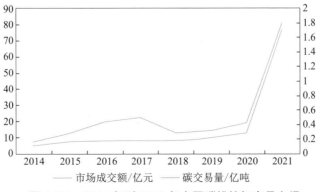

图 1.1.7　2014 年到 2021 年中国碳排放权交易市场

5. 我国蓝碳开发有着绝佳的地理条件

我国处于亚洲东部,东临太平洋,南临印度洋,是一个海洋大国。我国海洋幅员辽阔,近海总面积为470多万平方千米,拥有将近1.8万千米的大陆海岸线长度,并且同时拥有红树林、盐沼和海草床三种蓝碳生态系统,是世界上为数不多的同时拥有这三种海岸线生态系统的国家之一。我国还拥有近700万公顷的滨海湿地,海洋的养殖数量一直稳居世界第一位,其中藻类和贝类占其中近九成,能够很好地吸收二氧化碳。

广阔的海域、丰富的物种资源以及欣欣向荣的"碳中和"进程带给我国利用蓝碳的绝佳机会。目前绝大部分蓝碳项目尚未被开发利用,我国拥有大量的"潜在"储备蓝碳资源。随着蓝碳的利用、开发加深,蓝碳的交易机制、交易市场会更加完善,碳交易市场的发展会被大力推动,蓝碳金融市场会增加许多活力,有利于推动蓝碳债券、基金等产品的发展。因此我国辽阔的海域正是蓝碳最好的家园,如此优渥的地理条件给我国蓝碳的利用以及碳金融的发展提供了不可多得的良好条件和机会。

1.2 蓝碳影响因素分析

在探索和利用蓝色碳汇的过程中,需要综合考虑各种因素对蓝色碳汇效果的影响。这些因素包括生态系统的类型和分布、海洋环境、人类活动、社会经济发展模式和政策因素等。下面从不同国家和不同区域城市两个层面对蓝碳的影响因素进行分析。

1.2.1 国家层面

1. 海洋生态系统状况

海洋是地球上最大的碳储存体,海岸带蓝碳有着巨大的潜力。根据《蓝碳报告》,滨海湿地在全球海洋碳汇中扮演着非常重要的角色,尽管其所占面积比重并不大。红树林、盐沼和海草床湿地每年将大量有机碳埋藏到沉积物中,并且长期储存。这些湿地埋藏了大约50%以上的海洋沉积物的有机碳数量。2011年有相关研究表明与陆地相比,红树林、盐沼和海草床的单位面积碳埋藏速率会更高。

由于所处地理环境和气候的不同,不同的国家拥有的海洋生态系统不同。以红树林为例,全球红树林联盟(Global Mangrove Alliance, GMA)发布了《2022年世界红树林状况》年度报告,数据显示,全球范围内仍然存在着145,000平方千米的红树林,其中亚洲地区红树林资源最为丰富,约占全球总面积的39.2%,印度尼西亚红树林资源在所有国家中最为丰富,总面积约为2.9万平方千米,其次是巴西(1.2万平方千米)和澳大利亚(1万平方千米)。根据现有数据,全球约为42%的红树林处于保护中。除红树林之外,盐沼、海草床在各个国家中的分布同样不平均,基于现有的海洋和海岸线生态系统,不同国家的海洋碳汇量存在差距。中国拥有广阔的海域和漫长的海岸线,拥有完整的海岸带生态系统,先天的生态环境为中国海洋蓝色碳汇带来了发展机遇。

另外，在原有的天然海洋生态环境的基础上，后期海洋和海岸线生态环境的保护也会影响蓝色碳汇的发展。IPCC（联合国政府间气候变化专门委员会）等机构的报告忽视了近海对二氧化碳格局的贡献。联合国发布的全球海洋综合评估报告指出了近年来人类活动对海洋造成的危害，一些污染和破坏削弱了海洋对气候的调节作用，也减少了海洋和海岸线系统的碳汇能力，极大地影响了蓝色碳汇的发展。面对海洋环境的严峻现状，世界各国尤其是沿海国家积极采取行动，采取设立海洋保护区、限制捕捞、减少海洋垃圾等措施改善海洋环境。在此之前，荷兰由于海拔原因进行填海造陆，后来开始重视海洋生态可持续发展，制定了 2050 年北海空间议程，涉及海上能源转换等主题，逐步退耕还海，保护海洋生态。

2. 社会和经济发展情况

自《巴黎协定》签署以来，越来越多的国家承诺实现碳中和这一艰巨的目标。要达到这个目标，需要改变已有的发展模式和产业基础，在实践中不断探索。在碳中和的总体框架下，全球各国经济体的政治和经济都受到深远影响，各国在蓝色碳汇的发展上也进度不一，很难采取统一的步骤带动海洋碳汇发展。结合各国总体的碳中和发展战略，将发展较早的主要经济体的路径选择分为以下几类。

表 1.2.1　主要经济体碳中和发展战略路径选择

类型	路径选择	主要国家	经济发展情况
引领型	发挥碳中和带动作用，引领社会和经济	英国、德国、法国和其他欧盟国家等	经济实力较强，绿色发展观念深厚
机会增长型	以碳中和为机会指引经济增长	日本、韩国等	注重经济发展是否受阻
平稳型	稳定推动实现碳中和目标	印度等	目前还处于碳排放增长的发展时期
摇摆型	在政策选择下不断摇摆	美国	技术创新水平高，受政治因素影响大

从各国先前的蓝色碳汇开发项目来看，在开发过程中尤其是前期投入成本过高，如果项目主体在前期无法快速获取资金或者无法保证资金的可持续供给，那么蓝碳项目的实施就会受阻，很大程度上影响蓝色碳汇的发展。在这些主要经济体中，英国、德国等欧洲国家有着强大的经济基础和稳定的政治结构，强调碳汇发展在经济结构变化中的重要地位，愿意付出较大的成本进行变革。在能源领域，欧洲部分国家逐步降低了对传统化石能源的依赖程度，实现了可再生能源发电成本低于传统煤电。在绿色产业方面，很多工业行业相继提出碳中和目标，不断巩固在绿色经济发展市场中的全球竞争力。在金融领域也在积极进行拓展，不断推出绿色金融领域的新机制，在碳中和背景下，欧洲主流金融机构近年来也逐步增加投资，开发可持续金融产品。例如欧洲投资银行投资 3.5 亿美元用于欧洲锂电池超级工程。并且在此基础上，推出蓝色债券等蓝色碳汇金融产品，提高市场活跃度，强化其自身影响力。由此可见，雄厚的经济社会条件

为发展蓝色碳汇奠定了重要基础。

对于机会增长型国家，比如日本在2020年发布《绿色增长战略》，以碳中和为机遇，力争找到新的经济复苏增长点，到2030年能够实现每年90万亿日元的经济收益，但是同时日本本土的传统工业产业比如汽车行业，对传统化石能源的依赖程度较大，经济社会转型还面临不小的阻力。而像印度等部分发展中国家，本身的产业结构还较多依赖传统能源，经济也处于快速增长阶段，当下全面进行碳中和的转型升级并不现实，将自身的负担能力和环境保护任务相结合，平稳推动碳中和进程。对于海洋边缘国家来说，蓝色碳汇的发展仍然存在限制。

综合来看，不同国家的经济和社会发展情况在很大程度上会影响自身碳中和实现路径的选择，自然也会对蓝色碳汇的实施计划产生较大影响。

3. 政策和管理措施

国家颁布的与蓝色碳汇相关的政策、规划和举措是提升海洋碳汇能力的重要保障，有利于构建新型蓝碳模式和完善蓝色碳汇产业链格局。

国家海洋保护政策和管理措施在一定程度上对蓝色碳汇的保护和增强起着重要作用。政策的稳定可持续对蓝色碳汇事业的稳步推进至关重要。以美国为代表的摇摆型国家，其政策取向容易受到政治因素驱动，采取的具体措施也有短期性，不利于蓝色碳汇项目的稳定推进。

在碳中和层面，以欧盟、英国、美国为代表的全球主要经济体从关键部门转型、技术创新再到经济激励等多个角度构建政策体系。例如，德国在《气候行动计划2030》中明确2030年之前的刚性年度减排目标。2019年末，欧盟委员会发布《欧洲绿色协定》，旨在推动欧盟社会和经济的可持续发展。在《欧洲绿色协定》中，不仅明确了欧盟具体的气候发展目标，同时也针对经济发展不同领域制定了具体举措，涉及能源、工业等六个方面。在环境保护和恢复生态方面，欧盟委员会提出发展可持续的"蓝色经济"，改善对海洋资源的使用。在整体碳中和的框架下，细化海洋蓝色碳汇相关政策对发展蓝碳所起的积极作用。英国通过立法的方式将对"碳预算"进行约束，将其纳入国家预算，在政策层面激励企业发展节能低碳的技术，追求蓝碳产业战略性发展。日本环境省同样通过颁布相关政策如《绿色经济与社会改革》来统筹蓝色碳汇经济发展和环境问题，除此之外，日本环境省还通过开辟新税种等政策草案为蓝碳发展营造良好的环境。

4. 海洋技术创新和产业结构升级

实现产业结构和能源转型是实现社会脱碳的关键途径，是发展蓝色碳汇的必要举措。发展蓝碳经济实现有效的碳吸收和碳减排，必须要有坚实的技术支持，海洋科学技术创新是发展蓝碳的重要基础。挪威探索出新的二氧化碳封存技术，应用于北海的斯莱普内尔气田项目，成为第一个通过CCS技术将大规模的二氧化碳气体封存在海床下的国家。美国积极发展二氧化碳驱油技术与储存技术，提高二氧化碳采收率，该项目成功地完成了500万吨二氧化碳的储存。既促进了油田采收率的提高，又为解决二氧化碳的储存提供了一个可行的思路。

技术创新发展的作用不仅体现在对海洋蓝色碳汇的直接作用上,也体现在能源的转型过程中。全球各主要经济体在提出自己的碳中和目标之后,制定面向碳中和的技术改革战略,而不同国家也结合自身情况选择了不同的能源转型方式。在各个经济体的具体措施中,日本发布《绿色增长举措》,提出实现电力部门的无碳化是实现碳中和的关键前提。德国颁布《可再生能源法修正案草案》提出到2030年,可再生能源约占总体能源结构的65%,超过不可再生能源。考虑到不同国家由于所处地理位置和地理环境的影响,其重点发展的可再生能源并不完全相同。

产业结构方面,对产业结构进行优化升级有利于推动海洋固碳储碳的能力,优化海水养殖周边环境,拉动固碳效率提升。并且将海藻作为牲畜饲料补充剂的来源,进而减少约80%的畜牧业碳排放量。

荷兰鹿特丹将农场进行"分层",下层用来发挥淡化海水、吸碳固碳的功能,上层来发展畜牧业和农业,相辅相成,实现一站式、一体化的综合体系。

在各国的各大产业中,大多数国家的工业产业是能源消耗和二氧化碳排放的重要领域。各国的具体举措主要是通过发展循环经济和提高能源效率,以及发展新能源和碳捕获、封存的技术来实现工业部门的变革,但是目前工业部门的减排难度较大,新能源技术又处于不成熟的发展阶段,未来需要更多的新思路来引导工业产品市场的发展,实现可循环可持续的发展模式。

5. 市场交易机制

碳交易机制的日益完善能够助推蓝色碳汇更好地发挥作用。通过市场机制来完善碳排放空间资源的配置,激发更大的市场活力,鼓励企业和公众参与到市场交易中参与海洋治理。

各经济体相继开始进行碳排放权的交易。欧盟的主要碳减排工具是EU-ETS,于2005年开始实施,预计到2030年免费碳配额相较于机制实施之初减少43%。在欧盟排放配额和经核证的减排量两个体系的基础上,欧洲气候交易所进行六种温室气体排放权的碳金融产品例如期权和期货合约的交易,有助于在欧盟范围内进行排放权的交易、风险控制、套期保值以及对减排指标进行现场交割。欧洲各主要国家也制定了自身的碳排放权交易体系,例如英国2021年建立的UK-ETS。日本建立了多层次的碳交易体系,从中央辐射到地方层面的市场,并以国际市场为补充。基于资源加入的原则,美国芝加哥交易所基于资源加入的原则吸引世界范围内的经济实体参与到碳金融工具交易中来,带动温室气体减排的增加。不同国家碳市场交易机制的建立和发展对于蓝色碳汇的发展起着至关重要的作用,推动碳市场管控的高耗能、高排放企业实现结构和能源的绿色低碳化,同时提供经济激励,促进低碳技术创新。其中的蓝碳交易也意味着海洋蓝色碳汇进入市场化交易阶段,更好地实现蓝色碳汇交易市场的可持续发展。

6. 教育培训和公民参与度

教育和人才培养对于蓝色碳汇发展有着重要影响，无论是社会经济发展，还是技术进步和产业结构转型升级都离不开人才的加入。各国针对教育和人才培养提出相应的振兴举措。以欧盟为例，在《欧洲绿色协定》中明确提出将继续促进高等教育机构和科研组织的发展。计划通过制定能力框架来及时掌握公众关于环境保护和可持续发展的认知情况，鼓励学校和相关机构进行相关技能培训。

另外，调动公民参与实现碳中和行动的积极性有助于在政策措施的实施过程中发挥公众的监督作用，通过信息共享来普及环境变化的危害，激励公众自身努力参与到实现碳中和的过程中。

7. 国际交流与合作

深化蓝色碳汇的发展离不开国际合作。《联合国气候变化框架公约》及其《巴黎协定》呼吁共同应对气候变化，促合作才能实现互利共赢，造福全球各国人民。蓝碳国际合作是应对全球气候变化的重要途径。

实现碳中和，减少碳排放，增加碳吸收和碳储存。促进蓝碳发展，离不开蓝碳国际合作。

澳大利亚和印度尼西亚的有关部门组建了渔业合作工作组，促进两国碳汇渔业的研究合作和技术开发。美国、加拿大和日本三国签订了《北太平洋公海渔业国际公约》，主要致力于研究北太平洋鱼类原种的情况和共同养护措施等，力求实现北太平洋渔业资源的最大持久生产量。

许多东南亚国家宣布了实现碳中和的时间和路线计划。我国可以同东盟国家一起，基于南海丰富的蓝色碳汇资源，实施海上合作项目，开展蓝碳科技学术交流，在气候变化和海洋保护等领域展开广泛合作。这些国际合作有利于提升我国在全球蓝色碳汇交易市场上的话语权和议价能力。

1.2.2 国内区域和城市层面

"十三五"期间，我国提出了一些蓝碳相关政策，其中《中共中央 国务院关于加快推进生态文明建设的意见》明确指出增加森林、湿地、海洋碳汇等手段，有效控制二氧化碳等温室气体排放。从政策上可以看出，蓝色碳汇是"十四五"碳达峰关键时期提升增量碳汇的关键，相关支撑技术和研究工作在稳步展开。但是目前蓝色碳汇发展在我国还存在一定的问题，例如滨海生态系统结构和功能退化，缺乏标准和规模交易体系等等。我国海岸线漫长，海域辽阔，各省市区域和一些海洋发展领军城市受到多种因素影响，在蓝色碳汇发展上进度不一，下面将对这些影响因素进行分析。

1. 蓝碳生态系统面积

我国海岸带蓝碳生态系统及其固碳能力在不同的区域存在差异。基于蓝色碳汇的定义，海洋中主要包括自然生态系统和海水养殖系统这两个部分进行碳吸收和碳储藏。自然生态系统中的海岸带生物尽管面积小但是碳捕捉和储藏量大于海洋沉积物。各个区域的海岸带植物的分布面积是影响蓝碳发展进度的重要因素。

以海岸带生物为例具体来看其分布。根据相关数据,随着"蓝色海湾"整治行动等专项行动扎实推进,2023 年我国红树林面积约为已达 292 km²,其中超过 70 km² 为近期新造和恢复的红树林,主要分为沿海红树林型和海岛红树林型,集中分布在亚热带和热带地理位置,广东、广西、海南、福建和浙江等地是红树林的主要生长地,并且在广东省分布最多。平均来看,在我国不同地区,红树林碳埋藏速率为 6.86 ～ 9.73 t/(hm²·a),是影响蓝碳发展进度的重要自然因素。

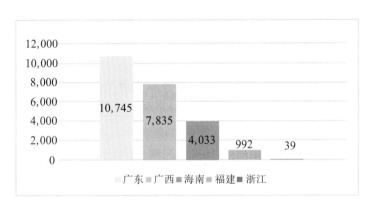

图 1.2.1　主要省份红树林面积(hm²)

在我国多种滨海湿地蓝碳生态系统中,盐沼湿地分布面积最大,多集中于环渤海湾、长江口和江苏省沿岸及南方亚热带区域等地。具体分布面积如表 1.2.2 所示。辽宁省的盐沼面积超过 900 km²,位居第一,其次是上海市和江苏省。近年来盐沼的快速扩张在一定程度上也提升了蓝碳潜力。

表 1.2.2　我国主要盐沼湿地分布面积表(单位:km²)

省份	面积	省份	面积
辽宁	974.73	上海	602.66
河北	103.47	浙江	76.60
天津	189.69	福建	51.21
山东	421.34	广东	53.61
江苏	465.98	广西	8.98
海南	15.67	澳门	0.00
香港	0.02	台湾	15.41

注:数据来源于 Mao 等湿地制图

根据不同省市的自然地理环境和海水资源禀赋的差异,各地拥有的蓝碳生态面积和种类结构也会有所不同。蓝碳生态系统的存在对蓝碳发展具有基础性的影响,因此各个区域在蓝碳发展过程中会存在差异。一些地区拥有广阔的海岸线和河口湿地,蓝碳生态系统面积较大。一些地区还拥有丰富的海草床和红树林等蓝碳植被,而另一些地区则以海洋浮游植物为主。各地区蓝碳发展的潜力和可持续性会因蓝碳生态系统不同而不同,在制定蓝碳发展政策时需要充分考虑各个区域的蓝碳生态系统特点。

2. 经济发展水平和海洋产业结构

海洋是高质量发展战略要地,蕴藏着重要的战略资源。近年来我国海洋产业体系逐渐完善,海洋经济综合实力稳步提升,新兴产业不断涌现。山东半岛蓝色经济区的设立是山东省积极探索浅海区域立体养殖模式的有效举措,多层次优化调整山东省蓝色碳汇产业局部,助推山东省发展出现代特色海洋产业集聚区。在浙江省,政府以环杭州湾产业带进行规划,着力打造多层次一体化的产业布局,其中包括蓝色碳汇高新技术产业、金融业、服务业等,发展特色产业,注重环境保护。将全国各省市以区域进行划分,其中珠江三角洲、长江三角洲和胶州湾区域蓝碳发展水平和速度处于领军地位。

珠三角区域以深圳市为例,深圳市位于广东省南部,珠江口东岸。作为粤港澳大湾区四大中心城市之一,深圳市积极推动海洋产业的发展,包括海洋渔业、海洋旅游、海洋能源、海洋生物技术等领域。特别是在海洋科技创新方面,深圳市拥有一批高科技企业和研究机构,推动了海洋科技的发展和应用。深圳市 2022 年海洋生产总值为 3,128 亿元,占当年全市 GDP 比重为 9.7%,涉海企业增加至近 3 万家,海洋经济产业增加值为 871.26 亿元,增长了 11.5%。

长三角区域以上海市为例,上海位于中国南北海域的交汇处、长江流域的入海口,地理位置优越。2022 年,上海市海洋生产总值达 9,792.4 亿元,占当年全市 GDP 的 21.9%,占当年全国 GOP(海洋生产总值)的比重为 10.3%。近年来,上海市海航经济结构不断优化,上海市围绕海洋战略性新兴产业,重点扶植了海洋高新技术产业。截至 2021 年底,上海市临港海洋高新园区已有 235 家集聚高端装备产业、海洋智慧产业的企业入驻,其中高新技术企业有 42 家,已成为国家级海洋经济创新发展示范城市承载园区。由表可知,上海市海洋经济中第三产业占比最高,其次依次为第二和第一产业,可见,上海市海洋经济不但总量庞大,而且结构合理,有利于助推蓝碳项目发展。

表 1.2.3　上海市海洋经济三大产业所占比重(单位:%)

年 份	2015	2016	2017	2018	2019	2020	2021	2022
第一产业	0.1	0.1	0.09	0.08	0.07	0.1	0.09	0.07
第二产业	36	34.46	34.01	33.85	33.31	29.8	31	26.61
第三产业	63.9	65.44	65.9	66.07	66.62	70.1	69	73.32

胶州湾区域以青岛市为例,青岛作为山东经济发展的中心,海洋经济正处于快速成长时期。据统计,青岛市 2022 年海洋生产总值为 5,014.4 亿元,占全市 GDP 比重为 33.6%,占全国 GOP(海洋生产总值)的比重为 5.3%,总量保持在我国沿海同类城市的

首位。其中,滨海旅游业是青岛海洋经济的主要增长源泉,2022 年青岛接待国内游客达 6,581.3 万人次,国内旅游收入达 1,006.4 亿元。

3. 人才资源竞争力

实现双碳目标的过程涉及自然科学和社会科学多个学科领域,我国实现目标的时间紧、幅度大、困难多,需要高素质专业人才攻坚克难,发挥积极引领作用。发展蓝色碳汇,离不开用于创新创造的人才队伍,这就对高校的高质量发展提出了新的要求,引领各省市各高校继续深化人才培养改革。下面以本专科及以上学历人数来表示人才资源竞争力,同时以社会就业人数作为衡量一个地区经济发展水平的重要指数之一,对我国主要沿海省市进行比较。

表 1.2.4　2022 年主要沿海省市人口数据(单位:万人)

省　市	年末常住人口数	本专科及以上学历人数	社会就业人数
山东	10,163	1,742	5,475
辽宁	4,197	915	2,190
上海	2,476	979	1,365
江苏	8,515	1,941	4,863
浙江	6,577	1,326	3,897
广东	12,657	2,488	7,072
广西	5,047	658	2,544
海南	1,027	159	544

人口总量反映了一个地区的人民幸福指数和城市的承载能力,人口的增加可以提供更多的劳动力资源,用于推动蓝碳技术的研发和创新。本专科学生人数代表了一个地区的高等教育发展情况,同时也代表了该地区人才的质量。另外可以通过社会就业人数来判断衡量一个国家或地区的经济发展水平,其不仅关系到人民生活的保障水平,对于蓝碳项目的平稳持续发展也至关重要。从表中数据可以看出,广东省本专科及以上学历仍占据第一位,达到 2,388 万人,而位列其次的江苏省和山东省分别达到了 1,941 万人和 1,742 万人,再其次是浙江省和上海市,而其余海洋省市与之相比在人才资源竞争力方面存在较大差距。在主要海洋省市中,广东省社会就业人数位列第一位,达到 7,072 万人,其次分别是山东省、江苏省以及浙江省。总的来看,在人口资源总量以及人才资源质量上,以广东为代表的珠三角地区占据绝对优势,以山东省为代表的胶州湾地区人才质量低于以江浙沪为代表的长三角地区。

人才资源是推动蓝碳发展的重要动力。优秀的人才资源能够为蓝碳发展提供建议和支持,并通过身体力行的示范作用,更高效地推动蓝碳计划的实施。人才资源是影响各区域蓝碳发展的重要因素之一。

4. 财政支出

财政支出在蓝碳发展中扮演着重要的角色。首先，财政支出可以用于投资生态保护和恢复项目，提高其吸收和储存二氧化碳的能力。其次，财政支出可以用于建设蓝碳市场和金融机制，提供激励计划，鼓励企业和相关机构购买蓝碳凭证，支持蓝碳项目发展。再次，财政支出可以用于加强国际合作，推动蓝碳发展的全球合作和经验共享，建立蓝碳发展的国际标准和机制。总的来说财政支出通过投资生态保护和恢复、支持科研和技术创新、建设蓝碳市场和金融机制、提供培训和教育以及加强国际合作，推动蓝碳发展，减少温室气体排放，应对气候变化，实现可持续发展的目标。表 1.2.5 为主要海洋领军城市 2015—2022 年财政支出情况。

表 1.2.5　主要海洋领军城市 2015—2022 年财政支出情况（单位：亿元）

年份	2015	2016	2017	2018	2019	2020	2021	2022
青岛	1,222.87	1,352.85	1,403.02	1,559.78	1,575.97	1,584.65	1,706.76	1,696.2
大连	910.7	870.28	919.84	1,001.49	1,016.28	1,001.98	980.05	991.1
上海	6,191.56	6,918.94	7,547.62	8,351.54	8,179.28	8,102.11	8,430.86	9,393.16
宁波	1,252.64	1,289.26	1,410.6	1,594.1	1,767.89	1,742.09	1,944.42	2,187.8
广州	1,727.72	1,943.75	2,186.01	2,506.18	2,865.33	2,952.65	3,021.18	3,014.2
厦门	651.17	758.63	797.1	892.5	912.98	956.75	1,060	1,205

由表 1.2.5 可以看出，各区域海洋代表城市的财政支出存在明显差异，上海市 2021 年财政支出高达 8,430 亿元，位列第一位，其后依次是广州、宁波和青岛。由此可见，以上海为代表的长三角地区财政实力较强，有着丰厚的经济资源支撑蓝碳项目发展。其次以广州为代表的珠三角地区，排在第三位的是以青岛为代表的胶州湾地区。各区域财政支出不同对蓝碳发展进度存在重要影响。

5. 资源环境可持续发展能力

人类发展离不开资源的开发利用。在资源环境的可持续发展方面，习近平总书记多次做出重要指示，要树立节约集约循环利用的资源理念，更加重视资源利用的系统效率，更加重视减少在资源开发利用过程中对生态环境的损害，更加重视对资源再生循环利用，用最少的资源环境代价取得最大的经济社会效益。实现资源的循环利用可以有效降低碳排放，推动蓝色碳汇事业更好向前发展。

以城市生活垃圾无害化处理量来衡量城市的资源环境可持续发展能力。对城市生活垃圾进行无害化处理，可以有效减少在垃圾填埋场或垃圾焚烧过程中产生的大量温室气体，从而降低碳排放；此外，垃圾无害化处理过程中，可以通过焚烧或气化等技术将垃圾转换为能源，如电能或热能，这样不仅可以有效降低对传统能源的依赖，还可以利用垃圾中的有机物质产生可再生能源，促进蓝碳发展；再者，垃圾无害化处理能力的提升可以减少垃圾填埋场的使用，减少土地资源的占用和环境污染，有利于生态环境的稳定,为蓝碳发展创造良好的生态条件。表 1.2.6 为上海、青岛和深圳的生活垃圾无害化处理能力具体数据。

表 1.2.6　部分城市生活垃圾无害化处理能力(单位:吨／天)

年　份	2014	2015	2016	2017	2018
上海市	20,530	20,530	23,530	24,650	29,150
青岛市	5,144	5,557	6,252	7,626	10,357
深圳市	15,315	16,876	17,169	19,602	26,005

6.科技综合水平竞争力

无论是实现碳达峰、碳中和目标,还是发展蓝色碳汇,都需要实现碳定价、科技进步和经济社会的和谐发展。提高科技水平一方面可以降低能源使用成本,解决碳排放成本问题。另一方面,可以促进蓝碳捕捉和储存。例如,科技进步可以提供高精度的监测和评估手段,帮助我们了解海洋生态系统的碳储存能力和二氧化碳吸收情况。通过遥感技术、传感器和无人机等工具,可以实时监测海洋植物的分布、生长状态和碳储存量;还可以应用于海洋生物技术和基因工程领域,增加海洋生物的碳吸收量,提高其碳储存能力。

河北中石化石油科学研究院通过对大量微藻生物进行研究,完成了其固定二氧化碳和减少碳排放的研究,有效降低了成本。南京南化集团研究院通过改进传统方法,研发出了新的碳捕集方法和技术,极大地提高了吸收二氧化碳的能力及再生性能,在经济、社会和环境方面都实现了效益。以科技发明专利数代表科技综合水平竞争力,比较上海、深圳和青岛市的科技水平。由表 1.2.7 可以看出,深圳市科技发展态势迅猛,近年来逐渐位列第一,上海市发明专利数呈稳定上升趋势,而青岛市科技发展呈直线上升态势,在增长速度上存在较大成长空间。

表 1.2.7　部分城市科技综合水平(单位:个)

年　份	2014	2015	2016	2017	2018
上海市	4,134	4,322	4,083	5,003	5,996
青岛市	1,689	1,930	2,863	5,170	6,561
深圳市	3,656	4,032	4,112	5,274	7,264

1.3　蓝碳发展主要问题分析

1.3.1　蓝碳资源开发

1.滨海蓝碳资源退化势头仍然存在

滨海蓝碳生态系统面临众多威胁,在精准绘图技术成熟并能准确测定面积之前就已经遭受严重破坏。由于海岸带开发和土地利用方式的改变，滨海湿地植物被清除，湿地被排干或清淤（红树林变成养殖用地、排干的潮汐盐沼变为农业用地、海草床被清淤等）是全世界海岸带的普遍现状，沉积物被暴露在大气或水体中，储存在沉积物中的碳和大气中的氧气结合形成二氧化碳和其他温室气体，释放到大气和海洋中。目前蓝碳资源正在以每年34万～98万公顷的速度遭受破坏。经粗略估计，67%的红树林、35%的盐沼湿地和29%的海草床已被破坏。若不采取有效措施及时应对，百年后30%～40%的盐沼湿地、海草床，几乎所有未得到妥善保护的红树林都会消失。我国近海总面积达470多平方千米，有200多万平方千米的浅海大陆架，海岸带上分布着各类的滨海湿地（周晨昊等，2016），是世界上少数的同时具有红树林、盐沼湿地、海草床三类生态系统的国家。其中盐沼湿地分布于整个海岸带，但主要分布于温带地区的沿海区域；海草床主要分布于渤黄海沿岸及福建、海南附近；红树林主要分布于浙江、福建、广东、广西、海南沿海的红树林适宜生长区及部分河口。海草床、盐沼湿地、红树林在吸收和固定 CO_2 的固碳功能发挥着比陆地生态系统更大的作用（表 1.3.1），作为具有如此高的碳汇潜力的生态系统，海岸带蓝碳纳入碳交易市场势在必行。但由于我国经济发展的需要，频繁的生产生活使得工业、农业用地不断向滨海蓝碳生态系统扩张，如填海造地、水产养殖、工业生产等活动，导致我国滨海湿地的生态功能不断退化，不但丧失了其生态价值，也极大地干扰了蓝碳资源的储碳功能，造成蓝碳存量的显著损失。

表 1.3.1　中国近海各蓝碳系统的面积、全球平均碳埋藏速率及碳埋藏通量

	红树林	盐沼湿地	海草床
面积 $/km^2$	227	$5.94×10^4$	99.69
碳埋藏速率 $/g/(m^2 \cdot a)$	174.00	218.00	138.00
碳埋藏通量 $/Tg\ C/a$	0.04	0.26	0.01

资料来源：IPCC, 2021. Climate Change 2021: The Physical Science Basis, 笔者整理。

2. 蓝碳资源产权及其边界难以清晰界定

蓝碳资源具有双重产权，除了传统的土地及土地附着物的所有权，还同时具有管理范围内资源所产生的碳减排量等生态产权。首先，我国蓝碳资源相关的海域使用权收回面临复杂问题。中国海域及其自然资源属于国家所有，国家享有对海洋资源的绝对所有权与支配权。为了满足不断增加的用海需求，我国法律以海域的所有权与使用权剥离，允许民事主体通过行政审批许可的方式获得特定海域的使用权，在海域使用权范围内进行合法的生产经营活动。可以说，海域使用权的法律权益和管理实践为蓝碳资源产权确权提供了可行的制度基础。但因为蓝碳供给涵盖多个领域并涉及众多管理部门，需要多个机制综合协调；且海洋的影响因素组成复杂，与陆地领域相比人类对其

掌控能力较低。这种高综合性和低掌控性的特点,使得仅有政府会因为拥有蓝碳资源所依附的土地或海洋产权而出于生态保护目的主导开发。基于权责对应原则,政府需要收回已转让的海域使用权,对于未到期且自愿移交使用权的主体,政府需对产权附着资产进行评估和赔偿;对于未到期且不愿提前移交使用权的主体,政府强制搬迁(拆除)附着资产会引起纠纷事件。从拥有使用权的主体角度分析,由于传统观念的存在,主体即便仅拥有海域使用权,但仍会产生一定的产权依赖,而产权的无限期收回,会增加原本依赖自然资源生存的主体预期成本,比如重新寻找生存机会,因此容易产生排斥心理。从政府角度分析,政府在绩效评价的体制下,产权收回所产生的赔偿解决问题,既增加了政府的财政压力,也对政府的协调组织能力提出了巨大的挑战。综合而言,海域使用权的无限期收回对原使用主体和政府均会产生较多短期内难以解决的复杂问题。其次,蓝碳资源的生态产权难以确定。国家对于蓝碳等新兴的生态资源管理体制还在积累经验的初步探索阶段。蓝碳碳汇的空间外溢性以及在区域生态环境改善方面的非排他性,使得蓝碳资源及其生态系统产生的碳汇及其他生态服务价值的所有权、使用权、收益权和转让权的归属、分割和流转等产权确定问题难以妥善处理。

3. 蓝碳资源供给成本高,收益率较低且投资回收期长

蓝碳项目前期投入成本较高。通过对已有的交易成功案例进行深入分析后可知,当前海岸带碳汇项目开发主要面临前期项目投入成本过多,开发主体无法短期融入大额资金,或融入资金后,又无法保证后期项目维护资金的可持续供给,导致项目资金链断裂的问题。这也是我国海岸带蓝碳资源一直保护但仍在持续退化的主要原因。项目前期投入成本除了基本的生态植物种植成本外,政府项目开发前期也需付出高昂的海域使用权收回成本。以广东湛江红树林造林项目为例,保护区管理局及麻章区政府为清退岭头岛红树林核心区 410.5 公顷的养殖塘,投入资金 1,642 万元;后又为了对清退的养殖塘进行生态修复,投入资金约 1,400 万元,当地政府为进行生态修复和资金赔偿付出了巨大的财政成本。与前期大量投入不相符的是碳汇项目收入来源较为单一,收益时滞性强。当前碳汇项目收入来源主要包括政府拨款和资助、社会和企业捐款、生态补偿和环境补偿金、碳市场销售信用、生态旅游等。但除碳市场销售信用和生态旅游方式外,其他的收入来源途径并不具有可持续模式,因而不能保证项目的长期运行和可持续发展。结合已成功的碳汇交易案例可看出,当前项目的商业收入均是通过参与碳市场销售碳信用获得,而其他的商业化收入途径较为少见。然而碳信用的售卖需要依托于项目碳汇的监测验证周期(通常为五年一核证),因此项目在开发前期也往往不能够获得整个项目营运周期生产的全部碳信用市场收入,项目收益具有较强的时滞性。这也显示了当前碳汇项目仅依靠单一的碳信用售卖收入,并不足以弥补项目开发前期巨额的投入成本缺口。

表 1.3.2 我国海岸带蓝色碳汇实践现状

	时间	地区或交易主体	说明
红树林碳汇	2021 年	广东湛江与北京企业家环保协会	"广东湛江红树林造林项目"通过核证碳标准开发和管理组织 Verra 的评审,成功注册为我国首个符合核证碳标准(VCS)和气候社区生物多样性标准(CCB)的红树林碳汇项目,并完成我国首笔红树林碳汇交易项目,成交价格为每吨 66 元的价格,交易碳减排量达 5,880 吨。
	2021 年	兴业银行厦门分行与厦门产权交易中心	合作设立全国首个"蓝碳基金",通过"蓝碳基金"购入首笔 2,000 吨红树林修复项目的海洋碳汇。
	2022 年	海南省三江农场与紫金国际控股有限公司	交易的蓝碳生态产品,来自三江农场的红树林修复项目,由海南东寨港国家级自然保护区管理局组织实施,交易碳汇量 3,000 余吨,交易额 30 余万元。
	2023 年	浙江省苍南县沿浦镇政府与远景(苍南)新能源有限公司	交易双方就沿浦湾 31.4 公顷红树林碳汇签订协议,转让 2016 年 9 月 1 日至 2026 年 8 月 31 日十年间的碳汇总量。
海洋牧场	2022 年	厦门产权交易中心与厦门市生态司法公益碳账户	在莆田市南日岛国家级海洋牧场示范区,厦门产权交易中心完成了南日镇云万村、岩下村海洋碳汇交易 85,829.4 吨。此次交易首次开启了全国首次海洋碳汇和农业碳汇"陆海联动增汇交易、双轮助力乡村振兴"新机制。
藻类碳汇	2023 年	浙江省宁波市象山县与浙江易锻精密机械有限公司	碳汇主体为象山西沪港的藻类生物,包括海带、紫菜以及浒苔,以每吨 106 元的最终拍卖价格售卖 2,340.1 吨,是中国首次以拍卖形式进行的蓝碳交易。
红树林碳汇(验证中)	2021 年	海南陵水	项目为"海南陵水红树林造林项目",预计修复 192.17 公顷的红树林,产生 2,747 万吨碳汇,目前仍处于 VCS 市场机制的验证阶段。
	2022 年	广西防城港	项目为"防城港红树林造林项目",预计修复 221.9 公顷的红树林,产生 111.6 万吨碳汇,目前仍处于 VCS 市场机制的验证阶段。

资料来源:笔者整理。

1.3.2 蓝碳核算

1. 针对碳汇可变性的实时监测系统和监管体系尚未建立

进行蓝碳资源精准核算的基础和前提,是存在一个能够反映蓝色碳汇实时变化的、动态更新的蓝碳核算数据系统,由于缺乏相关的技术支持,目前尚未形成统一规范的监测方法。目前多数的核算方法是针对红树林系统的,而有关盐沼湿地以及海草床生态系统的监测方法较少。

与红树林生态系统相比,盐沼湿地由于植被根系欠发达,物种有机碳含量小,一方面在水流、海平面、植被生长状态、土地利用变化和泥沙输送等地貌和生态稳定变化的相互作用驱动下,间接影响碳库储量核算的准确性;另一方面气候变暖直接影响到群落植被的碳积累速率,使得盐沼湿地的碳库储量具有巨大的差异性(Kirwan M L, Mudd S M., 2012),根据不同转换因子估算出的碳密度从 72 到 936 Mg hm² 不等(Ouyang X, Lee S Y., 2020),碳积累速率的估计值从 1.2 到 1,167.5 g C/(m²·a)不等(Miller C B, et al.，2022)。此外，多数碳核算都集中在大面积的滨海生态系统上，许多小型、分散的盐沼湿地散落到海岸线碳储存生态系统，为碳核算进一步精确带来困难。海草床的碳储量不确定性较大，生态系统与多种生物种群相互作用和关联，沉积有机质种类多变，覆盖面积、物理扰动、水文条件等因素都是影响海草床沉积物中碳储量的主要因素。而海草床的碳库存在空间尺度上的可变性(Ricart A M, et al.，2020)。同一地区的海草床深度从几厘米至几米不等，在进行碳库调查核算时，代表性的样点数量不足会导致数据的不准确性增大。另外，海草床多分布在河口之间和河口内部区域，特殊的地理环境存在着浑浊度高的问题，进而影响海草床的空间范围或群落特点，也决定了物种组成和结构特征(如植被密度和覆盖度)。以上都给海草床生态系统的碳库核算带来了不小的挑战。

2.碳汇项目核算方法未考虑蓝碳资源的季节性特点

红树林、潮汐盐沼和海草床的碳储量变化受许多因素影响，会因影响因子和时间尺度的不同而变化。这些变化主要包括由自然干扰(如台风)、植物生产力差异和自然的固碳速率、土地利用方式改变(如水产养殖或潮上带的农业)以及气候变化(如海平面上升)引起的改变。同时，季节性的生长或死亡的生长模式使得地上生物量全年波动，也会对其碳储量产生影响。我国的蓝碳生态系统纬度跨度广，存在显著的季节性变化，季节更替使位于温带和亚热带的滨海蓝碳的光照、气温、降水、相对湿度和营养条件等的变化，地上生物量的生长及凋落发生季节性振荡，导致自然固碳率变化。而现行的以年为单位的核算方式忽略了季节性波动因素，极大影响蓝碳数据的核算的准确性。中国东部沿海是典型的季风气候区，尤其是北方温带区四季分明，干湿季降水气温条件差异明显，夏季高温多雨，冬季干燥少雨，温度和降雨条件对群落内植被的生物量影响较大。地下土壤碳库受季节性影响较小，可在全年内抵消，除特殊事件以外在长时间尺度中才会有较大变动；但地上碳库植被在各环境因子的调控下呈现季节性波动，初级生产力能最直观地反映出季节的影响，但在生产力比较旺盛的时期，相应的植物呼吸消耗也会加强。而净初级生产力综合考虑了对应环境条件下植被的生产能力和呼吸消耗能力，它是指在初级生产过程中，扣除呼吸作用消耗掉之外植物光合作用固定的那部分能量。光照、二氧化碳、水、营养物质、氧含量和温度等因素在不同程度上决定着植株的净初级生产力水平。通过收集具有代表性的中国滨海生态系统：热带季风气候区高桥红树林、亚热带季风气候区云霄红树林、亚热带季风气候区崇明东滩盐沼湿地、温带季风气候区桑沟湾大叶藻海草床的季节碳库初级生产力数据(陈卉，2014；原一荃等，2022；高亚平等，2013)，比较四个生态系统的初级生产力，可知其季节对比显著(图1.3.1)。通过净初级生产力的季节性对比可以看出，蓝碳生态系统的净初级生产力在夏季是一年中最高的，秋冬季则是全年的初级生产力低值。随着季节变化，受到最直接影响的环境因子是温度和降水条件，净初级生产力在气候条件的作用下具有明显的季节性差异，从而导致植被群落的碳储量产生季节性振荡。红树林作为滨海蓝碳中生产力最高的生态系统,热带红树林由于生长环境纬度较低,全年的生产力分为两季,碳核算可以从以年为单位精确到以干湿两个季度为单位;而位于亚热带气候区的红树林季节对比稍明显,冬季表现出生产力的低谷值,春、夏、秋季趋于平稳,可根据碳汇核算的精确度要求具体到季节。湿地和海草床生态系统相对于红树林四季分明,单是夏季的初级生产力值可以占到全年的一半左右。因此,对于这两类滨海蓝碳,精确到季度而不是以年为核算单位的碳储量估算更具有实际意义。

表 1.3.3　红树林、海草床、盐沼湿地的全年和四季净初级生产力及其所占比例

	高桥红树林		云霄红树林		崇明东滩湿地		桑沟湾海草床	
	NPP（g/m²）	（%）	NPP（g/m²）	（%）	NPP（g/m²）	（%）	NPP（g/m²）	（%）
全年	965.0	–	927.7	–	685.0	–	543.5	–
春季	269.3	28	293.0	32	171.3	25	87.0	16
夏季	291.5	30	307.2	33	294.6	43	277.2	51
秋季	204.9	21	239.9	26	102.8	15	146.7	27
冬季	199.3	21	87.7	9.0	116.5	17	32.6	6.0

资料来源:IPCC, 2021. Climate Change 2021: The Physical Science Basis,笔者整理。

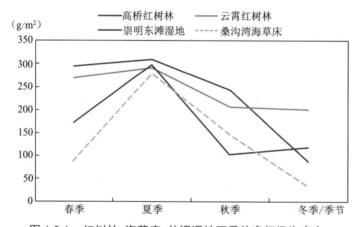

图 1.3.1　红树林、海草床、盐沼湿地四季的净初级生产力

资料来源:IPCC, 2021. Climate Change 2021: The Physical Science Basis、笔者整理。

1.3.3　蓝碳交易中存在的问题分析

1. 蓝碳交易中的定价问题

定价方法不一致。由于碳吸收和储存会在不同的生态系统中发生,每个生态系统都具有独有的特征和动态,所以在蓝碳发展过程中,定价方法不一致是一个复杂的问题。蓝碳发展涉及多种生态系统,如森林、湿地、海洋、草地等,每个生态系统的碳效益都不同,每种生态系统都在碳吸收和储存方面具有不同的潜力和速率,这使得定价方法难以统一。并且不同类型的生态系统对碳的吸收速率还会受到气候、土壤类型、植被

类型等因素的影响。此外,不同地区和国家可能会建立自己的碳交易市场或计划,采用不同的定价方法和标准。这导致了跨境蓝碳发展项目的定价不一致性,使其难以形成一致的定价方法。

目前关于碳汇定价文献大多集中于森林碳汇和林业碳汇,且常用的碳汇价值评价方法主要包括了较为方便快捷的市场价格法、造林成本法、依赖成熟市场的期权定价法、尚未成熟的影子价格法以及常用的碳税率法(胡杰龙等,2015)等。相比较于起步时间较早、发展较为成熟的包括林业与森林碳汇的绿色碳汇,蓝色碳汇的定价还尚未成熟,目前使用较多的定价方法与模型有碳税率法、均值法、市场价值评估法、造林成本法、罗宾斯坦因博弈模型、超越对数生产函数,各种方法的对比如表1.3.4所示。

表1.3.4 碳汇定价方法对比表

方法	内容	优势	劣势
碳税率法	将瑞典碳税折合成人民币的价格。	便于计算,碳汇价格与国际接轨。	国家社会成本不同,某些价格不符合我国实际情况。
均值法	多种定价方法得出的碳汇价格均值。如造林成本法、碳税率法。	综合考虑多种方法。	方法本身不符合实际情况。
市场价值评估法	多个市场的碳汇价格均值。如:中国碳排放交易网、北京环境交易所、环境能源交易平台。	数据易于获取,便于计算价格。	碳交易市场不够成熟,碳汇价格偏低,不符合实际情况。目前而言,我国碳价格处于上升趋势。
造林成本法	从投入产出视角探索碳汇项目的成本收益。将生态系统碳汇项目与非碳汇项目的净收益进行对比。在理性经济人假设下,两者收益相等时,人们才有动力去开展碳汇项目而不是非碳汇项目。	充分考虑了机会成本、交易成本和碳释放成本,同时也考虑了收益时间价值。	只考虑了碳汇供给方是否有动力开展碳汇项目,没有考虑到碳汇需求方的需求程度,也没有考虑到减排成本。
罗宾斯坦因博弈模型	基于减排需求确定碳汇价格、碳供给成本,考虑了碳的边际成本,考虑市场博弈形成最终价格。	考虑了碳边际减排成本、碳供给成本,然后考虑市场博弈形成最终价格。	减排需求模型假设要求太过严格,不符合实际。
超越对数生产函数	超越对数生产函数模型考虑了碳交易市场供求关系,依据边际生产理论,明某种生产要素价格源于要素市场的供求关系,即边际生产力。将森林碳汇作为生产要素计算到生产函数中,根据生产函数求得边际生产力,便是森林碳汇的影子价格。	超越对数生产函数模型考虑了碳交易市场供求关系。不仅有效克服克斯中性技术进步假设,还具有易估计和包容性强的特性,并且考虑了要素之间的相互作用与替代作用,与供给方实际动态变化相符合。	仅从碳汇供给方对价格进行描述,没有充分考虑企业的减排成本。

价格的波动与不确定性会对蓝碳交易造成多方面的危害,其中包括投资的不确定性、项目可行性和碳市场不稳定性(孙军和张歆莹,2023)。高度波动的蓝碳价格使投资者难以预测未来的碳市场表现。投资者可能会因为价格波动而犹豫不决,不愿意承担风险,这可能限制蓝碳项目的融资和发展。对于蓝碳发展项目,价格波动可能对其长

期可行性造成影响。项目的经济模型和预测可能会受到不稳定的碳价格影响，从而使项目难以维持或实现预期的碳减排目标。此外，大幅度的价格波动可能导致碳市场的不稳定，使市场变得不可预测。这可能影响企业和政府的决策，使他们更难以规划长期的碳减排战略。

2. 蓝碳交易市场存在的问题分析

碳市场监管和治理不足。蓝碳交易市场缺乏全球性的监管框架，这可能导致市场操纵风险、信息不对称、合规问题、市场不透明问题。缺乏足够的监管可能导致市场操纵，投机者可能试图操纵蓝碳价格，从而扰乱市场的正常运作，这会对投资者和项目参与者造成不公平的竞争环境。缺乏监管还可能导致信息不对称，使市场参与者无法获得足够的信息来做出明智的决策。缺乏监管可能导致一些项目未能遵守规定的碳减排标准和方法，从而损害市场的可持续性，使项目的碳减排效益受到威胁。此外，缺乏监管可能导致市场的透明度不足，投资者和市场参与者无法准确了解市场的运作和规则。这可能降低市场的可信度，影响投资者的积极参与。

蓝碳市场的监管和治理不足主要是由以下三个原因造成的：第一，蓝碳交易市场通常是分散的，没有全球性的监管和治理框架。这使得跨国界项目和交易复杂，难以监管和协调。第二，对于蓝碳的交易和开发，各国采用不同的蓝碳项目认证和监管标准。这使得项目参与者需要面对不同的要求和规则，增加了市场的不一致性。第三，蓝碳项目涉及多个利益相关方，包括政府、企业、社区等。治理机构的权力分散可能导致决策制定的困难和冲突，降低了治理效率。

3. 蓝碳金融衍生品问题分析

蓝碳金融衍生品是一种金融工具，通过对蓝色碳减排项目的相关资产进行套期保值和风险管理（范振林，2021），帮助投资者和项目参与者在蓝色碳减排市场上进行交易。这些衍生品的价值与相关蓝色碳减排项目的减排效果和碳市场价格相关联。目前随着蓝碳的发展，蓝碳金融衍生品也逐渐走进人们的视野之中，但是在蓝碳金融衍生品发展过程中存在如下几点问题。

（1）社会对碳金融的了解不足，金融机构参与度低。

随着碳交易的产生，碳金融开始兴起。但是由于碳金融的发展时间较短，社会公众对碳金融还没有做到充分认识（钱立华等，2021）。甚至一些需要进行减排的企业、金融机构对碳金融的操作手段、经济效益、收入来源都没有深入了解。因此，很多金融机构不敢在没有充分了解的基础上进行碳金融业务的处理和交易。目前，少有商业银行关注碳金融业务，仅有浦发银行、兴业银行、上海银行、民生银行等开展碳配额质押贷款、碳交易顾问、碳债券、碳基金等碳金融业务。

另外，金融机构参与度低还有一个很重要的原因是碳金融市场专业性强、门槛较高。碳金融从业人员不仅具备传统金融所需要的专业能力和资质，还要了解碳配额总量目标确定、初始分配机制、管理及后续监测以及碳价的形成，碳交易的流程等等内容。碳金融也对专业人员的综合素质和知识储备提出了新的要求。

（2）蓝碳资源产权不明晰，碳排放权资产的法律属性不明确，阻碍碳金融发展。

在我国，海域及其自然资源均属国有，国家拥有对海洋资源绝对的掌控权，因此在蓝碳开发项目中，蓝碳资源资产的产权存在不明晰的问题。即对于蓝碳资源及其生态系统产生的碳汇及其他生态服务价值的所有权、使用权、收益权和转让权的归属、分割和流转等问题是不明确的。没有明晰的产权划分，就会影响蓝碳资源的资本化，进而给蓝碳开发项目背后的碳金融带来一定风险。蓝碳资源的产权问题存在制度性障碍，假以时日会是碳金融发展的重大隐患，影响公众对蓝碳项目中的碳金融认可度，增加公众的顾虑。

自碳排放议题的提出以来，碳排放权资产的法律属性问题一直没有统一的认定。2021 年中国人民银行在《推动我国碳金融市场加快发展》指出"碳排放权资产的法律属性不明确、价值评估体系薄弱，阻碍了碳金融产品工具的推广与创新。"（人民银行研究局课题组，2021）具体来说，《民法典》第 440 条《权利质权的范围》，列明了可以出质的权利，规定了哪些财产可以质押。但是碳排放权资产并不属于《民法典》第 440 条可以出质的权利范围内。如果碳排放权资产被质押用于融资，那么就有可能带来碳排放权资产质押无效的法律风险。这种法律风险阻碍了碳金融市场发展，导致碳价低迷，碳金融创新空间不够，碳金融创新能力不足等等。

（3）项目成本高、周期长、收益低，影响蓝碳金融市场的发展规模。

蓝碳项目开发环境相对复杂，维护成本也比较大。依托于沿海生态系统的蓝碳项目，特别容易受到气候变化的影响。由于蓝碳项目大多靠近海岸线，海平面上升和沿海土地开垦等问题也会干扰蓝碳项目的持续进行。在某些情况下，维护沿海生态系统的成本会比较大，甚至可能高于项目收入。蓝碳项目也会带来一些额外收益，比如改善水质、提供栖息地以及增加沿海社区的旅游业收入。这些额外利益会是政府和企业考虑的事项，但是蓝碳项目额外效益呈现慢，缺少高效而直接的价值转化机制，这些都导致蓝碳项目达不到具有吸引力的利润回报率，因此现有蓝碳项目大多由政府主导，依赖公共财政，并不能吸引到大量的投资者的青睐，无法形成大规模的蓝碳金融市场。

4. 蓝碳风险控制

所有项目和事物的开发过程都面临着风险，蓝碳的开发过程也不例外。作为近年来的新兴领域，我国在蓝碳开发过程中的风险控制仍存在着不足之处。

首先，由于误差和不确定性的存在，导致风险评估不准确、控制不到位。如果忽视蓝碳资源的季节性特点，可能会导致估算结果与实际情况存在误差和不确定性。由于蓝碳资源在不同季节具有不同的生长速度和碳吸收能力，未考虑这些变化可能导致对碳汇量的低估或高估。此外，蓝碳项目的季节性变化可能会对风险评估产生影响。季节性的自然灾害、人为干扰或气候变化等因素可能会影响蓝碳资源的稳定性和可持续性。忽略这些季节性特点可能导致风险评估的不准确，从而导致风险控制的缺失和不合理的安排。

其次，对于蓝碳开发而言，主要依赖于以蓝色项目为基础的蓝色债券。然而，由于蓝色债券目前仍属于新兴领域，相关标准和规范尚未统一，因此已成功发行的蓝色债券多数参考国内绿色债券的相关指引准则。然而，蓝色债券与绿色债券不同，对于蓝色经济的定位目前尚不明确。蓝色经济项目旨在保护海洋，但受限于海洋灾害等风险因素，其投资吸引力有所不足。此外，蓝色经济项目还涉及产权归属问题，且风险控制方面的措施不够完善。因此，需要制定具有预见性和指导性的风险控制政策措施。

最后，对于蓝色债券，其作为新兴蓝色金融产品，存在以下几方面的潜在风险。

① 与发行主体相关的风险：债券发行首先关注的就是发行主体的相关资质，即发行主体的信用情况、盈利能力、是否具有稳定现金流以作为提供持续债券付息的能力、是否合法经营等情况。这些都是进行债券评级和定价发行的有效依据，对蓝色债券的合理定价和上市交易具有重要的影响，因此，需要对其发行主体风险进行客观评估，而风险主要就产生在对主体风险的分析和控制上。

② 与蓝色经济项目相关的风险：蓝色债券作为蓝色金融创新产物之一，主要为对海洋环境保护及相关的蓝色经济项目提供融资需求（钱立华等，2020）。随着人们对于海洋的了解逐步深入和环保意识的进一步加强，与之相关的海洋环境保护和海洋资源有序适度开发日益成为重点领域。蓝色项目的运作过程包括从初步设想、筛选、申报和审核、认证和评级、发行准备到最后的发行认购，具有较高的操作难度和专业性。因此，蓝色项目可能面临一些困难，如项目投资期限与实际建设周期不匹配、地域集中度高、开发难度大、专业性要求强等。此外，蓝色项目还受到气候变化和海洋灾害等风险因素的影响，存在预期回报不确定性高等风险。蓝碳的开发对风险提出了更高的要求。

5. 政策保障

我国近年来刚刚接触并初步进行蓝碳项目的开发，相关政策措施不完善，尽管随着开发的推进，在一些方面已经进行了政策框架的搭建和制定，但仍然在许多方面对蓝碳的开发造成了阻碍。接下来我们简要分析一下我国蓝碳开发过程中在政策保障方面存在的问题。

首先是政策保障体系不完善，蓝碳项目在我国的发展处于起步阶段，政策保障方面也是在探索和制定修改中逐步前进，经过分析，我国蓝碳开发在政策保障方面的问题主要有：缺乏明确的政策目标和指导原则：目前，我国在蓝色碳汇开发方面缺乏明确的政策目标和指导原则。虽然一些地方政府和机构已经开始实施一些蓝色碳汇项目，但缺乏整体统一的政策框架，导致各地政策的制定和实施存在不一致性和不协调性；缺乏监管和评估机制：蓝色碳汇项目的开发和运营需要监管和评估机制的支持，以确保项目的可持续性和环境效益。然而，目前我国缺乏有效的监管和评估机制，导致一些蓝色碳汇项目存在环境风险和可持续性问题；蓝色碳汇开发涉及多个部门和利益相关方的合作，需要建立协调和合作机制，以确保各方的利益得到平衡。然而，目前我国在蓝色碳汇开发的协调和合作机制方面存在不足,导致一些项目遇到不必要的阻碍和冲突。

缺乏相关支持性的法律法规和有利的政策措施,协同控制法律体系不完善,使得蓝碳发展过程缺乏规范性,发展进度受阻。国家层面和地方层面出台的政策性文件主要聚焦蓝碳的开发利用规划,从法律制度层面还未明确蓝碳的所有权、收益权以及蓝碳资产标的物的产权等,蓝碳交易、核算以及标准化等缺乏法律制度支撑,发展蓝碳市场和蓝碳金融存在掣肘。建议加快制定完善蓝碳有关的法律制度,明确蓝碳适用标准和有关产权归属,为发展蓝碳提供基础性制度保障。美国、欧盟等都注重多污染物协同控制的立法工作,例如美国在"马萨诸塞州等诉美国环保署"案的判决中认定温室气体属于空气污染物范围,赋予美国环保署对大气污染和温室气体协同监管的权力,欧盟在其1996年出台的《综合污染预防与控制指令》中也将受监管的污染物扩展为传统污染物和二氧化碳及其他温室气体。但是,目前中国的《大气污染防治法》(2016年版)仅做了原则性的表述,"对颗粒物、二氧化硫、氮氧化物、挥发性有机物、氨等大气污染物和温室气体实施协同控制",未清楚界定温室气体"是否属于污染物"的法律属性。缺少能将蓝碳和碳排放密切相连的法律法规。

1.4　蓝碳发展的预测分析

1.4.1　蓝碳发展规划的政策法规提供前瞻指引

随着气候变化给国际社会带来日益严重的问题,各国政府开始寻求减少人类碳足迹的方法。近年来,我国针对蓝碳的发展规划,政府也出台了一系列政策法规,相关政策的制定为我国蓝碳市场的发展提供了良好的制度基础,在促进蓝碳发展中发挥了十分重要的政策引领作用。

(1)《全国重要生态系统保护和修复重大工程总体规划(2021—2035年)》(自然资源部,2020)。

该规划提出,以海岸带生态系统结构恢复和服务提升为导向,全面保护自然岸线,重点推动红树林、海草床等多种典型海洋生态类型的系统保护和修复,恢复退化的典型生境,提升海岸带生态系统结构完整性和功能稳定性。随着红树林、海草床等生态系统保护和修复的推进,蓝碳在二氧化碳减排方面发挥的作用将越来越大。

(2)《红树林保护修复专项计划(2020—2025年)》(自然资源部,2020)。

为了实施红树林生态修复,提升红树林生态系统质量和功能,该计划提出,到2025年,计划营造和修复红树林面积18,800公顷,其中营造红树林9,050公顷,修复现有红树林9,750公顷。在2020—2025年期间,预计产生二氧化碳减排量19.87万吨,平均每年产生二氧化碳减排量3.97万吨。

（3）《"十四五"规划和2035远景目标纲要》（中华人民共和国中央人民政府，2021）。

该文件提出要提升生态系统质量和稳定性，推进海岸带蓝色生态系统的保护和修复，以黄渤海、长三角、粤闽浙沿海、粤港澳大湾区、海南岛、北部湾等为重点，全面保护自然岸线，整治修复岸线长度400千米，滨海湿地两万公顷。海岸带以及滨海湿地的修复，有利于改善中国蓝碳生态系统急剧退化的局面，从而推动蓝碳市场的发展。

（4）《2030年前碳达峰行动方案》（国务院，2021）。

该方案提出要整体推进海洋生态系统保护和修复，提升红树林、海草床、盐沼等固碳能力，同时加强海洋生态系统碳汇基础理论、基础方法、前沿颠覆性技术研究。建立健全能够体现碳汇价值的生态保护补偿机制，研究制定碳汇项目参与全国碳排放权交易相关规则。随着蓝碳相关项目以及技术方法的推进和完善，蓝碳交易的规范化市场正在逐步建立，为蓝碳市场的发展提供了坚实基础。

（5）《威海市蓝碳经济发展行动方案（2021—2025）》（威海市人民政府办公室，2021）。

该方案是全国首个蓝碳经济发展行动方案。该方案提出要加快蓝碳科学研究与成果转化，每年形成高端成果10项以上。要建设海洋生态经济示范园区，到2025年，园区入驻企业超过30家，实现收入超过100亿元，全市蓝碳经济体系基本建立，蓝碳经济贡献度显著提高，在全市海洋经济占比超过30%。

1.4.2 蓝碳吸收二氧化碳量呈增长趋势

海洋作为地球上最大的碳库，每年约吸收排放到大气中二氧化碳的30%（张继红等，2021）。在预测蓝碳变化趋势时，以中国2010—2022年的碳排放数据为基础，根据蓝碳每年大约吸收二氧化碳排放量的百分比，得到蓝碳吸收量的相关数据，然后基于灰色预测模型预测到2035年蓝碳的变化趋势，相关结果见图1.4.1。

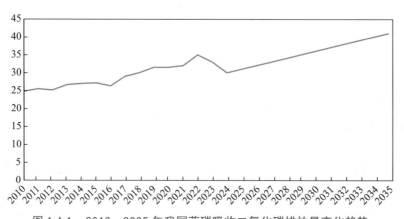

图1.4.1　2010—2035年我国蓝碳吸收二氧化碳排放量变化趋势

从图1.4.1可以看出，2010—2022年我国通过蓝碳吸收的二氧化碳呈增长的趋势，并且根据预测2023—2035年将继续呈现增长态势。数据显示，2010年我国通过蓝碳吸收的二氧化碳排放量约为 24.43 亿吨,到 2022 年已增长至 34.43 亿吨。2023—2035 年的蓝碳数据为预测值,预计 2023 年通过蓝碳吸收的二氧化碳排放量将为 32.62 亿吨,到 2035 年将增长至 41.20 亿吨,吸收量将比 2022 年增长 20%,并且在 2023—2035 年期间,通过蓝碳吸收的二氧化碳排放量将以平均每年约 2% 左右的速度增长。这表明在未来我国蓝色碳汇市场的需求规模将会继续扩大,中国海岸带蓝碳发展潜力巨大且增汇潜力巨大。

1.4.3　我国海洋碳汇资源丰富,开发潜力巨大

蓝碳在中国具有巨大的开发潜力。在我国实现"双碳"转型目标的背景下,蓝碳(也称为"海洋碳汇")被认为是一种重要的碳汇资源,可以帮助减缓气候变化和保护海洋生态系统。中国拥有近 300 万平方千米的海洋国土面积和约 1.8 万千米的大陆岸线,是世界上少数几个同时拥有红树林、海草床和盐沼这三大滨海蓝碳生态系统的国家之一。这些生态系统具有很高的碳储存能力,可以吸收和储存大量的二氧化碳。

1. 红树林

红树林是热带、亚热带海陆交错区生产能力最高的海洋生态系统之一,在净化水质、防风消浪、维持生物多样性、固碳储碳等方面发挥着极为重要的作用。近年来,中国各相关部门和地方政府已经采取科学有序的措施推进红树林的保护修复、监测监管等工作,并取得了积极成效。根据图 1.4.2 的数据显示,从 1973 年到 2000 年,中国红树林面积呈减少趋势,其中广东、香港和澳门的红树林面积减少最为明显。然而,从 2000 年到 2022 年,中国的红树林总面积稳步增加,目前已经达到 240 平方千米,基本恢复到 1980 年的水平。特别是广东、香港和澳门的红树林总面积已经基本恢复到 1990 年的水平。随着修复项目和种类的增加,修复范围的扩展,环境的多样性,以及对红树林修复技术研究的深入,到 2050 年,红树林面积有望恢复到 1973 年水平。

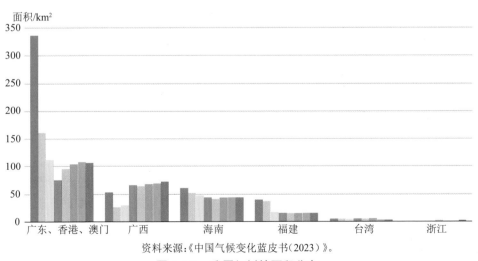

资料来源:《中国气候变化蓝皮书(2023)》。

图 1.4.2　我国红树林面积分布

近年来，中国在红树林科研方向取得了显著进展。例如，建立了红树林综合气象条件适宜度评估模型，为红树林的气候变化应对和修复提供科学决策依据。同时，研究了中国沿海常用修复树种的耐盐耐淹程度，为红树林的生态修复提供了选址和选种的科学依据。此外，通过研究不同修复年限的红树林生态系统，揭示了沉积物中氮硫变化对固氮微生物群落结构的重塑作用，从而能够评估红树林生态修复的进程和效果。

为了进一步推动红树林的生态修复工作，自然资源部和国家林草局于2021年发布了《红树林生态修复手册》。该手册规定了红树林生态修复的原则、技术流程、工作内容，以及生态本底调查、退化诊断、修复目标与修复方式确定、修复措施选择、跟踪监测、效果评估和适应性管理等方面的技术要求和方法。这些举措将有助于促进红树林生态系统的恢复与发展。

2. 盐沼

随着海岸建设活动的增加和活跃，我国盐沼资源正面临加速衰竭的问题。在过去的60年里，中国沿海约有60%的盐沼湿地面积已经萎缩。为了应对这一问题，我国将加大对滨海盐沼湿地的生态修复研究力度，主要集中在研究退化机制、探索修复技术以及整治入侵物种等方面。

具体而言，这项研究将包括对盐沼土壤理化条件的研究分析，以了解其对植物生长的影响。同时，还将研究不同区域典型盐沼植物（如芦苇、海三棱藨草和互花米草）的环境适应特性，以深入了解盐沼植被退化的原因，并为修复工作提供理论依据。此外，还将探索"水文—土壤—生物"的联合修复模式，以提高修复植被的面积和效率。通过综合运用水文学、土壤学和生物学等学科的知识，将修复工作更加科学地进行规划和实施。

预计到21世纪中叶，通过这些努力，我国盐沼湿地的面积有望在现有基础上增加20%左右。这将有助于保护和恢复盐沼湿地的生态功能，促进生物多样性的保护和可持续利用。

3. 海草床

虽然海草床的修复确实面临着很大的挑战。但是，经过多年的研究和努力，科研人员已经取得了一些突破，优化了海草床生态系统恢复的关键技术，突破了修复效率低的技术瓶颈，形成了较为完整的海草床生态修复技术链条。

2023年，中国科学院海洋研究所牵头制定了我国首个海草床生态系统修复技术国家标准《海洋生态修复技术指南第4部分：海草床生态修复》，并由国家市场监督管理总局批准发布。该标准详细阐述了海草床生态修复的流程、内容和技术要求，为海草床恢复提供了指导和规范，有助于加快海草床恢复的速度和进程。尽管海草床修复的难度极高，但这些努力和标准的制定为海草床的保护和恢复提供了重要的支持。相信通过科研人员和相关部门的合作，能够进一步推动海草床修复工作，保护海洋生态系统的健康和可持续发展。

近年来，国家加大了对海洋生态修复的投入力度，每年支持15～16个海洋生态修复项目。这种修复需求推动了科技进步,促进了海洋生态修复研究、应用技术和工程技术的发展。在重点领域,国家鼓励进行基础性研究,例如设立了自然资源部海洋生态保护与修复重点实验室、福建省海洋生态保护与修复重点实验室和自然资源部热带海洋生态系统与生物资源重点实验室,并将在 2023 年设立开放基金资助相关研究。

此外,自然资源部在 2022 年发布了《海岸带规划编制技术指南》(征求意见稿),该指南规定了省级海岸带规划编制的总体要求、基础分析、战略和目标、规划分区、资源分类管控、生态环境保护修复、高质量发展引导以及保障机制等重点内容,为国土空间规划在海岸带的规划传导提供了技术指导。

这些资金和技术的支持将推动蓝碳生态系统的恢复,使海洋碳汇资源进一步丰富,形成更大的开发潜力。

1.4.4　海洋碳汇进入市场化交易阶段,蓝碳交易前景广阔

2021 年 6 月,广东湛江红树林造林项目的碳减排量转让协议在青岛签署,标志着我国首个蓝碳交易项目正式完成。2022,福建省连江县完成了全国首宗海洋渔业碳汇交易,经济收入累计超过 40 万元;同年,海南省首个蓝碳生态产品交易项目"海口市三江农场红树林修复项目"完成签约,预计可在未来 40 年产生 9 万余吨碳汇,同年 5 月 7 日,荣成楮岛水产有限公司为自己的 100 亩海草床上了保险,这是全国首单海洋碳汇指数保险。2023 年 2 月 28 日,全国首单蓝碳拍卖在浙江宁波成交,中国海洋大学未来海洋学院院长、海洋碳中和中心主任李建平认为,这标志着海洋碳汇已经进入市场化交易阶段,蓝碳的经济价值逐渐显露。9 月 5 日,深圳正式发布全国首单红树林保护碳汇拍卖公告。根据拍卖公告,福田红树林自然保护区第一监测期内的 3,875 吨红树林保护碳汇量于 9 月 26 日下午 3 时公开拍卖,拍卖起始单价 183 元 / 吨,竞买保证金 36 万元。183 元 / 吨的价格创造了蓝碳交易的新高,主要原因有两点,一是随着全国碳市场的日趋成熟,控排企业通过购买碳汇进行碳抵销完成履约的刚性需求越来越多;二是随着国家核证自愿减排量(CCER)重启步伐加快,蓝碳市场升温明显,因此会有区域性碳汇价高的现象。

随着碳排放交易市场的不断成熟和扩大,蓝碳产业将获得更多市场认可和支持。全球对气候变化问题的关注度提高,社会对低碳环保产品的需求也将逐渐增加,这将为蓝碳产业的发展提供市场支持。科技的不断进步也将为蓝碳产业提供更多技术支持。新型海洋生物技术的出现可以提高海洋生态系统的吸收能力和碳储存能力。此外,新型碳捕集和碳储存技术也将促进蓝碳产业的发展。

总的来说,中国蓝碳市场目前尚处于起步阶段,蓝色碳汇的发展面临很大的机遇。未来,需要继续完善蓝色碳汇相关政策法规,提高社会对蓝碳的认识和重视程度,推动蓝碳的计量和监测技术的发展,以促进其发展和推广。同时,应注重实践与国际合作,通过借鉴其他国家和地区的成功经验,推动中国蓝色碳汇的发展。

1.5 蓝碳文献计量

蓝碳被认为是一种有效的基于自然的气候变化缓解方法，尽管引起了越来越多的关注，但对这个主题的系统回顾仍然很少。Jiang 等（2022）采用文献计量的方法评估了 1990—2020 年间来自 85 个国家、1,538 个机构和 4,492 名作者的 1,348 篇与蓝碳相关的文章，从增长趋势、出版物的地理分布、活跃的类别和期刊、作者和高引用文献的角度进行了描述性分析，还识别了最具生产力的国家、机构和作者之间的合作关系，分析了与蓝碳相关的出版物的基本特征，以及知名研究者之间的合作。通过关键词共现分析，探讨了蓝碳的研究趋势和未来方向。

1.5.1 数据来源

2021 年 4 月，使用以下术语在 Web of Science Core Collection 中搜索了 1990—2020 年的学术文献信息：主题 =（"沿海"或"潮汐湿地"或"红树林"或"盐沼"或"盐碱湿地"或"海草"）和（"碳汇"或"碳沉积"或"碳存储"或"封存碳"或"碳埋藏"或"碳库"）。基于文章内容进行手动筛选，删除与蓝碳无关的论文。总共选择了 1,348 篇"文章""综述"和"会议论文"进行分析。

表 1.5.1　蓝碳文献计量数据摘要

数据类型	数 量
文章	1,348
类别	64
期刊	319
国家	86
机构	1,538
作者	4,492
关键词	2,810

1.5.2 发文时空分布

由 1990—2020 年的发文趋势和地理分布图（图 1.5.1）可知：与蓝碳相关的文章数量呈指数级增长，从 1990 年的 1 篇达到 2020 年的 267 篇（图 1.5.1）。论文的发展可以分为两个阶段：第一阶段是从 1990 年到 2009 年，期间与蓝碳相关的文章数量增长缓慢，反映了蓝碳概念处于起步阶段；第二阶段是从 2010 年到 2020 年，期间与蓝碳相关的文章数量显著增加，表明蓝碳概念加速发展；这两个阶段由 2009 年分隔开来，当时"蓝碳"这一术语首次由联合国环境规划署引入（Nellemann et al.，2009）。第二阶段共发表了 1,258 项研究，占蓝碳出版物总数的 93.32%，表明该领域存在着蓬勃的研究趋势。

　　基于从作者地址提取的信息,表 1.5.2 和图 1.5.1 展示了出版物的地理分布。蓝碳研究广泛分布在除南极洲以外的所有大洲。其中,亚洲发表了最多的文章(694 篇),其次是北美洲(593 篇)和欧洲(560 篇)。尽管有 10 个南美洲国家和 15 个非洲国家参与了相关研究,南美洲和非洲在所有大洲中排名最后,分别有 107 篇和 84 篇论文。

表 1.5.2　蓝碳文献计量出版物的洲分布

洲	国家数量(个)	发文数量(篇)
亚洲	23	694
北美洲	6	593
欧洲	26	560
大洋洲	4	297
南美洲	10	107
非洲	15	84

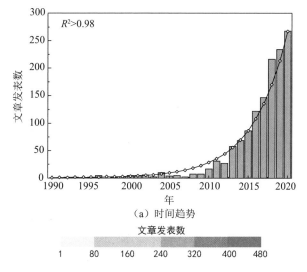

(a) 时间趋势

(b) 地理分布

图 1.5.1　蓝碳研究论文数的时空分布(1990—2020 年)

1.5.3 类别和期刊分析

蓝碳相关的研究发表在 64 个类别中，前 10 个类别列在表 1.5.3 中，其中，环境科学是最受欢迎的类别，共有 590 篇论文，生态学和海洋与淡水生物学分别占据了第二和第三位，分别有 315 篇和 274 篇论文。相关类别的年度增长趋势详见图 1.5.2a。环境科学、生态学、海洋与淡水生物学、海洋学和地球科学等多学科领域从 1990 年到 2009 年处于发展阶段，并在 2009 年后显示出显著增长。近年来，气象学和大气科学中蓝碳研究的发展趋势有所放缓。有关蓝碳研究的科学结果发表在 319 种期刊上，前 10 种最具生产力的期刊占总出版物的 27.97%（表 1.5.4）。*Estuarine, Coastal, and Shelf Science* 是最具生产力的期刊，有 74 篇被接受的论文，并且其 h 指数也最高，为 22。*Science of the Total Environment* 和 *PloS ONE* 分别排名第二和第三，有 55 篇和 35 篇文章。*Global Change Biology* 排名第 5，尽管其影响因子最高，为 8.555。大多数前 10 位的期刊随时间的推移保持了论文数量的增长趋势（图 1.5.2）。在期刊影响指标方面，大多数前 10 位的期刊排名一致。例如，*Global Change Biology* 和 *Science of the Total Environment* 这两种 Q1 级别的期刊在影响因子和引文分数方面分别排名第一和第二。然而，一些期刊在各种指标排名上存在较大差异。*Frontiers in Marine Science* 在影响因子方面排名第三，但在引文分数方面排名第七。这可能是由于 Web of Science 和 Scopus 在期刊和类别覆盖方面的差异导致的。*Journal of Geophysical Research-Bio geosciences* 在引文分数方面排名第五，但在 SNIP 方面排名第九。类别差异可能导致 *The Journal of Geophysical Research-Bio geosciences* 在引文分数方面排名较高，因为 SNIP 在其计算中消除了学科差异的影响，可用于跨学科比较。

表 1.5.3　1990—2020 年蓝碳研究生产力最高的 10 个类别

类别	发文数量（篇）	占比（%）
环境科学	590	43.77
生态学	315	23.37
海洋与淡水生物学	274	20.33
海洋学	193	14.32
地球科学,多科学	172	12.76
多学科科学	99	7.34
水资源	86	6.38
林业	82	6.08
气象学和大气科学	73	5.42
生物多样性保护	69	5.12

表 1.5.4　1990—2020 年蓝碳研究生产力最高的 10 种期刊

期刊	发文数量（篇）	h 指数	IF	引用	SNIP
Estuarine，Coastal and Shelf Science	74	22	2.929	4.6	1.135
Science of The Total Environment	55	15	7.963	10.5	2.015
PloS ONE	35	18	3.24	5.3	1.349
Estuaries and Coasts	33	16	2.976	4.6	1.144
Global Change Biology	33	18	10.863	15.5	2.714
Wetlands	32	14	2.204	2.7	0.917
Limnology and Oceanography	30	13	4.745	7.4	1.581
Scientific Reports	30	12	4.38	7.1	1.377
Frontiers in Marine Science	28	12	4.912	5.0	1.437
Journal of Geophysical Research-Biogeosciences	27	9	3.822	5.8	1.065

注：2020 年 IF、CiteScore 和 SNIP 值列于表 4。

（a）前10个最具生产力类别的年度增长趋势

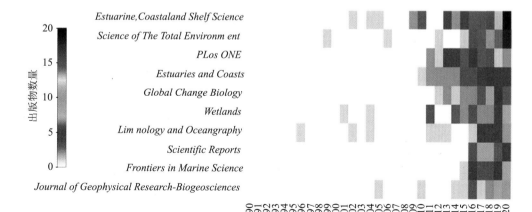

（b）前10个最具生产力期刊的年度增长趋势

图 1.5.2　1990—2020 年蓝碳研究类别和期刊的年度增长趋势

1.5.4 作者分析

蓝碳研究涉及 85 个国家、1,538 个机构和 4,492 名作者。表 1.5.4 列出了前 10 个最多产国家的基本信息。美国是最多产的国家，并且具有最高的 h 指数。就出版物数量或 h 指数而言，澳大利亚和中国分别排名第二和第三。德国、西班牙和英国等欧洲国家在蓝碳研究方面也表现良好。包括中国、印度尼西亚和巴西在内的发展中国家在蓝碳研究中取得了相对丰硕的成果。

表 1.5.5 1990—2020 年蓝碳研究生产力最高的 10 个国家

序号	国家	发文数量（篇）	占比（%）	h 指数
1	美国	480	35.61	65
2	澳大利亚	282	20.92	52
3	中国	266	19.73	33
4	英国	113	8.38	29
5	西班牙	112	8.31	36
6	印度尼西亚	73	5.42	20
7	巴西	63	4.67	18
8	德国	57	4.23	16
9	日本	55	4.08	19
10	印度	55	4.08	14

注：发表比例=发表数量/1,348。表中的 h 指数是根据这些国家的蓝碳相关文章数量及其被引用次数计算得出的。

表 1.5.6 列出了前 10 个最多产机构的基本情况。中国科学院是最多产的机构，有 85 篇文章，其次是昆士兰大学（73 篇）和埃迪斯科文大学（61 篇）。除中国科学院外，前 10 个最多产机构都属于发达国家。在出版物数量和 h 指数之间存在明显的不一致性。例如，作为最多产的机构，中国科学院在 h 指数方面排名第七。发展中国家应加强机构层面的能力建设，集中提升其学术影响 f 力。

表 1.5.6 1990—2020 年蓝碳研究生产力最高的 10 所机构

序号	机构	国家	发文数量（篇）	占比（%）	h 指数
1	中国科学院	中国	85	6.31	18
2	昆士兰大学	澳大利亚	73	5.42	24
3	埃迪斯科文大学	澳大利亚	61	4.53	24
4	迪肯大学	澳大利亚	58	4.30	21
5	美国地质调查局	美国	54	4.01	23
6	南十字星大学	澳大利亚	49	3.64	15

序号	机构	国家	发文数量（篇）	占比（%）	h 指数
7	西澳大利亚大学	澳大利亚	48	3.56	27
8	佛罗里达国际大学	美国	45	3.34	21
9	路易斯安那州立大学	美国	43	3.19	16
10	佛罗里达大学	美国	39	2.89	12

注：发表比例 = 发表数量 /1,348。表中 h 指数是根据机构发表的蓝碳相关文章数量及其被引用次数计算得出。

如表 1.5.7 所示，来自沙特阿拉伯的 Duarte C.M. 是产出最高的作者。就 h 指数而言，Duarte 同时排名第一，是唯一一个 h 指数超过 30 的作者。澳大利亚的作者也表现出色，在前 10 名作者中有 6 位是澳大利亚研究人员。Serrano 的 h 指数在澳大利亚研究人员中最高，在所有作者中排名第二。

表 1.5.7　1990—2020 年蓝碳研究生产力最高的 10 位作者

序号	作者	国家	发文数量（篇）	占比（%）	h 指数
1	Carlos M. Duarte	沙特阿拉伯	57	4.23	30
2	Peter I. Macreadie	澳大利亚	51	3.78	22
3	Oscar Serrano	澳大利亚	41	3.04	23
4	Catherine E. Lovelock	澳大利亚	40	2.97	22
5	Paul S. Lavery	澳大利亚	28	2.08	18
6	Christian J. Sanders	澳大利亚	27	2.00	14
7	Nuria Marba	西班牙	25	1.85	18
8	Daniel A. Friess	新加坡	24	1.78	14
9	Pere Masque	摩纳哥	23	1.71	16
10	Neil Saintilan	澳大利亚	22	1.63	12

注：研究者所在国家以最新发表论文的通信地址为准，如有多个地址，以排名最高的地址为准。发表比例 = 发表数量 /1,348。表中 h 指数是根据作者发表的蓝碳相关文章数量及其被引用次数计算得出。

如图 1.5.3 所示，在前 10 个最多产国家、机构和作者之间观察到密切的合作关系。美国、埃迪斯科文大学和 Duarte C.M. 分别是前 10 个实体中出版物数量最多的国家、机构和作者。在高产的发展中国家之间观察到一个不相连的合作关系，如中国、印度尼西亚、印度和巴西。中国、印尼和巴西都将美国视为最大的合作伙伴，而印度的最亲密伙伴是澳大利亚。可以观察到发展中国家的高产机构在国际学术合作中表现不活跃的明显现象，例如中国科学院，还应该探索发展中国家之间的科研合作模式。此外，发展中国家的机构应该进行更多的国际合作，以在蓝碳领域取得更多成就。

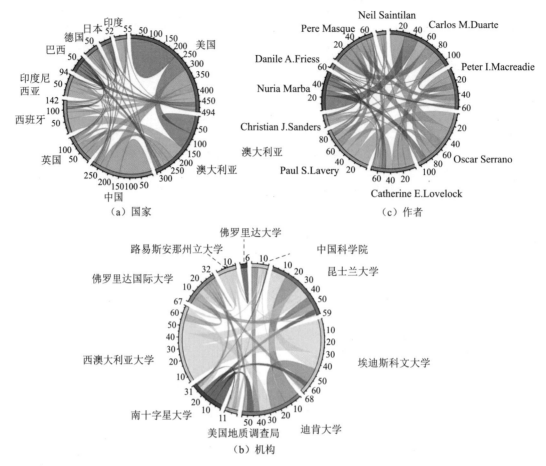

图 1.5.3 蓝碳研究的合作情况

注：弦图表示了几个实体（称为节点）之间的连接。每个实体在圆形布局的外部表示为一个片段，然后在每个实体之间绘制弧线。弧线的大小与连接的重要性成比例。数字代表前10个最多产国家、机构和作者的合作方面的出版物数量。不同的颜色用于区分不同的国家。

》参考文献

[1] 21世纪经济报道.2030年全球自愿减排市场规模可达500亿美元,CCER有望成我国参与国际碳市场的排头兵[N/OL].http://www.21jingji.com/.

[2] 北京公交集团.2020年社会责任报告[R/OL].http://www.bjbus.com/home/index.php.

[3] 陈卉.中国两种亚热带红树林生态系统的碳固定、掉落物分解及其同化过程[D].厦门大学,2014.

[4] 段克.滨海蓝碳生态系统保护与碳交易机制研究[J].中国国土资源经济,2021,34.

[5] 范振林.开发蓝色碳汇助力实现碳中和[J].中国国土资源经济,2021,34(04):12-18.

[6] 高亚平,方建光,唐望,等.桑沟湾大叶藻海草床生态系统碳汇扩增力的估算[J].渔业科学进展,2013(1):5.

[7] 国家发展改革委.关于印发《从全国重要生态系统保护和修复重大工程总体规划(2021—2035年)》的通知[EB/OL].https://www.ndrc.gov.cn/xxgk/zcfb/tz/202006/t20200

611_1231112.html.

[8]　国务院.国务院关于印发2030年前碳达峰行动方案的通知[EB/OL].https://www.gov.cn/gongbao/content/2021/content_5649731.htm.

[9]　胡杰龙,辛琨,李真,高春,颜葵.海南东寨港红树林保护区碳储量及固碳功能价值评估[J].湿地科学,2015,13(03):338-343.

[10]　胡杰龙,辛琨,李真,高春,颜葵.海南东寨港红树林保护区碳储量及固碳功能价值评估[J].湿地科学,2015,5.

[11]　京报网.北京将承建全国自愿减排交易中心[N/OL].https://www.bjd.com.cn/index.shtml.

[12]　李玲,田其云.国内林业碳汇交易市场主体研究[J].国土资源情报,2019,7.

[13]　李雪威,李佳兴."双碳"目标下中国与印度尼西亚的蓝碳合作研究[J].广西社会科学,2022,12.

[14]　钱立华,方琦,鲁政委.碳中和与绿色金融市场发展[J].武汉金融,2021(03):16-20.

[15]　钱立华,方琦,鲁政委.中国绿色债券市场:概况、机遇与对策[J].金融纵横,2020(07):28-33.

[16]　人民银行研究局课题组.推动我国碳金融市场加快发展[EB/OL].http://www.pbc.gov.cn/redianzhuanti/118742/4122386/4122510/4160609/index.html.

[17]　生态环境部.探索海洋碳汇增量为导向的生态保护模式[EB/OL].https://www.mee.gov.cn/.

[18]　孙军,张歆莹.我国蓝碳开发的理论分析与路径选择[J].科技管理研究,2023,43(08):203-209.

[19]　孙军,张歆莹.我国蓝碳开发的理论分析与路径选择[J].科技管理研究,2023.8.

[20]　汪姣,李灿,金丹.海南"蓝碳"价值实现问题及对策研究[J].南海学刊,2023.9.

[21]　威海市人民政府办公室.威海市人民政府办公室关于印发威海市蓝碳经济发展行动方案(2021—2025年)的通知[EB/OL].http://wap.weihai.gov.cn/art/2021/7/7/art_60723_8812.html.

[22]　央广网.兴业银行携手厦门航空推出全国首批碳中和机票[N/OL].http://www.cnr.cn/.

[23]　原一荃,薛力铭,李秀珍.基于CASA模型的长江口崇明东滩湿地植被净初级生产力与固碳潜力[J].生态学杂志,2022,41(2):9.

[24]　中国政府网.国务院关于印发节能减排"十二五"规划的通知[EB/OL].http://www.gov.cn/zhengce/zhengceku/2012-08/12/content_2728.htm.

[25]　新华社.中华人民共和国国民经济和社会发展第十四个五年规划和2035年远景目标纲要[EB/OL].https://www.gov.cn/xinwen/2021-03/13/content_5592681.htm.

[26]　中华人民共和国国务院新闻办公室.新时代的中国能源发展白皮书[EB/OL].http://www.scio.gov.cn/ztk/dtzt/42313/44537/index.htm.

[27]　中研网.2022碳金融市场调研及行业发展浅析[N/OL].https://www.chinairn.com/hyzx/20220331/102822703.shtml.

[28]　周晨昊,毛覃愉,徐晓,等.中国海岸带蓝碳生态系统碳汇潜力的初步分析[J].中国科学:生命科学,2016,46(4):12.

［29］ 自然资源部 国家林业和草原局. 红树林保护修复专项行动计划（2020—2025 年）［EB/
OL］. http://www.forestry.gov.cn/main/216/20201001/113924624667920.html.

［30］ Kirwan M L, Mudd S M. Response of salt-marsh carbon accumulation to climate change［J］.
Nature, 2012, 489（7417）：550-553.

［31］ IPCC. Climate Change 2021：The Physical Science Basis. Contribution of Working Group
I to the Sixth Assessment Report of the Intergovernmental Panel on Climate Change［M］.
Cambridge University Press, Cambridge, United Kingdom and New York, NY, USA, 2391
pp. doi：10.1017/9781009157896.

［32］ Miller C B, Rodriguez A B, Bost M C, et al. Carbon accumulation rates are highest at young
and expanding salt marsh edges［J］. Communications Earth & Environment, 2022, 3（1）：173.

［33］ Ouyang X, Lee S Y. Improved estimates on global carbon stock and carbon pools in tidal
wetlands［J］. Nature Communications, 2020, 11（1）：317.

［34］ Ricart A M, York P H, Bryant C V, et al. High variability of Blue Carbon storage in seagrass
meadows at the estuary scale［J］. Scientific Reports, 2020, 10（1）：5865.

［35］ Wylie L, Sutton-Grier A E, Mooer A. Keys to successful blue carbon projects：Lessons
learned from global case studies［J］. Marine Policy, 2016, 65：76-84.

第2章

产业篇

█摘　要：正确认识海洋蓝碳的源汇形成过程、科学评估海洋产业开发中的蓝碳潜力是"双碳"目标框架下客观评价海洋产业蓝碳贡献的前提和基础。受海洋第二产业、第三产业统计数据不足和碳汇评估方法缺失的影响，本章在探讨海洋产业开发中的蓝碳源汇分布特征及其关键形成过程的基础上，尝试测度海洋第一产业开发所蕴含的碳汇水平，进而运用灰色预测模型 GM（1，1）对"碳达峰"和"碳中和"目标对应年份我国海洋第一产业的碳汇水平进行了前瞻性预测，是对我国海洋资源综合开发蓝碳潜力的初步探索。

█关键词：蓝碳　海洋第一产业　海洋第二产业　海洋第三产业　灰色预测

2006 年，为全面反映海洋经济总体运行情况，实现与国民经济核算的一致性和可比性，根据国家标准《海洋及相关产业分类》（GB/T 20794—2006）、行业标准《沿海行政区域分类与代码》（HY/T 094—2006），在主要海洋产业统计的基础上，国家海洋局和国家统计局联合开展了全国海洋经济核算工作，制定并实施了《海洋生产总值核算制度》，对主要海洋产业的统计口径进行了修正，同时新增了海洋相关产业和海洋科研教育管理服务业。鉴于此，本篇主要选取 2006—2023 年的《中国海洋经济统计公报》统计数据进行海洋蓝碳分析。

整体而言，在海洋强国建设背景下，随着海洋科技创新与海洋综合开发利用程度的不断提高，我国海洋生产总值在 2006—2023 年间整体上呈现稳步增长态势，但是其在我国国内生产总值中的比重总体上却呈下降态势（图 2.1.1）。据统计，我国海洋生产总值已从 2006 年的 2.095,8 万亿元增至 2023 年的 9.909,7 万亿元，年均增长率约为 9.57%，同期我国海洋生产总值占国内生产总值的比重却从 2006 年的 9.551% 降至 2023 年的 7.861%，这一定程度上也意味着我国海洋产业的发展仍然滞后于陆地产业。从细分组成来看，海洋第三产业的产出贡献在我国海洋生产总值中的贡献最大，其次是海洋第二产业，海洋第一产业的产出贡献在考察期间始终小于其他两个产业。

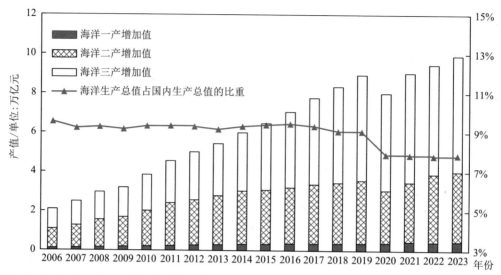

图 2.1.1　2006—2023 年我国海洋生产总值（万亿元）及其在国内生产总值中占比（%）的变化趋势

2.1　海洋第一产业与蓝碳

2.1.1　海洋第一产业源汇分布特征

海洋第一产业是指生产活动以直接利用海洋生物资源为特征的产业（黄瑞芬等，2010）。目前，许多学者认为海洋第一产业是海洋渔业或者是海洋水产业（包括海水养殖业和海洋捕捞业），忽视了滨海滩涂区域的产出及作用。随着海洋新产业与新业态的不断涌现，国家标准《海洋及相关产业分类（GB/T 20794—2021）》正式发布，新标准中将沿岸滩涂种植业纳入海洋第一产业当中。据统计，在 2006—2023 年间，我国海洋第一产业增加值总体呈现增长态势（图 2.1.2），但是其在我国海洋生产总值中的比重总体上却呈波动下降特征。具体而言，我国海洋第一产业增加值已从 2006 年的 1,105 亿元增至 2023 年的 4,622 亿元，年约增长 8.78%；其在我国海洋生产总值中的占比却从 2006 年的 5.272% 降至 2023 年的 4.664%，年约下降 0.72%。

实践中，海水养殖业在养殖渔船作业时的能源消耗、海水养殖生物生长过程中均会产生大量的 CO_2。与此同时，海水养殖贝类通过钙化和摄食生长利用海洋中的碳，增加自身生物体中的碳含量；海水藻类利用光能通过光合作用将 CO_2 同化为有机物实现了碳汇。与之相比，因在捕捞过程中渔船的燃料消耗以及捕捞设备如拖网、钓具、围网等正常运作均需要油电能源的消耗，海洋捕捞业会带来大量的 CO_2 排放，由此构成了海洋第一产业中的主要碳源。另一方面，由于海产品在生长过程中具备了固碳特点，捕捞得到的海水产品移出海水后，会促进"碳移出和碳储存"功能的发挥，从而提升了水域生态系统的碳汇能力（唐启升等，2022）。另外，尽管目前沿岸滩涂种植业在海洋第一产业中占比仅有 0.046％，然而沿岸滩涂种植业却因自身生产过程几乎不需要使用肥料、农药、农膜等 CO_2 排放较多的物资，而且能够通过作物的光合作用吸收 CO_2 并将其固定，从而成为海洋第一产业重要的碳汇组成。

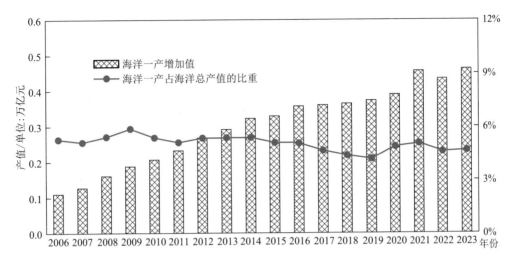

图 2.1.2　2006—2023 年我国海洋一产增加值（万亿元）及其在海洋生产总值占比（％）的变化趋势

整体而言，海洋第一产业既在能耗、要素投入和生物生长代谢过程中排放 CO_2，又通过生物碳循环吸收利用自然环境中的碳元素形成碳汇，并且通过水产捕捞与养殖产出的形式移除已固存的碳，具有鲜明的海洋蓝碳源汇分布特征。

2.1.2　海洋第一产业源汇关键形成过程

从碳源来看，海洋捕捞业与养殖业在作业过程中使用到的捕捞和养殖渔船及所携带的装备设备需要化石燃料来运行，当化石燃料（如煤、石油和天然气）燃烧时，它们中的碳元素与氧气发生氧化反应，释放能量并产生 CO_2，导致大量 CO_2 释放到大气中。与此同时，海洋捕捞和养殖的对象（鱼、虾、贝、藻等）在其生物性生长过程中呼出的大量 CO_2 也构成了海洋第一产业的主要碳源。

从碳汇来看，海洋第一产业的固碳机制主要是通过生物泵来实现的。具体而言，生物泵是指海洋中有机物生产、消费、传递等一系列生物学过程及由此导致的颗粒有机碳（POC）由海洋表层向深海乃至海底的转移过程（Falkowski et al.，1998；Chisholm，2000）。海水养殖业以养殖水藻贝类和渔业生物为主，它们的碳汇主要分为两类：直接碳汇与间接碳汇。前者对于水生藻类而言，是指养殖藻类（例如海带、江蒿、麒麟菜等）和采捞藻类（例如浒苔、巨藻等）在繁殖生长过程中，利用光能将 CO_2 和水转化为有机物质（例如葡萄糖）的过程，期间藻类能够吸收水体中的 CO_2 等碳元素，通过光合作用将其转化为有机碳，同时释放氧气，从而实现海洋增汇；对于鱼类养殖而言，直接碳汇是指海水养殖业养殖生物以海水浮游生物和贝藻类等为食，其在摄食过程中会消耗大量浮游生物和贝藻类已固存的有机碳,并将摄入部分转化为生物质,促进了浮游生物及贝藻类的再生长,从而实现了降碳增汇。后者是指滤食性贝类会食用海水中的浮游生物和有机物,把摄取的有机碳固定在贝壳和软体组织中,形成有机碳沉积物,并且在死亡后以贝壳的形势沉积到海底得以长期储存或者被人类捕捞消费后贝壳得以留存,最终实现了碳汇功能。

2.2 海洋第二产业与蓝碳

海洋第二产业是指利用海洋资源进行经济活动的产业部门,具体包括海洋水产品加工业、海洋油气业、海洋矿业、海洋盐业、海洋船舶工业、海洋工程装备制造业、海洋化工业、海洋药物和生物制品业、海洋工程建筑业、海洋电力业、海水淡化和综合利用业。据统计,我国海洋第二产业增加值已从2006年的9,858亿元增至2023年的3.550,6万亿元,年约增长7.83%;期间,我国海洋第二产业增加值在海洋生产总值中的占比呈现"先降后升"的演变特征(图2.2.1),其中最高的占比47.92%出现在2011年,而最低占比33.40%出现在2021年。从产出贡献来看,海洋油气业、海洋工程装备制造业、海洋化工业是现阶段我国海洋第二产业的主要细分组成,但三者创造的增加值在海洋第二产业总产值中的比重不足30%（已从2006年的20.03%增至2023年的25.18%）,由此也揭示了现阶段我国海洋第二产业"大而散"的运行特征。另外,从各个细分行业增加值占比的平均值来看,海洋油气业占比的平均值最高(5.76%),其次是海洋工程建筑业(5.56%)和海洋化工业(5.53%)。

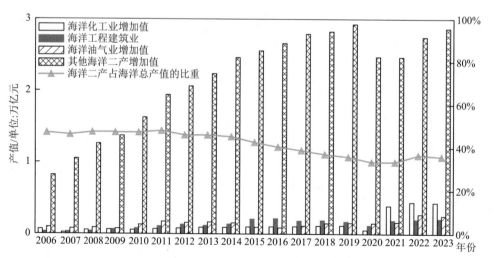

图2.2.1　2006—2023年我国海洋二产增加值（万亿元）及其在海洋生产总值占比（%）的变化趋势

2.2.1　海洋第二产业源汇分布特征

（1）海洋水产品加工业是以海洋渔业产出为原料,通过初级加工或深加工,生产海水鱼类、虾蟹类、贝类、藻类的冷冻制品、干制品、熟制品等的行业。海水产品加工过程中需要电力和燃料等能源提供动力，而这些能源主要来自化石燃料的燃烧，从而导致大量的碳排放。同时，海水产品具有易腐性，从收储到加工完成均需要冷藏等高标准条件，同样会加大对能源的消耗。此外，海水产品加工过程中产生的壳、皮、骨、内脏等水产废弃物如果没有得到适当处理与利用，不仅会造成环境污染，而且其分解产生的 CO_2 等温室气体进一步提高了本行业的碳排放。

（2）海洋油气业是指在海洋中勘探、开采、输送、加工原油和天然气的生产活动。实践中，海洋油气业在勘测、钻井平台建设、开发阶段会使用船舶和各类机械设备，这些船舶和设备的使用会消耗大量的化石能源，同样带来大量碳排放。而且，在开发完成后，得到的油气需要进行收储与运输，这个过程也会因消耗能源带来碳排放。值得注意的是，海洋油气业并非单纯的碳源行业，在开采过程中可以利用碳捕集与储存（CCUS）技术和 CO_2 驱油技术实现碳封存，从而达到降碳增汇的目的。

（3）海洋矿业是指在海洋领域进行矿产资源勘探、开发和利用的产业，具体包括海滨砂矿、海滨土砂石、海滨地热、煤矿开采和深海采矿等采选活动。该行业在勘探、采矿、加工、运输等环节需要使用能源，导致碳排放。同时，在海洋矿产资源开发过程中可能会破坏海洋生态环境，减弱了海洋生物固碳能力，造成 CO_2 增加，所以海洋矿业也并非单纯的碳源行业。同样，一些海洋矿业项目可以采用碳捕集技术，将 CO_2 捕集埋藏，从而起到增加海洋碳汇的作用。

（4）海洋盐业是指以原盐为原料，经过化卤、蒸发、洗涤、粉碎、干燥、筛分等工序，加工制成盐产品的生产活动。从实际来看，海洋盐业在生产过程中普遍采用晒盐法（包括海水晒盐和海滨地下卤水晒盐等），通过自然蒸发成盐，不再依赖人工煎熬，这种通过自然力进行生产的方式减少了对能源的依赖，仅部分生产流程需要使用能源（如海水抽取、结晶分离、加工与包装等工序需要消耗少量能源）。总体来看，海洋盐业作业流程相对简单，能源消耗相对较少，产生的碳排放相应较少，并无碳汇形成。

（5）海洋船舶工业是指涉及船舶制造、修理、维护和相关设备生产等活动的产业部门，由造船厂、船舶修造厂、船舶设备制造厂等组成。从生产环节来看，船舶原材料的切割、锻造、焊接、组装等过程需要使用大量的能源，船舶设备制造与安装如发动机和船用电气设备等制造安装也需要能源消耗，船舶的测试与调试环节同样会消耗大量的化石燃料以支撑运行，船舶维修与保养环节也会导致能源消耗产生大量 CO_2，所以海洋船舶工业的碳排放程度总体较高，并无碳汇形成。

（6）海洋工程装备制造业是指专门从事设计、制造和提供海洋工程所需设备和装备的行业，其以开发海洋资源为主要业务领域，主要为海洋工程项目提供必要的技术支持与设备保障。显然，它的产业特点决定了其在设备与装备制造过程中需要高能耗支撑，在铸造、煅烧、焊接、组装等环节使用大量能源会产生较多的 CO_2 排放，因此海洋工程装备制造业的碳排放程度总体上也是较高，并无碳汇形成。

（7）海洋化工业是指以直接从海水中提取的物质（例如海盐、溴素、钾、镁及海洋藻类等）为原料进行的一次加工产品的生产活动。从生产过程来看，首先在采集海洋植物（藻类等）、海洋动物（甲壳类等）、海水等原料时，需要根据不同的原料类别使用不同的机器设备作业，而机器设备的运行需要能源的支撑，这会导致 CO_2 排放增加；其次，原料的处理与转化时不可避免地需要化学作业过程，期间也会产生 CO_2 或其他温室气体；最后，由于生产完成的化学品或化工品具有一定的危险性，需要高标准的包装、储存与运输条件，同样会加大对能源的消耗，导致碳排放增加，所以海洋化工业的碳排放程度总体上也是较高，也无碳汇形成。

（8）海洋药物与生物制品业是指以海洋生物为原料，利用生物技术、化学提取等方法分离纯化有效成分，进行海洋药物、生物医用材料、功能食品、化妆品和农用制剂等的生产、加工、制造、销售的行业。受其产业特征的影响，海洋药物与生物制品业在海洋生物资源采集、活性物质提取分离与合成、药物研发与制备、临床试验、生产销售等环节均会带来一定程度的碳排放。而在碳汇方面，受限于不同的加工产品类别，除了贝类产品的加工废料（例如贝壳）可视为碳汇之外，其他部分形成的碳汇较少，而且形成的这部分碳汇也可以视作海水养殖与捕捞过程产生的碳汇。

（9）海洋工程建筑业是指在海上、海底和海岸所进行的用于海洋生产、交通、娱乐、防护等用途的建筑工程施工及其准备活动。该行业的碳排放主要产生于工程建筑运行阶段，建筑物或建筑设备对煤、石油等化石燃料的直接使用。此外，海洋工程建筑施工过程中的建材运输、工程废物输送、人员活动等也会增加 CO_2 排放，该行业的海洋碳汇总体上较少。

（10）海洋电力业是指利用海洋中的潮汐能、波浪能、热能、海流能、盐差、风能等天然能源进行电力生产的行业。虽然海洋电力是一种可再生能源，可以减少人类社会对传统化石燃料的依赖和减少 CO_2 的排放，但它仍是一个以碳源为主的行业。以海上风电为例，由于风机基础需要建在海底，必须针对海底环境做出专门设计、建造和安装，期间不仅会产生大量的 CO_2 排放，还会对相关海域的生态环境造成损害，进而导致该海域生物碳汇能力的降低。

（11）海水淡化和综合利用业是指利用海水进行淡化处理，将海水转化为可供人类使用的淡水，并将淡化后的海水综合利用的行业。从实践来看，海水淡化是指将海水中的盐分和杂质去除，常见的海水淡化技术包括热法淡化（多效蒸馏 MED 技术、多级闪蒸 MSF 技术）和膜法淡化（主要是反渗透 RO 技术）。前者需要进行加热，而热量主要来源于煤、石油、天然气等燃料，由此淡化过程会产生大量的 CO_2 排放；后者主要通过物理渗透完成，淡化过程并不会导致 CO_2 的排放，但其复杂工序带来的设备维护成本加大，以及废弃后的膜组件同样会间接导致 CO_2 排放的增加。

2.2.2 海洋第二产业源汇关键形成过程

从碳源来看,在海洋第二产业运行过程中,无论是使用煤、石油、天然气等一次化石能源,还是使用电力、煤气等二次能源,在能源消耗过程中均会产生大量的 CO_2,这便形成了海洋第二产业的直接碳源。而海洋盐业和海洋电力业在生产与制造相关产出时不会带来直接的碳排放,仅在场地建设、产品包装运输等环节存在能源消耗,由此构成了海洋第二产业的间接碳源。

从碳汇来看,海洋第二产业中的部分产业在一定情况下通过物理泵可以起到增汇的作用。具体而言,海洋油气业与海洋矿业可以利用碳捕集和储存技术(CCUS)将 CO_2 封存于海底——首先针对海洋油气厂与海洋矿业中的矿物处理厂等 CO_2 集中排放源,通过化学溶剂吸收法或吸附法对 CO_2 进行收集,使用碱性吸收剂可以有选择性地与混合烟气中的 CO_2 发生化学反应,生成不稳定的盐类(如碳酸盐、氨基甲酸盐等,该盐类可以在一定条件下逆向解析出 CO_2),从而实现 CO_2 脱除回收,并将分离得到的 CO_2 进行储存,最后通过管道运输储存到海底从达到 CO_2 封存的目的。此外,也可以利用高压将超临界状态下的 CO_2 注入海底油藏中,使用 CO_2 驱使原油流动以提高原油采收率,进而达到封存 CO_2 的目的。

整体来讲,海洋第二产业具有资本技术密集型产业的特征,其在生产过程中对能源依赖度较高,相比于高碳排放的显著特征,除了人工参与的实施的碳捕集与储存(CCUS)技术和 CO_2 驱油技术可以促进碳汇的形成,非人工因素所形成的碳汇近乎没有。所以,从蓝碳源汇视角来看,在整个海洋产业体系中,海洋第二产业的运行过程以碳排放为主要特征,整个行业实现海洋增汇的手段较少。

2.3 海洋第三产业与蓝碳

海洋第三产业是指为海洋开发的生产、流通和生活提供社会化服务的部门,主要由海洋旅游业、海洋交通运输业、海洋科研教育和海洋公共管理服务业等组成。由于海洋第三产业并不是直接从海洋中获取物质资源的行业,它的碳源与碳汇分布特征并不像海洋第一产业和第二产业那样明显,具有鲜明的独特性。

据统计,我国海洋第三产业增加值已从 2006 年的 9,995 亿元增至 2023 年的 5.896,8 万亿元,年约增长 11.01%;期间,我国海洋第三产业增加值在海洋生产总值中的占比呈现"先增后降再上升"的演变特征(图 2.3.1),其中最高的占比 61.71% 出现在 2020 年,而最低占比 46.98% 出现在 2011 年。从产出贡献来看,海洋第三产业在考察期内对我国海洋生产总值的贡献最大,而且海洋旅游业和海洋交通运输业是现阶段我国海洋第三产业的主要组成。另外,从细分行业增加值占比的平均值来看,海洋旅游业占比的平均值最高(28.77%),海洋交通业(15.61%)紧随其后。

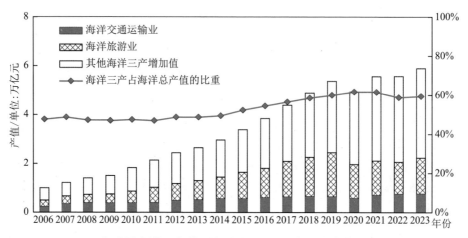

图 2.3.1　2006—2023 年我国海洋三产增加值（万亿元）及其在海洋生产总值占比（%）的变化趋势

2.3.1　海洋第三产业源汇分布特征

（1）海洋旅游业是指开发利用海洋旅游资源形成的服务行业,包括海岛旅游、滨海旅游、远洋旅游等活动。从行业运行特征来看,海洋旅游业具有碳源与碳汇双重属性。一方面,海洋旅游业为游客提供旅游服务的过程中,游客出行船舶等交通工具、酒店景点的运营维护、游客的日常活动等会产生大量的碳排放,产生大量的碳源点。另一方面,海洋旅游业发展所依赖的特有海洋旅游吸引物（例如珊瑚礁、红树林、盐沼湿地、海草床等）,因其独特的生物性生长特点,会产生大量的海洋碳汇,从而成为海洋蓝碳最重要的碳汇组成。

（2）海洋交通运输业是指以船舶为主要工具,从事海洋运输、为海洋运输提供服务（包括旅客运输、货物运输、水上运输辅助活动、管道运输业、装卸搬运等）及其他运输服务的活动。该行业所有活动均与能源消耗直接相关,化石燃料的燃烧不仅会带来直接的碳排放,大量的海洋交通运输活动对运输过程中相关海域生态环境不可避免地会造成一定程度的破坏,进而会削弱相应海域的综合碳汇创生能力。

（3）海洋科研教育业是指开发、利用和保护海洋过程中所进行的科学研究与教育培养等活动。同样地,在海洋科考活动、海洋科学教育等过程中,需要使用科考船等船舶设备以及教学辅助设备,而船舶等设备的运行依然是靠能源消耗,从而带来大量的碳排放。从产出视角来看,如果海洋科研活动产出成果高效,则可能有助于通过提高能源利用效率从而减少碳排放,当然也有可能发现新的海洋碳汇。因此,海洋科研教育业具有不确定的间接碳汇效应。

（4）海洋公共管理业是指利用、保护和管理海洋资源的经营活动。在海洋地质勘探、海洋环境监测、海洋生态环境保护修复等过程中,需要使用专业的船舶以及相应的设备,主要的碳排放来源于船舶设备的能源消耗。同时,海洋生态环境保护修复与海洋技术服务的有效发展,能够平衡海洋酸碱度,不仅为海洋生物提供适宜的生长环境,而且能够提高作业海域的生物固碳和物理固碳能力。

2.3.2　海洋第三产业源汇关键形成过程

从碳源来看,海洋第三产业的碳排放机理与海洋第二产业相同,二者均是因煤、石油等化石燃料燃烧产生的。从碳汇来看,依托珊瑚礁、红树林、盐沼湿地、海草床等吸引物发展起来的海洋旅游业,因为这些旅游景点独特的海洋生态系统具有较强的碳汇能力,使得海洋旅游业的开发相比于海洋第二产业具有更强的碳汇能力和更大的潜力空间。相比于海洋交通运输业潜在的削弱相关海域综合碳汇创生能力的负面效应,海洋科研教育业具有不确定的间接碳汇效应,其碳汇水平的高低依赖于海洋科研教育业的高效技术产出。值得注意的是,海洋公共管理业在海洋生态环境保护修复、海洋技术服务的过程中,除了能够保护与修复滨海湿地生态系统,还能通过人工珊瑚礁建设工作实现海洋增汇。客观而言,珊瑚礁生态系统的超强生产力主要依赖与之共生的、隶属虫黄藻科的光合作用甲藻(统称为虫黄藻)(石拓等,2021)。不仅藻类的光合作用能够吸收 CO_2 转化为生物质从而实现固碳的目标,而且珊瑚能够通过钙化作用将有机碳转化为沉积物来达到固碳的目的。此外,附着在珊瑚上的细菌、真菌、病毒等微生物也能够通过“微生物泵”,将有机碳转化为惰性溶解有机碳并进行封存。整体而言,海洋第三产业源汇的形成过程因受其各个细分行业的独特性影响而表现出明显的差异性。

2.4　海洋产业发展碳汇水平测度与潜力评估

科学测度海洋产业发展的碳汇水平是“双碳”目标框架下客观评价海洋产业贡献的前提和基础。鉴于海洋第二产业和第三产业统计数据的可获得性和碳汇评估方法的缺失,这里选择海洋第一产业进行海洋产业发展碳汇水平的测算,以此明确海洋第一产业对我国双碳战略有效实施的保障水平。囿于沿岸滩涂种植业数据不完整,这里参照最新的海洋产业国家标准《海洋及相关产业分类(GB/T 20794—2021)》,选择海水养殖业和海洋捕捞业两个细分行业统计数据,来评估我国海洋第一产业的碳汇水平和发展潜力。

2.4.1　海水养殖业碳汇水平及潜力分析

1. 海水养殖业碳汇水平测度

据统计,2022 年我国海水养殖产量达到 2,275.70 万吨,同比增长 2.92%。其中,贝类产量为 1,569.58 万吨,占海水养殖产量比重为 68.97%;藻类产量达到 271.39 万吨,占海水养殖产量比重为 11.93%;二者产量合计占比 80.90%。容易理解,海水养殖贝、藻类通过生物质作用实现固碳增汇,而鱼类和甲壳类在养殖过程中需要投入饵料等渔需物资,并不严格属于碳汇的范畴(孙康等,2020),因此这里将海水养殖碳汇用狭义的贝藻碳汇替代。

借鉴碳汇标准相关研究成果（纪建悦等，2015；岳冬冬等，2012；齐占会等，2012），同时结合自然资源部发布的《HY/T 0305—2021 养殖大型藻类和双壳贝类碳汇计量方法》，本篇得到如下贝藻碳汇量的核算公式［式(2.1)～(2.4)］与贝藻碳汇能力评估系数（表 2.4.1）：

$$贝类碳汇量 = 软组织固碳量 + 贝壳固碳量， \tag{2.1}$$
$$软组织固碳量 = 贝类产量 × 干湿系数 × 软组织占比 × 软组织含碳量， \tag{2.2}$$
$$贝壳固碳量 = 贝类产量 × 干湿系数 × 贝壳占比 × 贝壳含碳量， \tag{2.3}$$
$$藻类碳汇量 = 藻类产量 × 干湿系数 × 含碳量。 \tag{2.4}$$

表 2.4.1　中国养殖贝藻类碳汇能力核算系数

种类	干湿系数（%）	质量占比（%）		碳含量（%）		碳汇系数
		软组织	贝壳	软组织	贝壳	
蛤	52.55	1.98	98.02	44.90	11.52	0.064,0
扇贝	63.89	14.35	85.65	42.84	11.40	0.101,7
牡蛎	65.1	6.14	93.86	45.98	12.68	0.095,9
贻贝	75.28	8.47	91.53	44.40	11.76	0.109,3
其他贝类	64.21	11.41	88.59	43.87	11.44	0.097,2
海带	20	1	0	31.20	0	0.062,4
裙带菜	20	1	0	26.40	0	0.052,8
紫菜	20	1	0	27.39	0	0.054,8
江蓠	20	1	0	20.60	0	0.041,2
其他藻类	20	1	0	27.76	0	0.055,5

从规模总量看（图 2.4.1），2003 年以来我国海水养殖贝藻的碳汇能力整体呈上升趋势。据统计，我国海水养殖贝藻碳汇量已从 2003 年的 94.78 万吨增至 2022 年的 151.65 万吨，年增长率约为 3.44%；若折算成 CO_2，相当于年度固定的 CO_2 当量已从 2003 年的 347.52 万吨增至 2022 年的 556.05 万吨。尽管受气候变化和灾害因素的影响，2007 至 2010 年期间的海水养殖贝藻碳汇量相比于 2006 年的水平有所下降，但从 2011 年开始，我国海水养殖贝藻碳汇量已从 108.82 万吨增至 2022 年的 151.65 万吨，年增长率约为 3.55%。比较而言，由于海水养殖贝类产量大且碳汇系数较高，致使海水养殖贝类的碳汇能力在考察期内始终远超海水养殖藻类的碳汇水平。从相对比例来看，考察期内，我国海水养殖贝类碳汇量占海水养殖贝藻类碳汇总量的比重总体呈现下降趋势——已从 2003 年的 92.91% 降至 2022 年的 90.83%；相应地，海水养殖藻类碳汇量占比出现了微幅增长。从年均增长率来看，2003 至 2022 年间，我国海水养殖藻类碳汇量年约增长 4.04%，高于同期 3.25% 的海水养殖贝类碳汇量的年均增长率。展望未来，海水藻类养殖碳汇量显然具有更大的增长潜力。

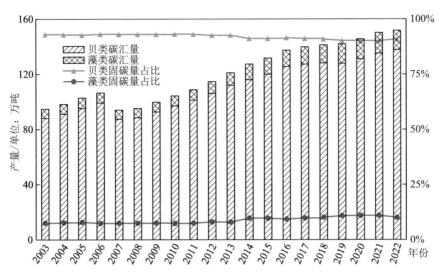

图 2.4.1 2003—2022 年我国海水养殖贝类和藻类碳汇量（万吨）及其固碳量占比（%）的变动趋势

值得注意的是，科学研究表明，每公顷人工林每年大约吸收 27.45 吨 CO_2（李怒云，2007），据此标准可以计算得到 2020 至 2022 三年期间，我国海水养殖贝藻的年均碳汇量达到了 149.03 万吨（相当于每年固定了 546.44 万吨 CO_2），大约相当于每年义务造林 19.907 万 hm^2。

2. 海水养殖业碳汇潜力分析

针对我国海水养殖贝藻数据少、信息不完全的困境，为进一步分析我国海水养殖业的碳汇潜力，这里选用 GM（1，1）灰色预测模型（邓聚龙，1993）预测我国海水养殖贝藻的碳汇量，进而评估碳达峰和碳中和目标对应年份我国海水养殖贝藻的碳汇水平。根据灰色系统理论，这里将海水养殖贝藻碳汇量 GM（1，1）模型构造如下：

对于给定的原始时间序列

$$x^{(0)} = \{x^{(0)}(1), x^{(0)}(2), \cdots, x^{(0)}(n)\}, \tag{2.5}$$

经过累加生成新的数据序列为

$$x^{(1)} = \{x^{(1)}(1), x^{(1)}(2), \cdots, x^{(1)}(n)\}, \tag{2.6}$$

其中

$$x^{(1)}(k) = \sum_{i=1}^{k} x^{(0)}(i), \ k = 1, 2, \cdots n; \tag{2.7}$$

作均值序列

$$Z^{(1)}(k) = 0.5x^{(1)}(k-1) + 0.5x^{(1)}(k). \tag{2.8}$$

构造数据矩阵 B：

$$B = \begin{bmatrix} -Z^{(1)}(2), 1 \\ -Z^{(1)}(3), 1 \\ \vdots \\ -Z^{(1)}(n), 1 \end{bmatrix} = \begin{Bmatrix} -0.5[x^{(1)}(1) + x^{(1)}(2)], 1 \\ -0.5[x^{(1)}(2) + x^{(1)}(3)], 1 \\ \vdots \\ -0.5[x^{(n-1)}(1) + x^{(1)}(n)], 1 \end{Bmatrix}, \tag{2.9}$$

构造数据向量 Y：

$$Y_N = x^{(0)}, x^{(0)}(3), \cdots, x^{(0)}(n)^T; \qquad (2.10)$$

针对原始构造数据利用以下步骤得到预测模型：

（1）白化形式的微分方程为：

$$\frac{dx^{(1)}}{dt} + ax^{(1)} = b; \qquad (2.11)$$

（2）用最小二乘法求得：

$$a = (B^T B)^{-1} B^T Y_N = a, b; \qquad (2.12)$$

（3）时间序列预测模型：

$$x^{(1)}(k+1) = \left[x^{(0)}(1) - \frac{b}{a} \right] e^{-ak} + \frac{b}{a}. \qquad (2.13)$$

联系实际，计算可得我国海水养殖贝藻碳汇量 GM（1，1）模型的时间响应函数（式2.14）：

$$\hat{y}^{(1)}(k) = -3,014.903,04 e^{0.029,29(t-2,003)} - 3,109.684,54, \qquad (2.14)$$

式中，y 代表海水养殖贝藻的碳汇量；$k = 0, 1, 2, \cdots, n$，其中 $k=0$ 代表 2003 年、$k=1$ 代表2004 年，其后以此类推。通过使用 SPSSAU 软件，对预测结果进行检验（表 2.4.2），结果表明：2003 至 2022 年，我国海水养殖贝藻碳汇量预测值与真实值之间的相对误差均小于10%，最大误差率是 2008 年的 9.499%，2003—2022 期间模型平均相对误差仅为 3.904%；而且，后验差比 C 值仅为 0.068（远小于 0.35）、小误差概率 p 值为 1.000（大于 0.95），二者均表明海水养殖贝藻碳汇量 GM（1，1）模型的精度等级较好，预测结果可信度较高。

表 2.4.2　中国海水养殖贝藻碳汇量 GM（1，1）模型预测及其检验结果

年份	实际值（万吨）	预测值（万吨）	残差（万吨）	相对误差（%）	级比偏差
2003	94.78	—	—	—	—
2004	98.19	91.549	6.641	6.764	0.022
2005	102.78	94.654	8.126	7.906	0.032
2006	106.54	97.799	8.741	8.204	0.023
2007	94	100.985	−6.985	7.430	−0.148
2008	95.17	104.21	−9.04	9.499	0
2009	99.69	107.477	−7.787	7.811	0.033
2010	104.2	110.786	−6.586	6.320	0.031
2011	108.82	114.137	−5.317	4.886	0.03
2012	114.68	117.53	−2.85	2.485	0.039
2013	121.01	120.967	0.043	0.036	0.04
2014	127.33	124.447	2.883	2.264	0.038
2015	131.64	127.972	3.668	2.786	0.02

年份	实际值（万吨）	预测值（万吨）	残差（万吨）	相对误差（%）	级比偏差
2016	137.27	131.542	5.728	4.173	0.029
2017	139.72	135.158	4.562	3.265	0.005
2018	141.1	138.819	2.281	1.617	−0.003
2019	141.83	142.527	−0.697	0.492	−0.008
2020	145.4	146.283	−0.883	0.607	0.012
2021	150.05	150.086	−0.036	0.024	0.019
2022	151.65	153.938	−2.288	1.509	−0.002
2003—2022 期间模型平均相对误差			3.904		−
C 值			0.068		
P 值			1.000		
...	...	...	...	...	...
2030	...	186.575	...	...	...
...	...	...	...	...	...
2060	...	343.146	...	...	...

从图 2.4.2 来看，在预测期间（2023—2060 年），我国海水养殖贝藻碳汇量总体呈现持续稳健增长态势——其将从 2022 年的 151.65 万吨增至 2060 年的 343.146 万吨，年均增长率约为 2.17%。具体来讲，我国海水养殖贝藻碳汇量在碳达峰设定的 2030 年将达到 186.575 万吨（折合成 CO_2 当量为 684.108 万吨）、在碳中和设定的 2060 年将达到 343.146 万吨（折合 CO_2 当量为 1,258.202 万吨），分别相当于全年大约义务造林 24.922 万 hm^2 和 45.838 万 hm^2。另外，从储碳价值来看，按照国家统计局公布的 2023 年全国碳交易价格（全年 CO_2 成交平均价格为 68.11 元／吨）来算，预计在 2030 碳达峰年份，我国海水养殖贝藻碳汇的储碳价值将达到 4.659,5 亿元；而在 2060 碳中和年份，我国海水养殖贝藻碳汇的储碳价值将增至 8.569,6 亿元。

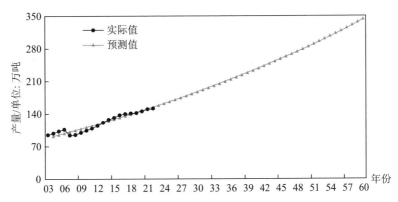

图 2.4.2　2003—2060 年我国海水养殖贝藻碳汇量（万吨）实际值（黑色点虚线）与预测值（蓝色三角实线）的变化趋势

2.4.2 海洋捕捞业碳汇水平及潜力分析

海洋捕捞业产生的碳汇主要是通过捕捞渔获物将食物链／网传递的海洋植物光合作用固定的碳移出水体来实现（张波等，2013）。鉴于海洋捕捞业分为近海捕捞业与远洋渔业，考虑到捕捞作业对象——海洋水产生物群体的生长环境与食物关系存在差异性，这里采取不同的方法来测算近海捕捞业和远洋渔业的碳汇水平。

1. 近海捕捞业碳汇水平及潜力分析

（1）近海捕捞业碳汇水平测度。

借鉴现有学者提供的碳含量法（张波等，2022），近海捕捞业的碳汇测算如式（2.15）和（2.16）所示，

$$C_r = \sum Y_i \times C_i, \tag{2.15}$$

$$C_{total} = C_r \div (ECE_{捕捞群体 TL} \times ECE_{TL=3} \times ECE_{TL=2}) + BZ, \tag{2.16}$$

其中，C_r 为移除碳，Y_i 为捕捞种类 i（贝藻类除外）的年捕捞产量，ECE 为各营养级的生态转换效率，$ECE_{TL=2}$ 为 0.2，$ECE_{TL=3}$ 和 $ECE_{捕捞群体 TL}$ 是根据生态转换效率与营养级关系式（$ECE = -15.615 TL + 86.235$）计算，二者数值分别为 0.394 和 0.285；BZ 为海洋捕捞贝藻的碳汇量，其计算详见式（2.1）～（2.4），结果如图 2.4.3。

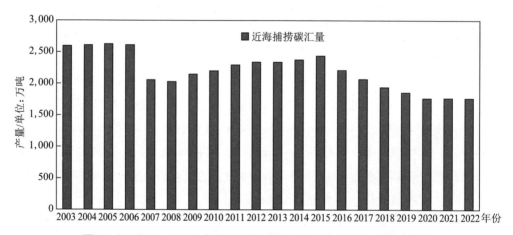

图 2.4.3　2003—2022 年我国近海捕捞业碳汇量（万吨）的变动趋势

由图 2.4.3 可见，受我国海洋捕捞管理政策的影响，我国的近海捕捞量自 2019 年起已低于 1,000 万吨，近海捕捞业的碳汇量也相应地从 2003 年的 2,597.196 万吨（折合成 CO_2 当量 9,523.05 万吨）降至 2022 年的 1,768.026 万吨（折合成 CO_2 当量 6,482.76 万吨），年均降幅约为 2.00%；而且，2020 至 2022 年间，我国近海捕捞业的碳汇量年平均值为 1,768.97 万吨，相当于每年吸收了 6,486.22 万吨 CO_2，大约相当于每年义务造林 236.292 万 hm^2。

（2）近海捕捞业碳汇潜力分析。

选用 GM（1,1）灰色模型来预测我国近海捕捞业的碳汇量，进而评估碳达峰和碳

中和目标对应年份我国近海捕捞业的碳汇水平。通过使用 SPSSAU 软件，详细计算过程同上文，并对预测结果进行检验（表 2.4.3），结果表明 2003—2022 期间模型平均相对误差为 6.701％；而且，后验差比 C 值仅为 0.383,6（小于 0.5）、小误差概率 p 值为 0.800（小于 0.95），这均表明近海捕捞业碳汇量 GM（1，1）模型的精度等级较好，预测结果具有较好的可信度。

表 2.4.3　中国近海捕捞业碳汇量 GM（1，1）模型预测及其检验结果

年份	实际值（万吨）	预测值（万吨）	残差（万吨）	相对误差（%）	级比偏差
2003	2,597.196	–	–	–	–
2004	2,609.055	2,532.525	76.529	2.933	0.01
2005	2,627.077	2,492.574	134.503	5.120	0.012
2006	2,612.315	2,452.827	159.488	6.105	0
2007	2,058.598	2,413.285	−354.687	17.230	−0.262
2008	2,030.577	2,373.945	−343.368	16.910	−0.009
2009	2,149.112	2,334.807	−185.696	8.641	0.06
2010	2,201.648	2,295.87	−94.222	4.280	0.029
2011	2,297.708	2,257.133	40.575	1.766	0.047
2012	2,342.118	2,218.594	123.524	5.274	0.024
2013	2,341.063	2,180.254	160.809	6.869	0.005
2014	2,379.485	2,142.109	237.375	9.976	0.021
2015	2,441.024	2,104.161	336.863	13.800	0.03
2016	2,211.831	2,066.407	145.423	6.575	−0.098
2017	2,069.99	2,028.847	41.143	1.988	−0.063
2018	1,942.259	1,991.48	−49.222	2.534	−0.06
2019	1,859.817	1,954.305	−94.488	5.080	−0.039
2020	1,768.173	1,917.32	−149.147	8.435	−0.046
2021	1,770.712	1,880.525	−109.813	6.202	0.007
2022	1,768.026	1,843.919	−75.893	4.293	0.004
2003—2022 期间模型平均相对误差				6.701	–
C 值	0.383,6				
P 值	0.800,0				
…	…	…	–	–	–
2030	–	1,557.75	–	–	–
…	…	…	–	–	–
2060	–	583.644	–	–	–

从图 2.4.4 结果来看，在预测期间（2023—2060 年），我国近海捕捞业的碳汇量总体呈现持续下降态势——将从 2022 年的 1,768.026 万吨降至 2060 年的 583.644 万吨，年约下降 2.875%；而且，我国近海捕捞业的碳汇量在碳达峰设定的 2030 年将达到 1,557.75 万吨（折合成 CO_2 当量为 5,711.75 万吨）、在碳中和设定的 2060 年将达到 583.644 万吨（折合成 CO_2 当量为 2,140.01 万吨），分别相当于全年大约义务造林 208.078 万 hm^2 和 77.960,9 万 hm^2。同样，从储碳价值来看，按照国家统计局公布的 2023 年全国碳交易价格（全年 CO_2 成交平均价格为 68.11 元／吨）来算，预计在 2030 碳达峰年份，我国近海捕捞业碳汇的储碳价值将达到 38.902,7 亿元；而在 2060 碳中和年份，我国海水养殖贝类碳汇的储碳价值也将达到 14.575,6 亿元。

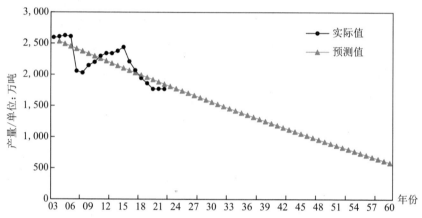

图 2.4.4　2003—2060 年我国近海捕捞业碳汇量（万吨）实际值（黑色点实线）与预测值（蓝色三角虚线）的变化趋势

2. 远洋渔业碳汇水平及潜力分析

（1）远洋渔业碳汇水平测度。

借鉴远洋渔业碳汇核算成果（岳冬冬等，2014；刘锴等，2023），这里远洋渔业碳汇量测算公式如式（2.16）所示：

$$B = \frac{x}{\overline{E}^{(\bar{x}-1)}} \times \omega,\qquad(2.16)$$

式中，B 代表远洋渔业的碳汇量，x 代表远洋渔获量，$\overline{E}$ 代表能量在不同营养级生物之间的平均传递效率，$\bar{x}$ 代表全球海域渔获量平均营养级，ω 代表浮游植物的碳含量平均值。参考已有的研究成果（宁修仁等，1995；鲁泉等，2021），将 $\overline{E}$ 设定为 15%，ω 值设定为 35%，$\bar{x}$ 的值设定为 3.25。

在新世纪我国远洋渔业政策持续支持下，我国的远洋渔获量总体呈增长态势，已从 2003 年的 115.77 万吨增至 2022 年的 232.98 万吨，其对应的远洋渔业碳汇也从 2003 年的 1,627.37 万吨（折合成 CO_2 当量 5,967.02 万吨）增至 2022 年的 3,275.09 万吨（折合成 CO_2 当量 120,008.68 万吨），年约增长 3.75%（图 2.4.5）。其中，2009 年的我国远洋渔业碳汇量最低 1,373.74 万吨(折合成 CO_2 当量 5,037.03 万吨),而最大碳汇量 3,275.09 万吨(折合成 CO_2 当量 9,632.62 万吨)出现在 2022 年。而且,2020 至 2022 年间,我国远洋渔业碳汇量年平均值为 3,229.87 万吨,相当于每年吸收了 11,842.85 万吨 CO_2,大约相当于每年义务造林 431.43 万 hm^2。

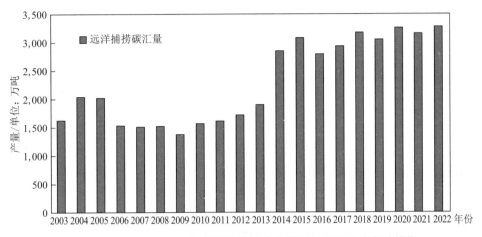

图 2.4.5　2003—2022 年我国远洋捕捞业碳汇量(万吨)的变动趋势

(2)远洋渔业碳汇潜力分析。

整体来看,我国远洋渔业的碳汇水平不仅远超海水养殖贝藻的碳汇量,也已超过我国近海捕捞业的碳汇总量。为进一步探析我国远洋渔业的碳汇潜力,这里同样选用 GM(1,1)灰色模型,使用 SPSSAU 软件来预测我国远洋渔业的碳汇量,进而评估碳达峰和碳中和目标对应年份的我国远洋渔业碳汇水平。

表 2.4.4　中国远洋渔业碳汇量 GM(1,1)模型预测及其检验结果

年份	实际值(万吨)	预测值(万吨)	残差(万吨)	相对误差(%)	级比偏差
2003	1,627.37	—	—	—	—
2004	2,039.847	1,345.216	694.63	34.053	0.195
2005	2,021.586	1,449.489	572.097	28.299	−0.018
2006	1,533.199	1,554.736	−21.537	1.405	−0.331
2007	1,511.393	1,660.964	−149.571	9.896	−0.024
2008	1,522.861	1,768.185	−245.324	16.109	−0.002
2009	1,373.735	1,876.406	−502.671	36.592	−0.119
2010	1,569.32	1,985.637	−416.318	26.529	0.116
2011	1,613.532	2,095.889	−482.357	29.894	0.018
2012	1,719.852	2,207.169	−487.317	28.335	0.053
2013	1,900.542	2,319.488	−418.946	22.043	0.087

续表

年份	实际值（万吨）	预测值（万吨）	残差（万吨）	相对误差（%）	级比偏差
2014	2,849.901	2,432.856	417.046	14.634	0.327
2015	3,081.403	2,547.281	534.122	17.334	0.066
2016	2,793.944	2,662.775	131.169	4.695	-0.113
2017	2,932.675	2,779.348	153.327	5.228	0.038
2018	3,173.409	2,897.008	276.401	8.710	0.067
2019	3,050.69	3,015.767	34.923	1.145	-0.05
2020	3,256.523	3,135.634	120.889	3.712	0.054
2021	3,157.983	3,256.62	-98.638	3.123	-0.041
2022	3,275.094	3,378.736	-103.642	3.165	0.027
2003—2022 期间模型平均相对误差				14.75	—
C 值	0.251				
P 值	0.750				
…	…	…	…	…	…
2030	—	4,397.605	—	—	—
…	…	…	…	…	…
2060	—	8,969.808	—	—	—

表 2.4.4 给出中国远洋渔业碳汇量 GM（1，1）模型预测及其检验结果，结果表明：2003—2022 期间模型平均相对误差为 14.75%；而且，后验差比 C 值仅为 0.251（小于0.5）、小误差概率 p 值为 0.750（小于 0.95），这也都表明远洋渔业碳汇量 GM（1，1）模型的预测精度等级较好，预测结果的可信度较高。而且，从图 2.4.6 来看，在预测期间（2023—2060 年），我国远洋渔业的碳汇量总体上呈现持续稳健增长态势——将从 2022年的 3,378.74 万吨增至 2060 年的 8,969.81 万吨，年均增长率约为 2.60%；而且，在碳达峰设定的 2030 年，我国远洋渔业碳汇量将达到 4,397.61 万吨（折合成 CO_2 当量为16,124.57 万吨）；在碳中和设定的 2060 年，我国远洋渔业碳汇量将达到 8,969.81 万吨（折合成 CO_2 当量为 32,889.30 万吨），分别相当于全年大约义务造林 587.42 万 hm^2 和1,198.15 万 hm^2。同样，从储碳价值来看，按照国家统计局公布的 2023 年全国碳交易价格（全年 CO_2 成交平均价格为 68.11 元／吨）来算，预计在 2030 碳达峰年份，我国远洋渔业碳汇的储碳价值将达到 109.824,4 亿元；而在 2060 碳中和年份，我国远洋渔业碳汇的储碳价值也将达到 224.009,0 亿元。

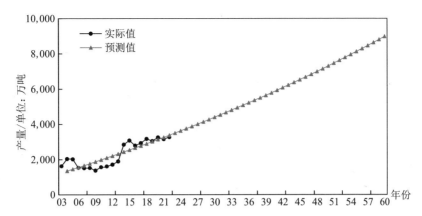

图 2.4.6　2003—2060 年我国远洋渔业碳汇量（万吨）实际值（黑色点实线）与
预测值（蓝色三角虚线）的变化趋势

》 参考文献

[1] 邓聚龙.灰色系统理论简介［J］.内蒙古电力，1993，11（03）：51-52.

[2] 黄瑞芬，苗国伟.海洋产业集群测度——基于环渤海和长三角经济区的对比研究［J］.
中国渔业经济，2010，28（03）：132-138.

[3] 纪建悦，王萍萍.我国海水养殖业碳汇能力测度及其影响因素分解研究［J］.海洋环境
科学，2015，34（06）：871-878.

[4] 李怒云.中国林业碳汇［M］.北京：中国林业出版社，2007.

[5] 刘锴，马嘉昕.中国海洋渔业碳汇的时空演变及发展态势［J］.资源开发与市场，2023，
39（07）：778-785.

[6] 鲁泉，李楠，方舟，等.基于渔获量平均营养级的西印度洋渔业资源利用评价［J］.上海
海洋大学学报，2022，31（02）：512-523.

[7] 宁修仁，刘子琳，史君贤.渤、黄、东海初级生产力和潜在渔业生产量的评估［J］.海洋学
报（中文版），1995（03）：72-84.

[8] 齐占会，王珺，黄洪辉，等.广东省海水养殖贝藻类碳汇潜力评估［J］.南方水产科学，
2012，8（01）：30-35.

[9] 石拓，郑新庆，张涵，王启芳，钟昕.珊瑚礁：减缓气候变化的潜在蓝色碳汇［J］.中国科
学院院刊，2021，36（03）：270-278.

[10] 孙康，崔茜茜，苏子晓，等.中国海水养殖碳汇经济价值时空演化及影响因素分析［J］.
地理研究，2020，39（11）：2508-2520.

[11] 唐启升，蒋增杰，毛玉泽.渔业碳汇与碳汇渔业定义及其相关问题的辨析［J］.渔业科
学进展，2022，43（05）：1-7.

[12] 岳冬冬，王鲁民，张勋，等.印度洋金枪鱼渔业碳汇量评估初探——以中国为例［J］.中
国农业科技导报，2014，16（05）：132-138.

[13] 岳冬冬，王鲁民.基于直接碳汇核算的长三角地区海水贝类养殖发展分析［J］.山东农
业科学，2012，44（08）：133-136.

[14] 张波，孙珊，唐启升.海洋捕捞业的碳汇功能［J］.渔业科学进展，2013，34（01）：70-74.

［15］张波，唐启升．中国近海渔业生物捕捞群体碳汇评估［J］．渔业科学进展，2022，43
（05）：126-131．

［16］Chisholm S W. Stirring times in the Southern Ocean［J］. Nature, 2000, 407（6805）：685-686.

［17］Falkowski P G, Barber R T, Smetacek V. Biogeochemical controls and feedbacks on ocean primary production［J］. Science, 1998, 281（5374）：200-206.

第3章

区域篇

▋摘　要：区域不同蓝碳发展现状不同，本篇根据地理位置将中国分为北部、东部及南部海洋经济圈，围绕蓝碳资源禀赋、历史沿革、评估交易、发展形势及制度建设等方面进行了梳理分析，针对不同区域特点，提出了促进蓝碳发展的政策建议，为后续蓝碳市场建设提供了思路。此外，海岸带蓝碳作为海洋碳汇的重要组成部分，加强盐沼、海草床及红树林等生态系统的保护修复是提升海洋生态系统碳汇能力的重要手段。

▋关键词：海洋经济圈　蓝碳交易市场　海岸带蓝碳　生态保护和修复

3.1 北部海洋经济圈蓝碳分析

北部海洋经济圈是由辽东半岛、渤海湾和山东半岛沿岸地区所组成的经济区域，主要包括辽宁省、河北省、天津市和山东省的海域与陆域。

3.1.1 北部海洋经济圈蓝碳资源

辽宁省是我国最北部的沿海省份，毗邻渤海和黄海，大陆海岸线长度 2,110 km，海洋功能区划面积 4.13 km²，共有海岛 633 个。辽宁省滨海湿地资源丰富，120 多万亩碱蓬形成独具特色的红色海岸，拥有世界上面积最大、生态系统保存最为完好的滨海芦苇湿地。

河北省东临渤海，拥有大陆岸线长 487 km，海岛岸线长 199 km。河北省海岸带总面积 1.14 万 km²，其中陆地面积 3,756.8 km²，潮间带面积 1,167.9 km²，浅海面积 6,455.6 km²，海洋生物有 660 多种，海域有机碳年生产力 80 多万吨。河北省典型蓝碳生态系统主要为盐沼和海草床，盐沼植被分布范围主要在沧州市、唐山市及秦皇岛市近海岸区域，植被类型以互花米草、芦苇及碱蓬为主，分布面积 444.99 hm²；海草床分布范围主要在唐山市曹妃甸龙岛西北侧浅水海域，海草种类主要为单一物种鳗草，海草床分布面积 42.80 km²。经科学评估计算，河北省盐沼生态系统总碳储量为（2.11±0.62）万吨，2022 年 6 月曹妃甸海草床总碳储量为（4.30±1.44）万吨，2022 年 10 月海草床总碳储量为（3.49±1.46）万吨。

天津海域处于天津市东部，渤海西岸，渤海湾的顶端。海岸线全长 153.67 km，管理海域面积 2,146 km²。天津市海岸线较短，海域面积较小，空间资源十分有限，海域利用多集中于近岸，围填海规模相对较大，且多为平推式填海。大部分海岸线已人工化，自然岸线保有量低，生活岸线和景观岸线缺乏。

山东省是海洋大省，拥有滨海盐沼、海草床、藻类贝类养殖等丰富的蓝碳资源，拥有 15.95 万 km² 的毗邻海域和 3,345 km 的海岸线，贝藻养殖面积 37.4 万 hm²，滨海湿地面积 72.85 万 hm²。其中，威海市海岸线占全国的 1/18，海域面积 1.14 万 km²，海草床和盐沼湿地广泛分布，海洋牧场 120 万亩。

3.1.2 北部海洋经济圈蓝碳监测、保护与交易

1. 蓝碳监测

2021 年，辽宁省启动辽河口蓝碳生态系统调查评估试点工作，掌握盐沼植被、海草床等蓝碳生态系统碳储量。2023 年，辽宁省在大连渤海和黄海各选取一处典型海草床生态系统为调查研究对象，开展辽宁省海草床生态系统碳储量监测工作，包括海草床生态状况监测和海草床碳汇监测两部分，在初步评估海草床生态系统健康状况的基础上对海草床进行固碳量和储碳量评估。

2022 年，河北省首次开展的典型蓝碳生态系统分布和碳储量调查与评估圆满完成。通过调查全面掌握了河北省全省典型蓝碳生态系统家底，为海洋固碳增汇提供了科学支撑。2023 年河北省开展典型河口、唐山牡蛎礁、秦皇岛海藻场、秦皇岛湾等生态系统现状调查，开展了秦皇岛砂质海岸、滦南淤泥海岸、曹妃甸海草床、滦河口等生态系统预警监测工作，同时开展河北省典型盐沼生态系统生态本底调查和评估、河北省淤泥质岸滩修复潜力和碳储量调查评估项目，对典型生态系统的碳汇储量进行监测评估和固碳潜力分析，加快海洋碳汇研究。

天津市采用高光谱遥感影像，解译了滨海湿地、滩涂和近岸海域等热点碳汇区域，初步查明了海洋碳汇区域的植被覆盖情况和碳汇潜力；同时开展渤海湾近岸海域水体和沉积物等的碳存储量，并通过调查其沉积速率研究了不同海域每年的碳汇量。天津市积极落实自然资源部《蓝碳生态系统储量调查评估试点工作方案》，组织滨海新区政府推进大港盐沼生态系统生态预警监测工作，初步厘清天津市滨海盐沼的面积、分布及生态状况。通过蓝碳生态系统的日常监测和调查研究，以及相关部门的上下联动，建立蓝色碳汇实验室和海洋碳汇数据库，构建海洋生态系统碳汇观测站和海洋生物碳汇研发基地等科研平台。

2021 年，山东省依托省海洋资源与环境研究院成立黄渤海蓝碳监测和评估研究中心，系统开展海洋碳储量调查评估及其方法学等研究，威海等市已在海洋碳汇建设方面开展了先行先试工作，设立了全国第一个海草床生态系统碳汇观测站，率先完成全省海岸带蓝碳资源植物群落多样性评估，蓝碳资源植物物种数据库和标本库初步建成。按照自然资源部统一部署，山东省开展黄河三角洲典型滨海盐沼湿地蓝碳信息现

状调查、海草床生态系统固碳潜力评估监测等工作,依托省海洋生态预警监测体系队伍,逐步实现业务化开展区域蓝碳监测和评估等工作,启动开展山东近海各类储碳生态系统碳汇计量方法与标准研究,推动建立被国际广泛认可的海洋碳汇核查、监测标准和评估技术模型,完善碳计量、核查技术标准。烟台市创新搭建以"一中心(黄渤海蓝碳监测和评估研究中心)、三基地(长岛基地、威海基地、东营基地)"为核心的网络化蓝碳科技创新平台,开展海洋碳汇调查评估标准体系研究与构建、海洋碳汇项目核算方法与计量技术研发、海洋增汇技术与交易体制研究等海洋碳汇全链条研发工作。

2. 蓝碳保护

辽宁省划定并严守海洋生态红线,先后在渤海、黄海建立了海洋生态红线制度,大力实施"蓝色海湾"生态整治修复,将海洋保护区、海洋生态敏感区和脆弱区、入海河口、自然岸线等重要海洋生态功能区 12,717.7 km² 以及大陆自然岸线 720.7 km 划入海洋生态保护红线,实施严格管控。"十三五"期间,创建国家级水产健康养殖示范场 339 个、海洋牧场示范区 31 个,恢复滨海湿地翅碱蓬 3,300 亩,修复海洋岸线 85 km,滨海湿地 9,206 hm²。

河北省持续巩固提升碳汇能力,全面推进生态系统建设,实施"海草床"等蓝碳生态系统修复工程。"十三五"期间,通过加大湿地保护修复力度,持续推进入海河流和近岸海域水质提升专项行动,完成渤海湾综合治理攻坚战、秦皇岛海岸带修复等治理任务,森林、草原、湿地、海洋等生态系统碳汇能力得到提升。重点开展了北戴河及相邻地区近岸海域环境综合整治、蓝色海湾整治行动、海岸带保护修复工程、渤海综合治理攻坚战行动计划等生态修复工程,遏制了局部海域滨海湿地、海草床等典型生境退化趋势,治理区域海洋生态质量和功能得到提升,海洋生物多样性明显增强,海洋固碳能力得到显著提高。曹妃甸海草床生态保护修复项目是全国面积最大的海草床修复工程,于 2023 年 6 月底主体完工,共建立海草床增殖扩繁区 531 hm²,海草床裸斑修复区 105 hm²。"十四五"期间将加强海洋生态修复,持续推进"蓝色海湾"整治行动和海岸带保护,加强河口海湾整治修复,实施受损岸线修复和生态化建设,不断挖掘海洋碳汇潜力。

天津市实施最严格的围填海管控措施,成功完成渤海综合治理攻坚战,持续推动海洋生态修复,严格落实海洋生态保护红线管控要求,恢复海域生态环境,加强滨海湿地保护修复,加强海岸线整治修复;拓展生态保护区和生态控制区,强化对岸线周边生态空间实施严格的用途管制措施,统筹岸线、海域、土地利用管理,将全部自然岸线纳入海洋保护红线管理,实施海岸线分类管理、分段保护与修复;不断加强海洋生态环境保护修复,加大对自然岸线的管控力度,加强生态红线保护,提高海洋生态空间承载力,增强海洋生态系统稳定性,提高海洋生态系统碳汇能力。

山东省近年来实施滨海湿地固碳增汇行动,开展典型滨海湿地蓝碳本底调查工作,推进盐沼生态系统修复,增加海草床面积、海草覆盖度,提高海洋生态系统碳汇能力;开展滨海湿地、海洋微生物、海水养殖等典型生态系统碳汇储量监测评估和固碳潜力分析,探索建立蓝碳数据库。山东省牵头组织实施多项国家重点研发计划课题,在海洋碳汇机制、碳汇标识与计量等基础研究方面积累了多项成果。科研院所、大学及企业相继成立桑沟湾贝藻碳汇实验室、楮岛海草床生态系统碳汇观测站、山东大学—达尔豪斯大学联合实验室、全国首个海洋负排放研究中心、海洋碳汇院士工作站、黄渤海蓝碳监测和评估研究中心等创新平台，探索海洋碳汇及蓝碳监测评估等工作。率先提出"碳汇渔业"理念，建立了渔业碳汇计量与评估方法，研发并应用了多营养层级综合养殖、海洋牧场构建等渔业碳汇扩增模式与技术。

3. 蓝碳交易

近年来辽宁省参照林业碳汇交易制度规则，探索开发芦苇湿地、海洋渔业、海草床、秸秆还田等碳汇交易项目，并纳入全国统一碳交易市场。加强科学研究和监测评估，完善海洋碳汇基础理论，掌握我省蓝碳资源的分布、储量、流动和变化情况，为制定合理有效的保护修复措施提供科学依据。

河北省持续深化降碳产品价值实现和碳资产化改革，推动完成降碳产品开发项目21个，核证规模达560多万吨，降碳生态产品开发已经从林业扩大到草原、湿地等生态"绿碳"，并延伸到海水养殖双壳贝类"海洋蓝碳"，从分布式光伏延伸到碳普惠等多个领域。河北省实施碳资产价值实现机制和排污权交易改革行动，健全完善政府主导、企业主体、市场导向的碳减排项目开发机制，规范碳减排资产认定、登记和管理；鼓励开发碳金融产品，加快推动碳资产化；组织开展典型海洋降碳产品价值实现试点示范工作，选取河北省国家级海洋牧场示范区进行典型海洋降碳产品——牡蛎礁价值实现试点示范，以中央京津冀协同发展国家战略为基础，积极配合自然资源部、海区局部署，通过开展区域生态系统调查监测、海洋生态分类分区、海洋防灾减灾体系建设、海平面变化影响评估等，不断完善海洋碳汇调查与监测体系，探索创新政府主导、企业和社会各界参与、市场化运作的海洋降碳产品价值实现新路径。河北省将探索开展一系列制度政策创新，加快形成降碳产品常态化交易机制，推动降碳产品开发向海洋蓝碳、绿色交通、再制造等领域拓展。

天津市作为国家七个碳排放权交易试点省市之一，积极推动碳排放权交易工作，制定《天津市碳排放权交易管理暂行办法》，建立配额管理、企业报告、核查和交易管理的相关制度，开发建设了注册登记系统、排放信息报告系统、交易系统等系统，并结合国家最新要求进行了修改完善，不断完善碳交易体系。对蓝色碳汇的交易模式、市场要素、制度框架等进行前期规划，明确蓝色碳汇交易的主客体、内部价格形成机制，多渠道筹措海洋生态保护补偿资金；支持社会资本参与盐沼、海草床、生态海堤、减排湿地等海洋碳汇生态系统修复工程，发展海洋碳汇期货，推动"蓝碳"产业规模化、市场化运营；搭建绿色融资渠道，让碳市场作为购买和销售碳抵消的平台，为生态产品价值实现提供新路径。

山东省积极探索区域碳普惠机制，支持沿海各市探索建设蓝碳交易平台，推动海洋碳汇由资源转化成资产。在开发绿色金融产品方面，山东一直走在全国前列，已落地了全国首单海洋碳汇指数保险、全国首单海洋碳汇贷款、全国首单生态修复领域的"碳中和"挂钩贷款、全国首单湿地碳汇贷款、全国首单"碳中和"理财产品、全国首单绿色认证的 CCER 碳资产收益权绿色信托产品等。威海市率先开展海洋渔业碳汇交易示范路演,国内第一笔 2,000 万元的"渔业碳汇贷"发放成功,渔业碳汇机制研究、标识计量等领域取得了一系列关键突破。烟台市通过构建"跨区共融、实惠共享"的蓝碳发展体系,共同培育壮大碳汇经济产业,推动蓝碳市场健康发展。2022 年 4 月,全国首个海洋贝类蓝碳智慧管理平台落户烟台黄渤海新区,全程采集贝类养殖过程中的固碳数据,助力"双碳"目标实现。通过"政府引导、市场运作、自主自愿、协同推进"的原则,积极引导银行保险业开展蓝碳金融创新,全国第一个海洋保险创新研发机构——太平财险海洋保险创新研发中心落地烟台黄渤海新区,全国首发政策性海洋碳汇指数保险、政策性综合指数保险等两项新型海洋特色保险产品。面向已计量核定的海洋碳汇资源,在海洋碳汇交易、碳汇抵押等方面开展探索。在对绿色水产养殖业充分调研论证的基础上,以海草床、海藻场每年固碳量产生的碳汇远期收益权作为质押推出绿色金融创新产品。例如,烟台长岛孙家村以海草床、海藻场每年固碳量产生的碳汇远期收益权和 36.81 hm² 海域使用权作为质押,通过"海域使用权 + 碳汇"相结合取得抵押贷款 300 万元。

3.1.3 北部海洋经济圈蓝碳政策梳理

北部海洋经济圈各省份蓝碳相关政策如表 3.1.1 所示。

表 3.1.1 北部海洋经济圈各省份蓝碳相关政策一览表

省份	主要蓝碳发展政策	相关政策文件
辽宁省	完善典型海洋生态系统的强制性保护措施,有效发挥海洋固碳作用,提升海洋生态系统碳汇增量。 聚焦盐沼、海草床重要海洋蓝碳生态系统,推进海洋生态系统保护和修复,提升海草床、盐沼等固碳能力。 开展蓝碳储量调查与评估工作,掌握盐沼植被、海草床分布面积,定量评估蓝碳资源储量和碳汇能力。 支持海洋能产业发展,拓展海洋能应用领域,推进海洋能装备向稳定发电转变。 打造以辽宁为核心的北方碳金融中心,发展海洋碳汇交易市场。	《数字辽宁发展规划 2.0》 《辽宁省碳达峰实施方案》 《辽宁省"十四五"能源发展规划》 《辽宁省"十四五"海洋经济发展规划》 《辽宁省 2021—2025 年海洋生态预警监测工作方案》 《辽宁省自然资源和林业草原管理部门碳达峰碳中和行动清单》 《辽宁省科技支撑碳达峰碳中和实施方案(2023—2030 年)》
河北	推进"蓝色海湾"和海岸带整治修复,实施海草床、盐沼等蓝碳生态系统修复工程。 持续巩固提升碳汇能力,全面推进生态系统建设,实施"海草床"等蓝碳生态系统修复工程。 搭建省级碳排放综合监管平台,积极参与全国碳排放权交易,建立碳排放数据质量管理长效机制。持续深化降碳产品价值实现和碳资产化机制改革,推进碳捕集、利用和封存(CCUS)试点示范。 实施碳资产价值实现机制和排污权交易改革行动。 健全完善政府主导、企业主体、市场导向的碳减排项目开发机制,规范碳减排资产认定、登记和管理,运用区块链等先进技术提升数据科学性、准确性和公允性。鼓励开发碳金融产品,加快推动碳资产化。	《河北省海洋经济发展"十四五"规划》 《关于完整准确全面贯彻新发展理念 认真做好碳达峰碳中和工作的实施意见》 《河北省"十四五"节能减排综合实施方案》 《河北省碳达峰实施方案》《河北省工业领域碳达峰实施方案》 《河北省科技支撑碳达峰碳中和实施方案》 《河北省城乡建设领域碳达峰实施方案》 《关于建立降碳产品价值实现机制的实施方案(试行)》《关于深化碳资产价值实现机制若干措施(试行)》 《美丽河北建设行动方案(2023—2027 年)》

省份	主要蓝碳发展政策	相关政策文件
天津	加强海洋生态系统的保护，强化海洋自然保护区管理，加强海洋生态环境监测、保护和生态修复，增强海洋碳汇能力。 开展森林、湿地、海洋、土壤等碳汇本底调查、碳汇量估算、潜力分析等工作。 加强碳汇与减污降碳关键技术创新，加快湿地、海洋等自然生态固碳技术研发，开展"蓝碳"领域的综合性技术攻关。 强化近岸海域滩涂、岸线、海湾保护修复，完善海洋领域碳增汇与碳减排措施。 推进海洋碳汇交易市场建设，推进海洋碳汇资源产业化。	《天津市碳中和行动计划》 《天津市科技支撑碳达峰碳中和实施方案（2022—2030年）》《滨海新区"双碳"工作关键目标指标和重点措施清单（第一批）》 《天津市碳排放权交易管理暂行办法》《天津市科技支撑碳达峰碳中和实施方案（2022—2030年）》《天津市建立健全生态产品价值实现机制的实施方案》《天津市人民政府关于印发天津市碳达峰实施方案的通知》
山东	完善海洋碳汇监测系统，开展海洋生态系统碳汇分布状况调查，建立覆盖陆地和海洋生态系统的碳汇核算体系，定期开展海洋生态系统碳汇本底调查和碳储量评估。 开展海洋生态保护修复，持续推进"蓝色海湾"整治行动和海岸带保护修复工程，提升海洋生态系统碳汇能力，探索海洋生态系统固碳增汇实现路径，推动海洋碳汇开发利用。 加强海洋生态系统碳汇基础支撑，建设海洋碳汇领域院士工作站、海洋负排放研究中心、黄渤海蓝碳监测和评估研究中心等创新平台，加强海洋碳汇技术研究，推进海洋碳汇标准体系建设。	《山东省碳达峰实施方案》《山东省生态文明建设"十四五"规划》《蓝碳经济行动方案》《蓝碳经济发展行动方案（2021—2025）》《2019海洋生态经济论坛威海倡议》《山东省人民政府关于印发山东省低碳发展工作方案（2017—2020年）》《中国（山东）自由贸易试验区深化改革创新方案》

3.2 东部海洋经济圈蓝碳分析

东部海洋经济圈是由长江三角洲沿岸地区所组成的经济区域，主要包括江苏省、上海市和浙江省的海域与陆域。该区域港口航运体系完善，是"一带一路"建设与长江经济带发展战略的交汇区域，海洋经济外向型程度高，是我国参与经济全球化的重要区域、亚太地区重要的国际门户、具有全球影响力的先进制造业基地和现代服务业基地。

3.2.1 东部海洋经济圈蓝碳发展现状

1. 东部海洋经济圈蓝碳发展资源禀赋

江苏省位于我国大陆东部沿海中心地带，管辖海域为黄海南部及东海的北端海域，海域面积约为34,766.15 km²，海岸线长954 km。江苏海岸类型有基岩海岸、砂质海岸和淤泥质海岸等，以粉砂淤泥质海岸为主。近海是水浅底平型海床，浅海面积占全国浅海面积的1/5。江苏省近岸潮间带滩涂面积50.01万hm²，占全国总量的1/4。

上海市位于我国大陆海岸线中部，长江入海口和东海交汇处，东濒东海，南临杭州湾，海域面积1.06万hm²，海洋面积是陆地面积的1.7倍，海岸线长572 km。在近海及海岸含有大量滩涂湿地，占到全市自然湿地总面积的95%以上。

浙江省地处中国东南沿海，长江三角洲南翼，海域面积26万km²，是陆地面积的2.5倍。海岸线长达6,486 km，占全国总长度的20.3%，居全国第1位。浙江近海及海岸湿地69.25平方hm²，其中分布有大面积盐沼湿地的海涂面积21.6万hm²，红树林宜林总面积约为5,196 hm²，贝藻类等碳汇渔业养殖规模较为可观，具备发展蓝碳的资源优势。

2. 东部海洋经济圈蓝碳分布格局及规模

作为陆海碳循环的重要联结,红树林、盐沼和海草床具有强大的光合作用能力和微小的分解作用,具备很高的单位面积生产力和固碳能力,并称三大滨海"蓝碳"生态系统。表 3.2.1 给出了东部海洋经济圈蓝碳储量和价值评估。据 2022 年调查显示,浙江全省现有红树林 312.5 hm^2,按平均碳储量 116.35 tC/hm^2 计算,全省红树林碳储量约为 3.64 万吨。盐沼是我国滨海湿地中面积最大的海岸带蓝碳生态系统类型,也是江苏、上海和浙江海岸带最主要的生态系统之一,相较于主要分布在热带海岸的红树林,盐沼分布则纵贯江苏、上海和浙江的海岸线,优势物种为互花米草、芦苇、盐地碱蓬和海三棱藨草(Hu et al,2021)。2020 年,我国盐沼分布面积为 109,850.70 hm^2,其中江苏省、上海市和浙江省的盐沼湿地面积分别为 22,373.60 hm^2、31,449.10 hm^2 和 20,782.00 hm^2,盐沼湿地生境碳储量为 228.21 万吨、320.78 万吨和 211.98 万吨(杜明卉等,2023)。由于江苏、浙江省无大面积海草床分布,可以认为海草床碳汇量对评估该区域碳汇潜力影响较小(Zheng et al,2013)。

在海水藻类的养殖过程中,大型藻类通过光合作用将溶解无机碳和 CO_2 转化为有机碳,促使空气中 CO_2 向海水中转移(何培民等,2015)。贝类的碳汇过程可以分为两条途径,一是通过滤食水体中的浮游植物和颗粒有机物质来促进软体组织生长;二是通过吸收水体中溶解的碳酸根形成碳酸钙躯壳(即贝壳)(唐启升,2011)。2010—2020 年,江苏省海水养殖总产量从 66.78 万吨增长至 68.86 万吨,藻类总产量由 2.45 万吨增长至 4.70 万吨,海水养殖贝藻类碳汇量比较稳定,年平均碳汇量为 6.38 万吨,总体保持在 6 万~ 7 万吨(孙雪峰等,2022)。2010—2021 年浙江省海水养殖贝类总产量从 66.14 万吨增长至 109.28 万吨,藻类总产量由 4.2 万吨增长至 11.48 万吨,海水养殖贝藻类碳汇量呈递增趋势,从 6.63 万吨增长至 11.27 万吨,总增长率为 70%(过梦倩等,2024)。因此,海水养殖贝藻类的碳汇量也是本区域蓝碳的重要组成部分。由于上海市水产养殖产量较少,故此处不予讨论。

表 3.2.1 东部海洋经济圈蓝碳储量和价值评估

区域	类型	面积 /hm^2	碳储量 / 万吨	数据来源
浙江省	红树林	312.50	3.64	光明日报,2023-6-11
江苏省	盐沼	22,373.60	228.21	杜明卉等,2023
上海市		31,449.10	320.78	
浙江省		20,782.00	211.98	

区域	海水养殖	产量 / 万吨	碳储量 / 万吨	数据来源
江苏省	贝类	68.86	5.54	孙雪峰等,2022
	藻类	4.70	1.29	
浙江省	贝类	109.28	10.62	过梦倩等,2024
	藻类	11.48	0.65	

3.2.2 东部海洋经济圈蓝碳发展典型案例

1.浙江象山蓝碳生态产品交易

2023年浙江省发展和改革委员会等三部门联合发布《浙江省海洋碳汇能力提升指导意见》，明确提出"将海洋碳汇纳入海洋生态产品价值实现体系，构建'保护者收益、破坏者付费'的海洋碳汇生态补偿机制"，为推进浙江将生态资源优势向绿色发展后发优势转化提供了路径支持。作为浙江省低碳建设起步较早地区，象山蓝碳资源丰富。海岸线长度列浙江省第一，海域面积全省第二，拥有渔山列岛国家级海洋牧场示范区、象山港白石山岛海域海洋牧场试验区和大量国际认可交易的海洋碳汇生物，港内坛紫菜、海带、牡蛎等碳汇渔业发展迅速，形成一定规模的人工型蓝碳。2022年7月，象山委托宁波海洋研究院进行碳汇量核算。通过监测、认证审核、核证等规范程序，确定西沪港每年约有2,340.1吨二氧化碳的碳汇量。2023年2月，全国首单蓝碳拍卖交易在宁波市象山县黄避岙乡落槌，象山西沪港渔业一年约2,340.1吨碳汇量，以每吨106元的价格和24.8万余元总价被浙江易锻精密机械有限公司拍得，这是全国首次以拍卖形式进行的蓝碳交易，有力推动健全海洋碳权市场交易制度，既增加渔业养殖"绿色收入"，又加快完成"双碳"目标，实现海洋生态效益和经济效益双提升。

2.江苏盐城盐沼蓝碳交易

江苏省盐沼湿地约占全国总盐沼面积的40.8%，盐沼具有较高的固碳能力，明显高于国内其他海岸区域。同时，盐沼沉积物固碳速率也与海草床沉积物固碳速率相当，在固碳量和固碳效率方面均有明显优势。2023年9月，江苏省组织制定《潮滩与盐沼生态系统碳储量调查技术规范》《海岸线分类与调查技术规范》两项标准，首次明确了潮滩与盐沼生态系统中碳储量的调查方法和评估标准，规定了各类海岸线的调查评估方法。9月26日江苏盐城湿地珍禽国家级自然保护区和腾讯公司完成蓝碳生态系统碳汇交易签约仪式。该项目是基于江苏盐城湿地珍禽国家级自然保护区内引水补湿、互花米草防治等盐沼修复工程实施后形成的碱蓬—芦苇盐沼生态系统，依托《滨海盐沼生态修复项目碳汇计量与监测方法》进行碳汇项目开发。这是我国首笔盐沼碳汇交易项目，标志着我国盐沼蓝碳交易"零的突破"。滨海盐沼生态修复不仅具有极其重要的碳汇功能，而且承担了生物多样性保护等多重生态系统服务功能。该项目对于减缓气候变暖、保护生物多样性和维持生态系统健康发展具有积极意义。

3.2.3 东部海洋经济圈蓝碳发展形势分析

1.江苏蓝碳发展形势分析与展望

江苏省是蓝碳资源大省，滨海湿地面积巨大，是全国滩涂资源最丰富的省份，占全国滩涂总面积的1/4，盐沼约占全国总盐沼面积的40.8%。海岸类型以淤泥质海岸为主，淤泥质滩涂具有相当强的碳埋藏能力。同时，在近岸浅滩和0 m等深线以上滩涂分布有大量海水养殖，主要养殖品种为贝类和藻类，贝藻类在碳循环方面发挥着巨大作用。

近年来，江苏省全面停止新增围填海项目审批，严格执行伏季休渔制度，开展苏北浅滩湿地和植被调查，全面掌握湿地和植被存量变化情况，此外还积极开展南红北柳、蓝色海湾、海洋牧场等生态修复项目，有效保护了江苏的蓝碳资源。

《江苏省"十四五"海洋经济发展规划》《江苏沿海地区发展规划（2021—2025 年）》《江苏省"十四五"生态环境保护规划》《江苏省"十四五"自然资源保护和利用规划》《江苏省生态系统碳汇能力巩固提升实施方案（2021—2030 年）》等多个规划中均布置了蓝碳发展相关任务。未来将进一步加快江苏省海洋生态系统调查监测方案的编制和实施，对滨海湿地、海域海岛、泥质岸线等典型海洋生态系统开展碳储量调查评估，加强对滨海湿地的依法治理，围绕渔业碳汇的生产、开发与交易，进一步健全渔业碳汇产业链条。探索"生态系统服务功能综合研究示范区 + 自然保护区"的建设模式，制定滨海湿地生态系统服务功能最大化的生态管理方案并付诸实践。

2. 上海蓝碳发展形势分析与展望

上海近岸拥有丰富的滨海湿地资源，据统计，"-5"米线以上河口滩涂资源面积达 22,12.5 km²；上海市公布的 2,526 km² 的生态红线，78％ 也位于近岸滨海湿地（王淑琼等，2014；邵学新等，2013）。上海有超过 120 种滨海湿地植物，芦苇、互花米草、海三棱藨草和菰是最常见和分布最广泛的优势植物，其中芦苇和互花米草各占 39％，海三棱藨草占 21％。

近年来，上海市先后出台了《上海市湿地保护修复制度实施方案》《上海市生态保护红线》《上海市加强滨海湿地保护严格管控围填海实施方案》《上海市自然资源利用和保护"十四五"规划》等相关法规，并在国家相关专项资金的支持下，实施了"杭州湾北岸奉贤岸段生态整治修复示范工程"和"金山城市沙滩西侧综合整治及修复工程"，针对杭州湾北岸基底受损严重、湿地生态系统面临消亡的现状，在典型侵蚀岸段通过水动力调控、基底修复、植物引种等恢复滨海地，利用新恢复湿地初步发挥碳中和功能，对加强滨海湿地的保护与生态功能提升起到积极带动作用。

2022 年 1 月上海发布《崇明世界级生态岛发展规划纲要（2021—2035 年）》，纲要指出上海崇明将探索生态产品价值实现的路径，建立生态系统碳汇监测核算体系，开展碳汇本底调查和储量评估，并相应完善资产确权、交易等功能，探索建立蓝碳交易中心等。到 2035 年将崇明世界级生态岛打造成绿色生态"桥头堡"、绿色生产"先行区"、绿色生活"示范地"。

3. 浙江蓝碳发展形势分析与展望

浙江省海岸线总长 6,600 km，沿海红树林、滩涂湿地、养殖渔业资源十分丰富，拥有海域面积 26 万 km²，红树林主要造林树种是秋茄和苦槛蓝，总计 312.5 hm²，近海湿地面积 69.25 万 km²，海水养殖面积 80,924 km²。丰富的自然资源为浙江蓝碳开发利用提供了良好条件。

近年来，浙江一直在积极探索如何利用碳汇交易激发海洋经济发展活力。目前，浙江正全力加快建设海洋碳汇交易平台建设。2022 年，浙江省自然资源厅在全国率先印发了《浙江省自然资源领域蓝碳工作方案》，组织完成了蓝碳生态系统基础调查、机理分析和蓝碳地图绘制等工作。在此基础上，2023年初，浙江三部门联合印发《浙江省海洋碳汇能力提升指导意见》，明确指出全省发展蓝碳的主要路径，围绕5大方面16项任务，纵深推进海洋碳汇科学研究。2023年6月浙江首次在全省沿海5市、28个县（市、区）开展的蓝碳生态系统基础调查监测完成，基本摸清全省红树林、盐沼、淤泥质光滩、无居民海岛植被、海域水体等五大类蓝碳生态系统的种类、面积、分布、结构等本底情况，并大致估算碳储量。

未来，浙江将着力全省域碳储量调查、增汇效果评估和生态价值实现等工作，巩固提升海洋碳汇水平，推进海洋碳汇与产业融合发展，大力培育海洋资源开发与产业发展新业态新模式，拓展海洋碳汇价值多元转化，构建海洋碳汇能力提升激励机制，深入开展海洋碳汇试点，营造各类主体积极参与的良好氛围，打造蓝碳发展的"浙江样板"。

3.2.4 东部海洋经济圈蓝碳发展政策建议

1. 积极开展蓝碳生态系统本底调查

可计量、可评估是实现交易的前提，而当前蓝碳的有效监测与核算体系尚未建立。应聚焦本区域重要河口、海湾、红树林、海草床、盐沼等高生产力或高生物多样性区域，以及生态灾害高风险区和珍稀濒危物种栖息地等，对主要海洋生态系统类型实现全覆盖式大面监测。针对重要生态类型细化掌握数量、质量、受损情况和保护利用状况，从而科学实施海草床、红树林、盐沼等典型蓝碳生态系统碳储量调查评估。在基线调查基础上，开展近海生态趋势性监测。跟踪海洋生态变化趋势，实施蓝色碳汇监测评估。

2. 严格加强蓝碳资源保护和管理

东部海洋经济圈以潮间带、盐沼、海草床和海湾生态系统为主，是全国湿地资源最丰富的地区。然而由于过去几十年海岸带地区的滩涂围垦、鱼虾养殖等土地开发活动导致滨海湿地面积减少，固碳功能和碳汇潜力下降。据江苏滨海湿地的监测显示，近25年来江苏中部沿海因滩涂围垦造成了近570 km^{2}的盐沼消亡，占盐沼消亡总面积80%以上（孙超等，2015）"。应严格控制规范湿地征占用、划好海洋生态红线。积极开展滨海湿地促淤保滩、退田还湿、退圩（塘）还湿等，加强湿地有害生物科学防治。实施盐沼、红树林生态修复和海洋牧场碳汇渔业等示范工程，建立稳定长效的生态系统碳汇区。

3. 加大蓝碳技术研究和应用

针对本区域滨海湿地、海湾海岛、泥质岸线等典型海洋生态系统，加速攻关盐沼碳汇和综合生态服务功能修复提升技术、红树林快速营造和抚育经营增汇技术、淤泥质光滩碳库稳定和碳汇提升技术，研发盐沼、红树林、淤泥质光滩碳储量和碳汇能力快速监测评估技术，研发跨生态系统碳通量和碳汇联网观测技术，探索海域水体碳储量稳定和碳汇提升技术及监测评估技术。

4. 建立健全蓝碳市场化制度体系

东部海洋经济圈是我国参与经济全球化以及全球竞争的门户，具备海洋经济协同发展的基础条件与产业优势,可以率先建立健全蓝碳资源的产权、技术、交易、投资相关制度,保障蓝碳市场的良性有效运行。依托上海国家碳交易平台探索建立国际蓝碳交易平台等,努力打造面向全球的蓝碳交易服务。开展蓝碳资产抵押融资、碳配额回购、碳配额托管以及生态产品远期交易等创新型金融业务,在碳排放交易规则方面提供引领国际蓝碳乃至全球碳交易规则的范本。

3.3　南部海洋经济圈蓝碳分析

南部海洋经济圈是由福建、珠江口及其两翼、北部湾、海南岛沿岸地区所组成的经济区域,主要包括福建省、广东省、广西壮族自治区和海南省的海域与陆域(《中华人民共和国国民经济和社会发展第十四个五年规划和 2035 年远景目标纲要》,2021)。该区域海域辽阔、资源丰富、战略地位突出,是我国保护开发南海资源、维护国家海洋权益的重要基地(《全国海洋经济发展"十三五"规划》,2017)。蓝碳在南部海洋经济圈中扮演着极为重要的角色,对缓解气候变化、保护生物多样性与维持海洋生态系统健康具有显著贡献。

3.3.1　南部海洋经济圈蓝碳资源

1. 海岸带蓝碳资源现状

海岸带蓝碳由红树林、滨海盐沼、海草床等沿海蓝碳态系统组成,通过捕获和储存大量碳并将其永久埋藏在海洋沉积物里,因而成为地球上最密集的碳汇之一(李捷等,2019)。海岸带蓝碳生态系统在维系海洋物种多样性、促进营养物质循环以及固碳、储碳等多个层面具有不可或缺的地位。根据相关研究,我国海岸带蓝碳生态系统总面积为 16.16 万～38.16 万 hm^2,年碳汇量约 126.88 万～307.74 万吨 CO_2,总储碳量 13,877 万～34,895 万吨 CO_2(李捷等,2019)。南部海洋经济圈包括福建省、广东省、广西壮族自治区和海南省,这些省份的海岸带拥有红树林、海草床和盐沼地等丰富的海洋生态资源,因此具有极强的固碳能力。以 2019 年为例,南部海洋经济圈蓝碳资源面积如图 3.3.1 所示:

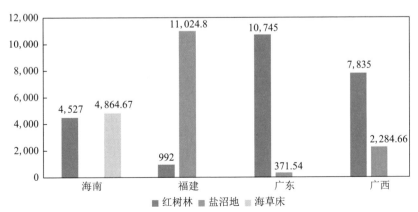

图 3.3.1　2019 年南部海洋经济圈蓝碳资源面积(hm²)

红树林大多分布在沉积型的海岸河口，通过上游河流和海洋潮汐共同作用带来大量外源性碳，这些外源性碳被红树林捕获而积累在红树林沉积物中，因而，红树林被认为是海岸带蓝碳生态系统固碳效率最高的生态系统。我国不同地区红树林碳埋藏速率为 $6.86 \sim 9.73\ t/(hm^2 \cdot a)$（以 CO_2 计，下同），最高可达 $16.3\ t/(hm^2 \cdot a)$，各地区红树林总碳储量为 0.232,7 亿 $\sim$ 0.274,5 亿吨，每年的平均净碳汇量超过 $7.34\ t/hm^2$（以 CO_2 计，下同），高于全球平均水平 $6.39\ t/(hm^2 \cdot a)$（Zhou Chenhao et al.，2016；章海波等，2015；王秀君等，2016）。早期由于人们对红树林固碳能力认知不足，不注重保护，导致红树林面积锐减。直到 21 世纪初，随着海洋强国战略以及双碳目标的提出，红树林的保护才得到重视，其下降趋势才有所缓和。截至 2013 年，我国红树林面积约为 32,077 hm^2（贾明明，2014），共有真红树植物和半红树植物 34 $\sim$ 38 种（Zhou Chenhao et al.，2016），其总储碳量约在 $6.91 \pm 0.57\ Tg\ C$（王秀君等，2016）。我国红树林主要分布在广东、广西和海南等地，具体分布情况如表 3.3.1 所示。2019 年，海南红树林面积约 4,527 hm^2，主要分布于东寨港、清澜港、花场港、新英港和后水湾；福建红树林面积约 992 hm^2，主要分布于漳州市、厦门市、泉州市、福州市和宁德市；广东红树林面积约 10,745 hm^2，主要分布于湛江市、水东港、海陵湾和郑海湾等地；广西红树林面积约 7,835 hm^2，主要分布于珍珠湾、防城港东湾等地（李捷等，2019）。其中，福建省是我国已知人工营造红树林最早的省份之一，同时也是中国红树林自然分布最北的省份。福建红树林主要以秋茄、木榄、白骨壤、桐花树和老鼠簕为主，这些树种在福建红树林中占据重要地位，是构成福建红树林生态系统的主要组成部分。在广西壮族自治区，共划定 54 个海洋生态红线区，红树林被全部划入生态保护红线。通过进一步的调查和研究，广东和广西红树林在海洋生态红线内分布的面积比例分别为 62.13% 和 61.44%，广东禁止类红线区内红树林面积占广东海洋生态红线内红树林面积的 14.99%，广西禁止类红线区内红树林面积占广西海洋生态红线内红树林面积的 28.23%（董迪等，2023）。

表 3.3.1　我国不同时期南部海洋经济圈红树林分布信息（hm^2）

年份	2003	2006	2009	2012	2015	2018	2019	具体分布
海南	3,191.06	4,836.00	3,930.00	4,891.20	4,017.42	4,676.71	4,527.00	主要分布于东寨港、清澜港、花场港、新英港和后水湾
福建	406.96	260.00	615.00	941.90	904.68	1,019.40	992.00	主要分布于漳州市、厦门市、泉州市、福州市和宁德市
广东	5,050.56	3,813.00	9,084.00	12,130.90	9,196.20	10,330.74	10,745.00	主要分布于湛江市、水东港、海陵湾和郑海湾等地

续表

年份	2003	2006	2009	2012	2015	2018	2019	具体分布
广西	3,213.12	5,664.00	8,375.00	6,594.50	6,674.13	8,449.13	7,835.00	主要分布于珍珠湾、防城港东湾和西湾、廉州湾等地
数据来源	CGMFC-21	张忠华,胡刚,梁士楚,2006	Chen L Z,Wang W Q,Zhang Y H, et al., 2009	吴培强等, 2012	国家地理系统科学数据中心, 2015	Zhang et al., 2021	Zhao et al., 2021	

滨海盐沼湿地也叫潮汐沼泽,是位于陆地和开放海水或半咸水之间,伴随有周期性潮汐淹没的潮间带上部生态系统,具有很高的碳捕获与存储能力,是海岸带蓝碳生态系统的重要组成部分。盐沼的固碳能力仅次于红树林,其固碳量为 $0.234 \sim 0.646$ Tg C/a,固碳速率约为 218 g C/(m$^2 \cdot$a)(向爱,揣小伟等,2022)。作为我国滨海湿地中分布最大的蓝碳生态系统类型,盐沼面积为 $1,207 \sim 3,434$ km^2(Zhou Chenhao, et al., 2016),其碳库总储碳量为 $1.12 \sim 3.18$ 吨 CO_2(Howard J, et al., 2014)。我国盐沼湿地主要分布在沿海地区,如江苏、浙江、福建、广东等地,主要种类为芦苇滩、碱蓬滩、海三棱藨草滩和互花米草滩,具体分布情况如表 3.3.2 所示。2019 年,广东盐沼地面积约 371.54 hm^2,主要分布于深圳湾、珠海湾和广州湾等沿海的珠江三角洲地区;广西盐沼地面积约 2,248.66 hm^2,主要分布于北部湾的钦州湾、北海湾、防城港湾等地;福建盐沼地面积约 11,024.81 hm^2,主要分布于晋江湾、泉州湾、漳州湾等地;2015 年,海南盐沼地面积约 1,567 hm^2,主要分布于海南岛的沿海湿地和河口地区,其中包括东寨港盐沼自然保护区、南渡江盐沼自然保护区等。与红树林蓝碳相比,南部海洋经济圈的盐沼蓝碳储备较为贫乏,对于整个南部海洋经济圈的蓝碳碳汇贡献较低,只有福建省蓝碳以盐沼固碳为主(向爱等,2022)。福建省自 1985 至 2019 年,其盐沼面积扩增约 37 倍,约达到 110 km^2,并在 2015 年前后呈显著增长趋势(Cheng, Jinr, Yez, et al., 2022)。其中,福州的盐沼地面积为 26,206 hm^2,厦门的盐沼地面积为 69 hm^2,泉州的盐沼地面积为 11,947 hm^2(中国地质调查局青岛地质海洋研究所,2021)。福建省盐沼湿地的重要组成植被是互花米草,主要分布在三都湾、泉州湾、闽江口、龙江口等地(赵欣怡,2020)。在固碳减排作用上,2019 年福建省盐沼年碳固定量为 3.3 万 $\sim$ 19.2 万 t C,年碳埋藏量约为 1.84 万 t C,约占全国的 1.78%。最新研究表明,互花米草盐沼可能具有更高的碳汇,上限约至 1950 g C/(m$^2 \cdot$a)(中国地质调查局青岛地质海洋研究所,2021)。

表 3.2.2　我国不同时期南部海洋经济圈盐沼分布信息(hm^2)

年份	2015	2018	2019
海南	1,567.00	—	—
福建	5,121.00	7,994.20	11,024.81

年份	2015	2018	2019
广东	5361.00	363.20	371.54
广西	898.00	2,381.40	2,284.66
数据来源	Mao et al., 2020	赵欣怡等, 2020	Hu et al., 2021

　　海草床是海岸带蓝碳生态系统之一,能够通过吸收二氧化碳并释放氧气来改善渔业环境,具有固碳减排的重要作用。我国的海草床相对于红树林与盐沼而言,分布规模小,空间差异大。据最新普查结果(2015—2020年),我国海草床面积约26,495.69 hm²,其中,分布于黄渤海区域的面积为13,658.77 hm²,分布于南海区域的面积为9,403.67 hm²(中国科学院,2022)。此外,我国海草共有4科9属16种(中国科学院,2022),分布范围较广泛且海草类型多样。就海草床在我国南部海洋经济圈的分布情况而言,海草床主要分布于海南、广东、广西等地,具体分布情况如表3.3.3所示。2019年,海南红树林面积约4,864.67 hm²,主要分布于东部沿岸,西部沿岸;2018年,广东红树林面积约1,537.71 hm²,主要分布于湛江市流沙湾(900 hm²);2017年,广西红树林面积约118.90 hm²,主要分布于北海市、防城港市、钦州市(李捷等,2019)。其中,广东在海洋生态红线内分布的比例为85.41%,且海洋生态红线内海草床均分布在限制类红线区;广西海草床在海洋生态红线内分布的比例为52,99%,48.13%的海草床分布于禁止类红线区内(董迪等,2023)。

表3.3.3　我国不同时期南部海洋经济圈海草床分布信息(hm²)

年份	2013	2016	2017	2018	2019	具体分布
海南	5,634.20	—	—	—	4,864.67	主要分布于东部沿岸,西部沿岸
福建	—	—	—	—	—	—
广东	975.00	—	—	1,537.71	—	主要分布于湛江市流沙湾(900 hm²)
广西	942.20	—	118.90	—	—	主要分布于北海市、防城港市、钦州市

2. 渔业碳汇现状

　　渔业碳汇形式主要有可移出碳汇、颗粒有机碳、可溶性有机碳和沉积碳4种(张永雨等,2017),以贝类和藻类介导的碳汇为渔业碳汇的主要类型。南部海洋经济圈拥有丰富的海水养殖资源,为渔业碳汇提供了得天独厚的条件。

　　根据2022年《全国渔业经济统计公报》,我国海水养殖产品产量中,如图3.3.2所示,贝类占比最高,达68.97%,其次为藻类,占比为11.93%。根据相关研究,我国每年的海水贝藻养殖碳汇相当于5,000 km²林业固碳量(唐启升和刘慧,2016)。贝类养殖的年固碳量约为211.91万吨;藻类养殖的年固碳量约为90.72万吨(杨林等,2022)。福建省与广东省作为南部海洋经济圈中的渔业养殖大省,以贝类和大型藻类作为海水养殖的主要对象(杜海龙和陈训刚,2023;郑虹倩和杨满根,2016)。近十年来两省的海水养殖面积与水产品产量全国前列并且平稳增长。以福建省为例,在2014—2019年期间,福建省的贝藻养殖产量由 322.2 万吨增长到 425.8 万吨,2020 年海水养殖规模更是高达 527 万吨。按照贝类和藻类的养殖碳汇估算,福建省贝藻类养殖碳汇为 34.7 万～211.3 万吨(郑虹倩和杨满根,2016;农业部渔业局,2020)。

目前对渔业碳汇进行测度最常用的方法是物质量评估法(张麋鸣等,2022),计算公式如表 3.3.4,其中重要指标及数据来源如表 3.3.5。

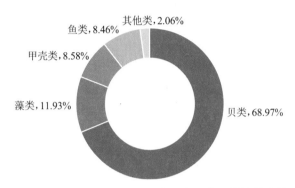

图 3.3.2 2022 年中国海水养殖产品产量结构分布情况

数据来源:农业农村部渔业渔政管理局

表 3.3.4 中国海洋渔业碳汇测算方法(向爱等,2022)

类别	碳汇量计算公式
贝类	贝类碳汇量 = 贝壳碳汇量 + 软体组织碳汇量
	贝壳碳汇量 = 贝类总产量 × 干重比 × 贝壳质量比重 × 贝壳含碳率
	软体组织碳汇量 = 贝类总产量 × 干重比 × 软体组织质量比重 × 软体组织含碳率
藻类	藻类碳汇量 = 藻类产量 × 干比重 × 藻类含碳率
总计	碳汇总量 = 贝类碳汇量 + 藻类碳汇量

表 3.3.5 中国海水养殖主要贝藻类品种碳汇测算系数

类别	种类	干重比%	数据来源	含碳率 软组织	含碳率 贝壳	数据来源	质量比重 软组织	质量比重 贝壳	数据来源
贝类	贻贝	75.28	纪建悦等,2015	45.98	12.68	自然资源部,2021	8.47	91.53	刘锴等,2019
	扇贝	63.89		43.87	11.44	刘锴等,2019	14.35	85.65	
	蛏	70.48	邵桂兰等,2019	44.99	13.24	邵桂兰等,2019	3.26	96.74	邵桂兰等,2019
	蛤	52.55		42.84	11.52	自然资源部,2021	1.98	98.02	刘锴等,2019
	牡蛎	65.10		44.90	11.51		6.14	93.86	
	蚶	64.21	纪建悦等,2015	45.86	12.02	马欢等,2017	11.41	88.59	纪建悦等,2015
	鲍	64.21		40.04	11.29		11.41	88.59	
	螺	64.21		36.83	13.16		11.41	88.59	
	江珧	64.21		40.73		自然资源部,2021	11.41	88.59	

续表

类别	种类	干重比%	数据来源	含碳率软组织	贝壳	数据来源	质量比重软组织	贝壳	数据来源
藻类	海带	20.00	自然资源部，2021			自然资源部，2021			
	裙带菜								
	紫菜								
	麒麟菜								
	羊栖菜								
	苔菜								

3. 开阔海区蓝碳资源现状

现有研究表明，开阔海区蓝碳是蓝碳重要的组成部分，其中以微型生物（如浮游植物、海洋细菌、海洋病毒和大部分的原生动物等）为介导，通过光合作用和摄食活动，将大气中的二氧化碳转化为有机碳，并在海洋食物链中进行传递，发挥海洋生态系统的碳汇功能（焦念志，2012）。据估算，我国近海浮游植物年固碳量 638.0 Tg C/a，该数值占全球浮游生物固碳量的 5.77%（宋金明等，2008）。

南部海洋经济圈坐拥南海的广袤海域和丰富资源。我国南海自然海域面积约 350 万 km²，为中国近海中面积最大、水最深的海区。据估算，中国海总的异养细菌生物碳库 14.00 Tg C，其中南海数值为 12.70 Tg C；中国海总的病毒生物碳库 1.99 Tg C，其中南海数值为 1.92 Tg C；中国海总的浮游植物生物碳库 9.28 Tg C，其中南海为 6.13 Tg C；中国海总的浮游动物生物碳库 1.77 Tg C，其中南海为 1.20 Tg C（焦念志等，2018）。

此外，以南部海洋经济圈的福建省为例，其所辖海域位于台湾海峡，海域面积约为全省陆地面积的 1.12 倍，具有巨大的储碳潜力（杨玉波，2015）。台湾海峡西岸在夏季常有上升流出现，从而带来充足的营养盐，促进浮游植物光合作用固碳过程，同时，微生物通过"微型生物碳泵"利用活性有机物，产生惰性溶解有机碳以达到长期储碳作用。据估计，台湾海峡海域溶解有机碳（DOC）和颗粒有机碳（POC）的碳库储量分别为 231 万～1,927 万 t C 和 60 万～70 万 t C，溶解无机碳（DIC）碳库储量为 1,187 万～1,311 万 t C（焦念志等，2018）。

3.3.2 南部海洋经济圈蓝碳交易市场建设

目前，我国蓝碳交易还未形成统一的交易市场与体系，蓝碳交易的进行主要依托已有的碳排放权交易中心，借助自愿排放市场体系中的国家核证自愿减排量（CCER）交易市场和碳普惠产品交易市场，缺乏专业化的蓝碳交易市场与体系。而我国的南部海洋经济圈拥有得天独厚的良好海洋生态环境和禀赋优越的蓝碳资源，拥有齐全的蓝碳种类，这为开展蓝碳排放权交易提供了天然的优势。得益于这样的先天条件，南部海洋经济圈各省份在探索蓝碳交易市场的建设中成绩斐然。

由于海洋碳汇的复杂性和不确定性,其核算一直是一个难题。为了解决这一问题,广东省深圳市市场监督管理局在 2023 年发布了全国首个海洋碳汇核算指南——《海洋碳汇核算指南》。该指南结合深圳大鹏新区的实际情况,提供了详细的核算范围与核算公式,从而更准确地核算和检测了蓝碳资源的碳汇量和可交易量。此举有力地促进了蓝碳交易市场定价机制的形成,对推动蓝碳交易市场建设具有重要意义。此外,深圳大鹏新区在海洋碳汇领域的研究和应用也取得了显著成果。他们不仅率先开展了覆盖辖区海域的海洋碳汇核算研究,还完成了《2018 年深圳市大鹏新区海洋碳汇核算报告》。此外,他们还启动了海洋碳汇增汇工程,并捐赠了首期项目资金,用于推动海洋碳汇的发展和保护。

福建省也积极推进蓝碳市场交易建设,摸索多行业结合的蓝碳交易模式,是蓝碳交易市场建设的模范代表。首先在蓝碳直接交易市场中,莆田秀屿区完成全国首例双壳贝类海洋渔业碳汇交易,交易碳汇量高达 10,840 吨。而福建省南日镇云万村、岩下村海带养殖碳汇项目共交易 85,000 吨,由厦门产权交易中心购买,是我国蓝碳交易量最大的一笔。此外在蓝碳非直接交易市场方面,2022 海峡(福州)渔业周•中国(福州)国际渔业博览会是全国首场以海洋碳汇抵消会议碳排放实现零碳目标的大型展会,全国首例以"蓝碳"赔偿渔业生态环境损害的案件依托海峡股权交易中心在福州执行。福建省还创新开发了蓝碳金融产品,兴业银行在厦门设立全国首个"蓝碳"基金,厦门航空开出全国首张以海洋碳汇结算的"碳中和机票",这些都进一步丰富了蓝碳交易市场的产品类型,为我国蓝碳交易市场的建设与发展提供了宝贵的思路。

海南省着力推进蓝碳交易市场建设,积极展开蓝碳资源核算与监测。2022 年 2 月,海南国际蓝碳研究中心成立,致力于推进国内国际间的蓝碳合作交流。为了进一步推动蓝碳交易的发展,海南省于 2022 年获批成立了海南国际碳排放权交易中心,并计划开展蓝碳交易的试点。试点内容主要包括:第一,建立蓝碳交易机制。制定蓝碳交易的相关规则和标准,明确蓝碳交易的流程、监管和保障措施。第二,开展蓝碳资源评估。对海南省的蓝碳资源进行全面的评估,确定蓝碳资源的数量、分布和潜力。第三,推动蓝碳项目发展。鼓励和支持企业、研究机构等开展蓝碳项目的研发和实施,推动蓝碳产业的发展。第四,加强国际合作与交流。与国际碳排放权交易市场开展合作与交流,推动蓝碳交易的国际化发展。此外,海南省在蓝碳资源评估与核算方面取得了重要进展,通过组织专家团队开展蓝碳资源调查评估,确定了海南省的蓝碳资源潜力和分布情况。同时,海南省还积极探索蓝碳核算方法和技术,建立了首个红树林蓝碳方法学——《海南红树林造林／再造林碳汇项目方法学》,在该方法的指导下,万宁小海红树林生态修复工程项目成功完成,其 220 吨碳汇量由中国石油南方石油勘探开发有限责任公司购买,并用于抵消第三届消博会的碳排放,这些都为蓝碳交易市场的建设提供了科学与现实依据。

广西壮族自治区具有丰富的海洋资源,包括红树林、滨海湿地等蓝碳生态系统。为了充分发挥蓝碳生态系统的碳汇功能,广西决定开展蓝碳交易先试先行工作。2022 年

3月，广西壮族自治区在推进生态文明建设方面取得了重要进展。其关于开展蓝碳交易先试先行工作的请示得到了自然资源部的复函支持。为了确保这一工作的顺利进行，自治区海洋局牵头编制了《广西蓝碳工作先行先试工作方案》，该方案明确了工作的目标和任务。同时，广西还为进一步提升红树林等生态系统的碳汇能力和减灾功能而开发了管理型蓝碳项目和修复增植型蓝碳项目。广西在蓝碳交易方面已经取得了初步成果。例如，首宗蓝碳交易在广西钦州完成试行，成功完成了11.72公顷红树林产生的500吨碳汇量的挂牌出让。这一实践为蓝碳交易的开展提供了有益的经验和借鉴。此外广西还创新性地将金融与蓝碳相结合，衍生出了蓝碳信贷这一金融产品。广西小藻农业科技有限公司以微藻养殖碳汇作为质押，向防城港市区农信社成功借贷50万元，通过将蓝碳资源转变为蓝碳资产，丰富了蓝碳交易市场的交易机制，提高了蓝碳交易的多样性，进一步推进了广西蓝碳交易市场的建设。

3.3.3　南部海洋经济圈蓝碳发展制度建设

我国近些年积极开展蓝碳发展的布局规划，出台了许多鼓励与支持政策。2017年，中共中央、国务院发布了《关于完善主体功能区战略和制度的若干意见》，鼓励探索建立蓝碳标准体系及交易机制。2018年《中共中央　国务院关于支持海南全面深化改革开放的指导意见》提出在海南开展海洋生态系统碳汇试点工作。2020年我国在深圳大鹏新区颁布了全国首个海洋碳汇核算指南（孙军，张歆莹，2023）。2022年，在自然资源部发布《海洋碳汇核算方法》中，首次规范了海洋碳汇核算的具体步骤和技术要求（路通等，2023），为我国的蓝碳核算提供了统一的方法论，进一步完善了我国的蓝碳制度体系。而南部海洋经济圈各省份也纷纷响应国家号召，积极开展蓝碳制度建设。

广东省政府出台了《广东省自然资源保护与开发"十四五"规划》，该规划提出要开展海洋碳中和试点和示范应用，探索海洋碳汇交易，以推动海洋生态保护和碳减排。该规划更是该强调探索海洋生态产品价值核算，推进海洋生态产品价值实现机制试点，并支持在广州、深圳、珠海、江门、惠州和湛江等地开展海洋碳中和试点和示范应用，以推动形成粤港澳大湾区碳排放权交易市场。此外，广东省政府还出台了《广东省碳排放权交易管理暂行办法》，为广东省的碳排放权交易提供了框架和指导，虽然主要侧重于陆地碳汇，但也为海洋碳汇的交易提供了一定的法律依据。

福建省政府在《福建省"十四五"海洋强省建设专项规划》和《加快建设"海上福建"推进海洋经济高质量发展三年行动方案》均提出要深入开展海洋碳汇研究，探索开展海洋碳汇交易试点，积极推进碳达峰、碳中和工作，抢占海洋碳汇制高点。在蓝碳的实际建设中，福建省政府出台的《关于深化生态保护补偿制度改革的意见》中，提出要完善生态保护补偿机制，探索建立海洋生态保护补偿制度，包括海洋碳汇生态保护补偿机制。进一步完善了蓝碳的开发与交易机制。此外，福建省还出台了《福建省碳排放权交易管理暂行办法》，用以明确碳排放权交易的对象、范围、交易规则等，为福建省建立碳排放权交易市场提供了法律保障。虽然该办法主要针对的是陆地生态系统的碳排放，但也为海洋碳汇交易市场的建立提供了参考和借鉴。

海南省作为海洋大省，在蓝碳制度建设中也取得了相当优秀的成果。在《海南省碳达峰实施方案》中，明确了蓝碳建设的战略目标，该方案将"多措并举推动蓝碳增汇"作为八大重要工作任务之一，并提出将"推动海洋蓝碳生态系统建设"作为八大专项工程之一。另外在《海南省"十四五"生态环境保护规划》和《海南省"十四五"海洋生态环境保护规划》中，都明确提出了推动蓝碳资源保护与利用，强化协同增效，推动海洋碳汇助力碳中和的目标。此外，海南省正在编制《海南海洋生态系统碳汇试点工作方案》和《海南省生态系统碳汇能力巩固提升实施方案》，旨在推动海南海洋生态系统碳汇试点工作以及巩固提升海南省生态系统碳汇能力。同时出台了《海南省碳普惠管理办法（试行）》，旨在规范和管理海南省的碳普惠工作，促进碳减排和应对气候变化，加速蓝碳交易融入到碳普惠市场交易中。

广西地方政府在《广西壮族自治区海洋渔业发展"十四五"规划》中提出要推进海洋渔业绿色发展和生态文明建设，包括加强海洋渔业资源养护、推进海洋牧场建设、加强海洋生态环境保护等，以提升海洋碳汇能力。另外在《广西壮族自治区应对气候变化"十四五"规划》中明确提出要开展海洋碳汇本底调查与评估，加强海洋碳汇监测与计量，探索开展海洋碳汇交易等。为了推进蓝碳交易并建立蓝碳交易服务平台，广西海洋局牵头编制了《广西蓝碳工作先行先试工作方案》，方案中明确了要按部就班地展开广西三大蓝碳生态系统的碳储量统计与蓝碳核算工作。广西还致力于落实《红树林保护修复专项行动计划（2020—2025 年）》《海岸带保护修复工程工作方案》，为蓝碳资源的修复与开发保驾护航。此外，广西还出台了许多推动蓝碳交易与金融创新相结合的鼓励政策，如防城港市加快建立绿色金融服务体系，开展蓝色碳汇金融业务，鼓励金融机构创新碳配额收益权质押贷款等绿色金融产品，为蓝碳交易提供金融支撑，充分发挥蓝碳交易与金融产品的互联互动。

3.3.4　南部海洋经济圈蓝碳发展典型案例

海南省，作为中国的一个海洋大省，拥有丰富的海洋资源和独特的地理位置，具备开展蓝碳研究和应用的优越条件。为了推动蓝碳的科学研究、技术创新和国际合作，海南省决定成立海南国际蓝碳研究中心。2022 年 2 月 23 日，海南国际蓝碳研究中心在海口正式揭牌，标志着该研究中心的正式成立。海南国际蓝碳研究中心已推动海南首个蓝碳生态产品交易完成签约，交易额 30 余万元（汪姣等，2023）。同年 5 月，海南三江农场的红树林修复项目实现生态产品价值转换，这是海南首个蓝碳生态产品交易，交易碳汇量 3,000 余吨（李巍，2023）。

2021 年，福建厦门产权交易中心设立了全国首个海洋碳汇交易服务平台，这标志着我国海洋碳汇交易市场的正式起步。自 2021 年 7 月成立至今，厦门产权交易中心的海洋碳汇交易服务平台已完成了 12.7 万吨的海洋碳汇交易。12.7 万吨是一个接近当前全国交易总额八成的数据，而该交易服务平台也是全国首个海洋碳汇交易服务平台。同年，福建省还借助该平台，率先完成了全国第一单蓝色碳汇交易——泉州树林修复项目 2,000 吨蓝色碳汇，这标志着海洋碳汇交易从理论走向实践，开始进入实质性的操作阶段。2022 年 1 月，该平台完成了全国首宗 15,000 吨海洋渔业碳汇交易项目，这是我国海洋渔业碳汇交易领域的"零的突破"，标志着我国海洋碳汇交易市场正在逐步成熟和壮大。厦门产权交易中心的这一举措，不仅有助于推动海洋碳汇资源的科学利用和可持续发展，也为全国乃至全球的海洋碳汇交易提供了可借鉴的经验和模式。

广东省积极与国际蓝碳开发标准接轨，率先完成了全国首个蓝碳开发项目的交易——湛江红树林改造计划。该项目将广东湛江红树林国家级自然保护区范围内 2015—2020 年期间陆续种植的 380.4 hm² 红树林按照核证碳标准（VCS）和气候社区生物多样性标准（CCB）标准进行开发，成为我国首个 VCS 和 CCB 双重标准认证的红树林碳汇项目。截至 2020 年 5 月，包括土壤和生物量的固汇量，该项目核证共产生 5,880 t CO_2 减排量，该笔减排量交易后获得的收益将用于红树林的修复和管护以及社区参与等方面，以持续维护生态修复的效果（新华网，2021）。该蓝碳项目的交易成功可进一步推动建立蓝碳生态产品价值实现机制，完善蓝碳交易市场准入标准。

广西积极对接产权交易机构，根据广西独特的地理位置，结合蓝碳交易的需求，搭建了独有特色的蓝碳交易平台——广西（中国—东盟）蓝碳交易服务平台，这也为广西首宗蓝碳交易的成功奠定了现实基础。2023 年 9 月 15 日，广西首宗"蓝碳"（海洋碳汇）交易在北部湾产权交易所集团广西（中国—东盟）蓝碳交易服务平台挂牌成交，钦州市中马产业园区孔雀湾新种植红树林产生的 500 吨碳汇量完成挂牌出让（吴德星，2023）。这标志着广西在蓝碳交易市场的先行建设中取得了阶段性的成功，同时也为我国抢占国际蓝碳交易市场话语权提供了有力支撑。

3.3.5 南部海洋经济圈蓝碳发展对策建议

在南部海洋经济圈中，蓝碳发展的实践通过一系列精心策划的措施，旨在借助海洋及其沿海生态系统的天然力量，增强其碳吸纳与储藏的功能，从而有效降低大气中的温室气体排放量。这不仅对抗全球气候变暖起到了至关重要的作用，而且还促进了生态保护与经济发展的协同进步。

首先是生态系统的恢复和保护。据研究显示，红树林和海草床等生态系统不仅是重要的碳汇，其生物多样性价值也不可估量。研究表明，单位面积红树林固定的碳是热带雨林的 10 倍，我国不同地区红树林总碳储量为 0.232,7 亿～0.274,5 亿吨（李捷等，2019）。然而，这些生态系统极其脆弱，Duke 等（Duke C N, et al., 2007）估计全球红树林每年以 1% 的速度减少，而在我国，1973 年至 2020 年期间，滨海红树林的生长面积仅占 1973 年红树林总面积的 18%（贾明明等，2021）。这些脆弱的生态系统一旦受损，其碳汇功能及生物多样性均面临巨大威胁。因此我们需要通过科学的恢复方法和持续的保护策略,有效增强这些生态系统的自我修复能力,提升其对碳的吸收和储存能力,为对抗气候变化提供自然而有效的方案。

其次是加大科研投入。为了深化蓝碳项目的效率和成效,加强对蓝碳生态系统碳存储机制及其影响因素的科研工作是至关重要的。以大堡礁的海草床恢复项目为例,该项目通过保护和恢复退化的海草草甸,不仅增强了大堡礁的蓝碳储存能力,同时为海洋生物提供了栖息地,显著改善了整体的礁石健康状况。大堡礁拥有全球最大的海草生态系统,超过 450 万公顷,其海草草甸能够以比热带雨林更高的效率吸收和储存碳,这对抗击气候变化具有重要意义。此外,迪肯大学与昆士兰大学等合作伙伴共同进行的一项研究揭示了大堡礁流域蓝碳生态系统的巨大碳储存潜力。该研究发现,大堡礁流域内的海草草甸和红树林作为自然碳汇,存储了约 13,700 万吨的碳,占澳大利亚蓝碳库存的 9% 至 13%。这一发现强调了恢复蓝碳生态系统以增强碳捕获能力的重要性,有助于减少温室气体排放并缓解气候变化的影响(Disruptr-Deakin University, 2021)。

再者,充分发挥南部海洋经济圈的政策和资源优势,积极实践蓝碳交易,开展蓝碳项目开发和市场交易试点,逐步建立完善的蓝碳交易计量和定价机制,同时促进相关交易标准和规则的统一。加快"碳汇贷""碳票"的推广应用,在鼓励蓝碳领域金融产品和金融工具创新的同时,加强对蓝色碳汇交易和金融创新的风险评估和管理,建立健全蓝碳市场监管制度和规范,加强信息披露和透明度,加强监督和执法力度,以确保市场的健康发展和对生态环境的有效保护。

最后,加强蓝碳国际交流与合作。依托"一带一路"推动南部海洋经济圈打造面向国际的蓝碳研究和交易服务平台。2017 年我国在《"一带一路"建设海上合作设想》中提出了加强蓝碳国际合作,并提出了 21 世纪海上丝绸之路"蓝碳计划"的倡议,积极与沿线国在蓝碳生态系统监测、标准规范和碳汇研究等领域展开合作。而福建、广西分别是 21 世纪海上丝绸之路的核心区域、21 世纪海上丝绸之路与丝绸之路经济带有机衔接的重要门户,广州、海口是"一带一路"的中心港口城市。南部海洋经济圈各城市可以发挥其政策和地区优势,加强与共建"一带一路"国家和周边其他国家的蓝碳合作交流,积极参与国际海洋生态治理,分享蓝碳信息和技术研究成果,共同推动建立国际认可的蓝碳标准体系,完善蓝碳产业链,促进蓝碳发展与国际接轨。

3.4 海岸带蓝碳与协调发展分析

协调发展是"十三五"规划提出的持续健康发展的内在要求,旨在解决发展不平衡问题,推动经济、环境两方面的协同推进。蓝碳是利用海洋活动及海洋生物吸收大气中的二氧化碳,并将其固定、储存在海洋中的过程、活动和机制,蓝碳在增强生态环境质量、减缓气候变化、促进经济价值实现等方面扮演着重要角色，是有效推进海岸带地区生态环境保护和经济发展协调推进的重要举措。

研究表明，中国蓝碳生态系统（本节中特指包括红树林、盐沼和海草床三大滨海湿地生态系统）在 20 世纪末至 21 世纪初期间由于养殖用地和建筑用地的围海扩张而经历了大面积的损失，而在 2012 年我国将"生态文明建设"提升为国家发展战略后，蓝碳生态系统的生态保护和修复力度明显加强，蓝碳生态系统面积恢复明显。在此期间中国蓝碳土壤有机碳经历了大面积的损失和增益，土壤有机碳储量净减少了约 8.31 亿吨碳。2020 年海岸带成为《全国重要生态系统保护和修复重大工程总体规划（2021—2035 年）》中明确划定的"三区四带"重要生态保护和修复区域之一，而后随着 2021 年双碳目标的提出，蓝碳成为我国生态修复保护和碳达峰碳中和领域的重要关注领域，12 个沿海省、直辖市政府以及相关国家部门围绕蓝碳修复和交易进行了一系列的针对性安排部署，蓝碳生态系统恢复、蓝碳经济发展和蓝碳市场交易的协调推进发展进入了快车道。

3.4.1　中国蓝碳生态系统面积历史变化状况

中国蓝碳生态系统在 20 世纪末至 21 世纪初期间经历了大面积的损失。1984—2012 年间，我国海岸带养殖用地和建筑用地的面积扩张迅猛，蓝碳生态系统面积明显下降（图 3.4.1），蓝碳生态系统总面积和潮间带面积分别从 1984 年的 103.6 万 hm² 和 80.8 万 hm² 下降到 2012 年的 49.7 万 hm² 和 35.6 万 hm²，两者面积年均分别减少 1.9 万和 1.6 万 hm²，其中，盐沼面积年均减少 0.2 万 hm²，而红树林面积在经过 1984—2000 年的缓慢下降后，在 2000—2012 年间则呈缓慢上升趋势（图 3.4.2）。

2012—2018 年间，我国先后出台了一系列蓝碳生态系统保护修复的政策，养殖用地和建筑用地的扩张得到明显遏制，蓝碳生态系统总面积、潮间带和盐沼的面积从整体下降趋势转变为明显的上升趋势（图 3.4.1），红树林面积的上升趋势也明显加快（图3.4.2）；其中，蓝碳生态系统总面积、潮间带面积年均分别增加 4.1 万和 3.2 万 hm²，盐沼和红树林面积年均分别增加 0.6 万和 0.1 万 hm²。

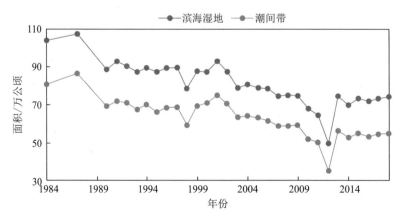

图 3.4.1　1984—2018 年中国蓝碳生态系统和潮间带面积（万公顷）变化情况（Wang et al., 2021）

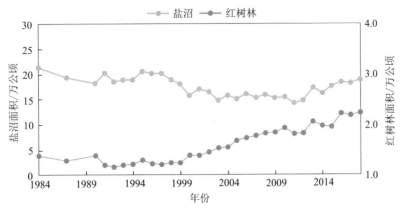

图 3.4.2 1984—2018 年中国盐沼和红树林面积（万公顷）变化情况（Wang et al., 2021）

3.4.2 中国蓝碳生态系统土壤有机碳储量变化状况

中国蓝碳生态系统土壤有机碳在 20 世纪末以后由于快速的沿海填海和恢复工程而经历了大面积的损失和增益。根据收集的 1990—2020 年间的 262 个土壤有机碳和 120 个土壤沉积率采样点数据的碳储量变化分析调查，中国蓝碳生态系统土壤有机碳在近 30 年间损失了 19.37 亿吨，增益了 11.07 亿吨，净减少 8.31 亿吨。养殖用地和建设用地的围海侵占是土壤有机碳损失主要原因，两者导致的土壤有机碳损失比例分别高达 48.90% 和 39.12%，红树林退化导致的土壤有机碳损失占比为 11.97%；政策保护和盐沼修复是土壤有机碳增益主要原因，两者导致的土壤有机碳增益比例分别高达 79.99% 和 18.05%，而红树林修复的增益占比相对较低，仅占 1.87%。

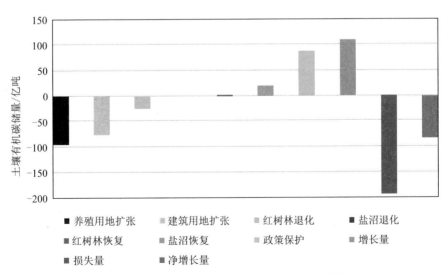

图 3.4.3 1990—2020 年间中国蓝碳生态系统土壤有机碳损失增益（亿吨）
及变化因素（Fan, 2023）

3.4.3 中国蓝碳生态系统土壤有机碳储量和埋藏速率现状

中国蓝碳生态系统在不同气候区、地貌环境和植被类型区土壤有机碳储量分布差异明显。根据 2017 年覆盖中国海岸带不同气候区、地貌环境和植被类型的 165 个红树林土壤样点、149 个盐沼土壤样点和 40 个海草床土壤样点的碳储量分析调查，2017 年中国红树林、盐沼和海草床单位面积土壤有机碳储量范围分别为 27.7～1,490.5、12.5～327.7 和 11.7～360.1 t C/hm²，单位面积平均土壤有机碳储量范围分别为 190.8、81.1 和 91.0 t C/hm²；2017 年中国红树林、盐沼和海草床总土壤有机碳储量分别为 0.063 亿、0.075 亿和 0.016 亿吨，时占全球红树林、盐沼和海草床土壤储存的总有机碳大约 0.24%、1.88% 和 0.04%。

表 3.4.1 2017 年中国海岸带蓝碳生态系统土壤有机碳储量现状

生态系统	样点数	面积（hm²）	单位面积土壤碳储量范围（t C/hm²）	单位面积土壤碳储量（t C/hm²）	土壤碳储量（亿吨）
红树林	165	35,537.1	27.7-1490.5	190.8	0.063
盐沼	149	103,104.1	12.5-327.7	81.1	0.075
海草床	40	14,660.0	11.7-360.1	91.0	0.016
总计		—	—	—	0.154

注：结果引自 Fu（2021）的研究结果

中国蓝碳生态系统在不同气候区、地貌环境和植被类型区土壤有机碳埋藏速率差异明显。根据 2000—2017 年间覆盖中国海岸带不同气候区、地貌环境和植被类型的 40 个红树林土壤样点、41 个盐沼土壤样点和 6 个海草床土壤样点的碳储量变化分析调查，17 年间中国红树林、盐沼和海草床的单位面积土壤年沉积速率范围分别为 1.9～56.4、2.3～90.0 和 5.9～40.0 mm/a，碳埋藏速率介于 28～840、7～955 和 7～976 g C/（m²·a）范围，平均土壤年沉积速率分别约为 11.6、22.6 和 15.8 mm/a，平均土壤碳埋藏速率分别约为 163、201 和 202 g C/（m²·a）；17 年间中国海岸带红树林、盐沼和海草床年碳埋藏量约为 440、1,590 和 60 千吨。

表 3.4.2 2000—2017 年间中国海岸带蓝碳生态系统土壤沉积速率和有机碳埋藏速率

生态系统	样点数	沉积速率范围（mm/a）	沉积速率均值（mm/a）	单位碳埋藏速率范围[g C/（m²·a）]	单位碳埋藏速率均值[g C/（m²·a）]	碳埋藏速率（10³ t C/a）
红树林	40	1.9～56.4	11.6	28～840	163	44
盐沼	41	2.3～90.0	22.6	7～955	201	159
海草床	6	5.9～40.0	15.8	7～976	202	6

注：结果引自 Fu（2021）的研究结果

3.4.4 中国蓝碳生态系统保护和修复重大工程

1994 年以来我国先后实施了《中国生物多样性保护行动计划》《全国生态环境保

护规划》等一系列政策,但未能有效遏制海岸带养殖用地和建筑用地的扩张,中国蓝碳生态系统面积下降明显,而2012年我国将"生态文明建设"提升为国家发展战略后,出台实施了《国家海洋功能区规划》《关于加强滨海湿地保护严格管控围填海的通知》等一系列针对性的中国蓝碳生态系统保护修复政策,中国蓝碳生态系统面积开始逐渐恢复。

2020年5月,国家发展改革委、自然资源部会同财政部、生态环境部、国家林草局等有关部门,共同研究编制发布了《全国重要生态系统保护和修复重大工程总体规划(2021—2035年)》,明确将海岸带划定为"三区四带"重要生态系统保护和修复区域之一(图3.4.4),提出了"开展退围还海还滩、岸线岸滩修复、河口海湾生态修复、红树林、珊瑚礁、盐沼等典型蓝碳生态系统修复"的明确要求,并同时确立了粤港澳大湾区、渤海、长江口、黄河口等重要海湾、河口以及海南岛等重点地区的重大工程任务清单,为未来中国海岸带蓝碳生态系统的巨大增汇效益提供了顶层设计和政策保障,同时也为蓝碳进入中国温室气体自愿减排交易市场成为重要生态资产、协同推进生态保护与经济价值实现提供了重要的前提基础。

表 3.4.3　近30年来中国蓝碳生态系统重要保护政策梳理

年份	文件	年份	文件
1994	中国生物多样性保护行动计划	2012	全国海洋功能区划(2011—2020年)
1998	全国国生态环境保护规划	2015	生态文明体制改革总体方案
1999	海洋环境保护法	2018	关于加强滨海湿地保护严格管控围填海的通知
2000	国家湿地保护行动计划	2020	全国重要生态系统保护和修复重大工程总体规划(2021—2035年)
2004	全国湿地保护规划		

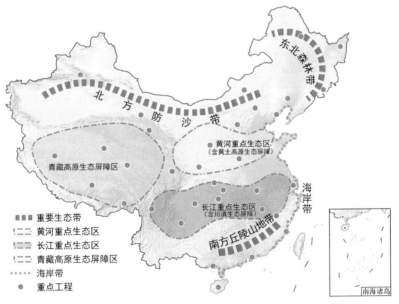

图 3.4.4　重要生态系统保护和修复重大工程布局示意图

3.4.5　中国蓝碳碳达峰实践安排部署

自国务院发布《2030 年前碳达峰行动方案》，对蓝碳工作提出"开展蓝碳本底调查、碳储量评估、潜力分析，实施生态保护修复蓝碳成效监测评估，加强蓝碳基础理论、基础方法、前沿颠覆性技术研究，制定蓝碳项目参与全国碳排放权交易相关规则"的明确要求以来，11 个沿海省市在国家方案的基础上发布了各地区的碳达峰工作方案，对蓝碳工作做出了专门部署安排（表 3.4.4）；各部委也从各自的职能领域进行了一系列的蓝碳工作推进，自然资源部于 2021 年和 2022 年分别组织开展了蓝碳生态系统碳储量调查和碳汇监测试点工作，发布了 9 项红树林、盐沼和海草床领域的"蓝碳系列技术规程"；生态环境部在碳排放权交易试点探索和前期工作基础上，于 2023 年 10 月出台《温室气体自愿减排交易管理办法（试行）》，并同时发布蓝碳领域的《温室气体自愿减排项目方法学红树林营造》方法学，标志着蓝碳正式纳入全国温室气体自愿减排交易市场；此外，省级和市级政府以及高等院所先后挂牌了一批服务于与蓝碳调查、监测与交易的蓝碳研究机构。

表 3.4.4　各省份／部门蓝碳发展实践安排部署

省份／部门	文件／事件	安排部署
国务院	《2030 年前碳达峰行动方案》	建立蓝碳监测核算体系，开展蓝碳本底调查、碳储量评估、潜力分析，实施生态保护修复蓝碳成效监测评估。
自然资源部	《建立健全碳达峰标准计量体系实施方案》《蓝碳生态系统碳储量调查试点工作》《蓝碳生态系统碳汇监测试点工作》	开展海岸带蓝碳生态系统调查评估试点，发布一系列蓝碳调查、计量、监测技术规程。
生态环境部	《碳排放权交易管理办法（试行）》《温室气体自愿减排交易管理办法（试行）》	组织制定并发布温室气体自愿减排项目方法学，承担开展全国温室气体减排交易。
辽宁	《辽宁省碳达峰实施方案》	建立蓝碳监测核算体系，开展蓝碳本底调查、碳储量评估、潜力分析，实施生态保护修复蓝碳成效监测评估。
河北	《河北省碳达峰实施方案》	
天津	《天津市碳达峰实施方案》	构建蓝碳数据库与动态监测系统，实施蓝碳生态保护修复碳汇成效监测评估，积极发展渔业碳汇。
山东	《山东省碳达峰实施方案》	推进蓝碳标准体系建设，开展全省海洋生态系统碳汇分布状况家底调查，完善蓝碳监测系统。
江苏	《江苏省"十四五"海洋经济发展规划》《江苏省"十四五"生态环境保护规划》	实施滩涂湿地碳汇能力提升重点项目，提高渔业碳汇能力，促进海洋渔业稳健转型。
上海	《上海市碳达峰实施方案》	开展蓝碳本底调查评估，实施滨海湿地生态保护修复碳汇成效监测评估，探索开展海洋生态系统碳汇试点。
浙江	《浙江省蓝碳能力提升指导意见》	实施蓝碳科学研究、海洋生态保护修复、蓝碳融合发展、蓝碳价值多元转化、蓝碳试点等五大任务。
福建	《福建省"十四五"生态环境保护专项规划》《福建省减污降碳协同增效实施方案》	深入开展蓝碳研究，开展蓝碳交易试点探索。
广东	《广东省海洋经济发展"十四五"规划》	构建蓝碳计量标准体系，完善蓝碳监测系统，开展蓝碳摸底调查；探索开展海洋生态系统碳汇试点。

续表

省份 / 部门	文件 / 事件	安排部署
广西	《广西蓝碳工作先行先试工作方案》	开展蓝碳核算,推动保护管理和修复类蓝碳项目,推动海洋产业低碳绿色发展。
海南	《国家生态文明试验区(海南)实施方案》《海南省碳达峰实施方案》	大力开展海洋生态系统碳汇试点,成立海南国际碳排放权交易中心、海南国际蓝碳研究中心。

3.4.6　中国碳市场蓝碳交易发展状况

中国海岸带蓝碳交易成为我国温室气体自愿减排交易市场的重要新兴参与形式。蓝碳交易是通过实施蓝碳生态系统恢复或管理开发海岸带生态系统,以减少二氧化碳排放量用于企业或个人抵消碳排放,从而实现碳中和的碳汇经济价值实现模式。自2021 年 7 月全国碳市场正式启动上线交易以来,蓝碳逐渐成为各地区社会组织、企业或个体积极争取的新兴碳汇资产,在 CCER 市场重启之前的 2021 年 4 月至 2023 年 5月期间,广西、海南、浙江和福建等地通过碳普惠或公益的形式成功签约至少 6 项红树林生态修复或渔业养殖等蓝碳交易,总成交量超过 12 万吨,交易金额超过 158 万;2023年 10 月全国温室气体自愿减排(CCER)交易市场重启以后,《温室气体自愿减排项目方法学 红树林营造》成为第一批入围的 4 个方法学之一,对推动蓝碳成为未来我国温室气体自愿减排交易市场的重要力量、持续增加中国海岸带蓝碳生态系统存量和质量、激励蓝碳生态系统修复和经济价值实现协同推进具有重要意义。

表 3.4.5　国内蓝碳交易交易案例

碳汇交易类型	交易时间	交易项目内容	成交量 / 吨	交易总价 / 万元
红树林碳汇	2021.04	广东湛江红树林造林	5,800	38.8
渔业碳汇	2022.10	浙江省苍南县紫菜、海带和蛏子养殖	10,000	10
渔业碳汇	2022.09	福建省莆田市南日镇海带养殖	85,829	42.91
渔业碳汇	2023.02	浙江宁波象山县西沪港的海带、紫菜以及浒苔养殖	2,340	25
红树林碳汇	2022.05	海口市三江农场红树林修复	3,000	30
渔业碳汇	2022.01	福建省连江县渔业碳汇	15,000	12

3.5　海洋生态保护修复与蓝碳

3.5.1　总体情况

海洋生态保护修复是提升海洋生态系统碳汇能力的重要手段。随着海洋生态文明建设的持续推进和建设海洋强国的必然要求,我国加强了对海洋生态环境保护和修复工作力度,实施了系列重要生态系统保护和修复重大工程。2016—2023 年,财政部、原国家海洋局和自然资源部联合,采用中央资金引导、地方资金配套的模式,组织开展了沿海 11 个省(区、市)的海洋生态保护修复,几乎均涉及盐沼、红树林和海草床等海岸带蓝碳生态系统。在资金支持方面,中央资金对海洋生态保护修复项目的投入呈现逐年增加的趋势(图 3.5.1),截至 2023 年,累计投入资金达到约 180.90 亿元,项目数量在 2020 年达到峰值,此后在 2021 至 2023 年期间保持稳定,总计实施项目 72 项。从地区分布看,福建省、山东省、浙江省和海南省等沿海省份在海洋生态保护修复项目方面获得了较多的中央财政支持(图 3.5.2)。在蓝碳生态系统修复面积方面,截至 2023 年,我国共修复蓝碳生态系统 25,326.476,6 hm² (图 3.5.3);山东省、辽宁省和浙江省修复蓝碳生态系统面积居多。

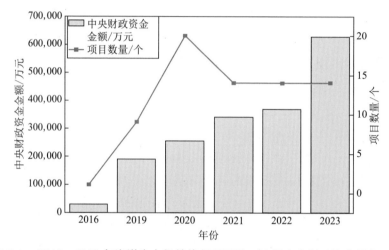

图 3.5.1　2016—2023 年海洋生态保护修复项目数(个)及中央财政资金投入(万元)

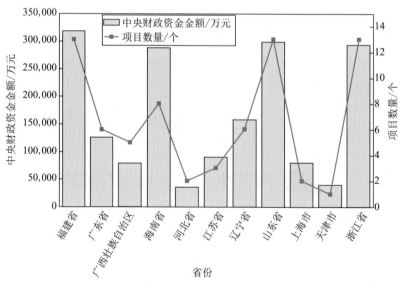

图 3.5.2　2016—2023 年中国沿海省份海洋生态保护修复项目数(个)及中央财政资金投入(万元)

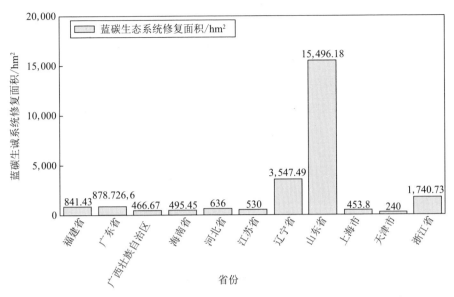

图 3.5.3　2016—2023 年中国沿海省份蓝碳生态系统修复面积（hm²）

3.5.2　盐沼

1. 修复面积

在 2019 年至 2023 年间实施的 70 多个与蓝碳生态系统相关的海洋生态修复项目中，涉及盐沼生态保护修复的项目有 22 个，主要分布在广东省珠海市、江苏省南通市、辽宁省营口市、辽宁省锦州市、山东省东营市、山东省威海市、山东省潍坊市、山东省滨州市、浙江省温州市、浙江省宁波市、浙江省台州市以及上海市和天津市，共计修复盐沼生态系统 10,553.923,3 hm²（表 3.5.1），其中，山东省盐沼修复面积最多，为 7,683 hm²、辽宁省盐沼修复面积为 1,592.65 hm²、浙江省、江苏省、上海市、天津市的盐沼修复面积分别为 630.04 hm²、265 hm²、226.9 hm²、120 hm²；广东省盐沼修复面积最少，为 36.333,3 hm²。具体修复项目及修复盐沼面积如图 3.5.4 所示。

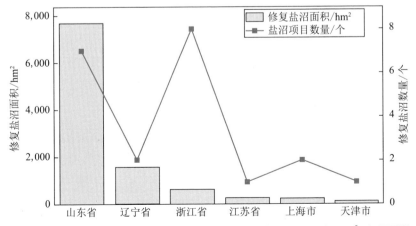

图 3.5.4　2019—2023 年中国沿海省份盐沼生态保护修复项目面积（hm²）和项目数（个）

2. 资金投入

在盐沼生态保护修复项目资金支持方面（图3.5.5），2019年到2023年，盐沼项目数量的变化与中央财政资金投入并不完全同步。在2019年至2021年，盐沼项目数量和中央财政资金投入逐步增加。2022年，中央财政资金投入达到峰值，为174,600万元，但项目数量却有所减少。2023年，盐沼项目中央财政资金投入为140,000万元，项目数量为4个。

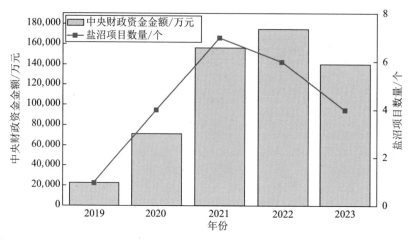

图3.5.5 2019—2023年盐沼生态保护修复项目中央财政资金（万元）和项目数（个）

表3.5.1 2016—2023年沿海省份修复盐沼面积（hm²）

省份	时间	市县	项目名称	修复盐沼面积（hm²）	数据来源
广东省	2021	珠海市	珠海市海洋生态保护修复项目	36.333,3	珠海市自然资源局
江苏省	2022	南通市	南通市海洋生态保护修复项目	265	南通市生态环境局
辽宁省	2022	锦州市	辽宁锦州市海洋生态保护修复项目	1,562.4	辽宁省财政厅
	2020	营口市	营口市海岸带保护修复工程项目	30.25	营口市自然资源局
山东省	2022	滨州市	山东滨州市海洋生态保护修复项目	271	滨州市公共资源交易中心
	2023	东营市	山东东营海洋生态保护修复工程项目	1,193	东营市海洋发展和渔业局
	2021	东营市	山东东营市海洋生态保护修复项目	1,290	东营市海洋发展和渔业局
	2020	东营市	东营市渤海综合治理攻坚战生态修复项目	1,705	东营市海洋发展和渔业局
	2021	威海市	山东威海市海洋生态保护修复项目	35	威海市海洋发展局
	2023	威海市	山东威海海洋生态保护修复工程项目	3,001	乳山市海洋发展局
	2021	潍坊市	山东潍坊市海洋生态保护修复项目	188	寿光市海洋渔业发展中心
上海市	2022	上海	上海临港滨海海洋生态保护修复项目	154.7	上海市海洋局办公室
	2023	上海	上海奉贤滨海海洋生态保护修复项目	72.2	上海市环境科学研究院
天津市	2022	天津	天津海洋生态保护修复项目	120	天津北方网

省份	时间	市县	项目名称	修复盐沼面积（hm²）	数据来源
浙江省	2020	宁波	宁波市西沪港海岸带保护修复工程项目	532.8	象山石浦渔港旅游发展有限公司
	2021	宁波	宁波市（北仑）海洋生态保护修复项目	20	象山县人民政府办公室
	2023	宁波	宁波海洋生态保护修复工程项目	44.65	奇创旅游集团
	2021	台州	浙江台州（玉环市）海洋生态保护修复项目	3.89	玉环市发改委
	2019	温州	温州市蓝色海湾整治行动项目	17.5	温州市自然资源和规划局
	2021	温州	温州市"蓝色海湾"整治行动项目	4.5	海洋知圈
	2022	温州	温州市洞头区"蓝色海湾"整治行动项目	4.7	温州市自然资源和规划局
	2020	温州市	温州市海岸带保护修复工程项目	2	瑞安市发展和改革局
合计				10,553.923,3	

3.5.3　海草床

1. 修复面积

在 2019 年至 2023 年间实施的 70 多个与蓝碳生态系统相关的海洋生态修复项目中，涉及海草床生态修复的项目仅有 6 个，主要分布在山东省东营市、烟台市、威海市；河北省唐山市以及辽宁省大连市，共计修复海草床生态系统 1,128.37 hm²（图 3.5.6），其中，河北省曹妃甸区域海草床修复面积最多，建立海草床增殖扩繁区 531 hm²，海草床裸斑修复区 105 hm²。具体修复项目及修复海草床面积如表 3.5.2 所示。

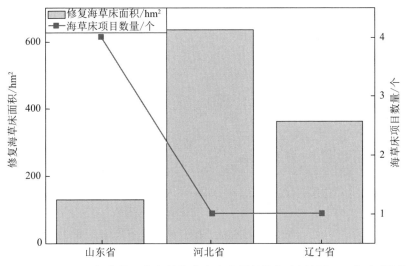

图 3.5.6　2021—2023 年中国沿海省份海草床生态保护修复项目面积（hm²）和项目数（个）

表 3.5.2　2021—2023 年沿海省份修复海草床面积（hm²）

省份	时间	市县	项目名称	修复海草床面积（hm²）	数据来源
山东省	2021	东营市	山东东营市海洋生态保护修复项目	50	山东省财政厅
	2022	烟台市	山东烟台市海洋生态保护修复项目	10.18	山东省财政厅
	2023	威海市	山东威海海洋生态保护修复工程项目	20	威海市公共资源交易网
	2023	东营市	山东东营海洋生态保护修复工程项目	50	东营市人民政府
河北省	2022	唐山市	唐山市曹妃甸海草床生态保护修复项目	636	河北省自然资源厅
辽宁省	2023	大连市	大连海洋生态保护修复工程项目	362.19	大连长海县政府
合计				1,128.37	

2. 资金投入

在海草床生态保护修复项目资金支持方面（图 3.5.7），2021 年到 2023 年间，海草床项目数量和中央财政资金投入都逐步增加，并于 2023 年达到峰值。中央财政资金支持的海草床生态系统修复项目总金额约 23.85 亿元，其中中央财政支持资金约 16.56 亿元，地方筹措配套资金约 7.28 亿元。

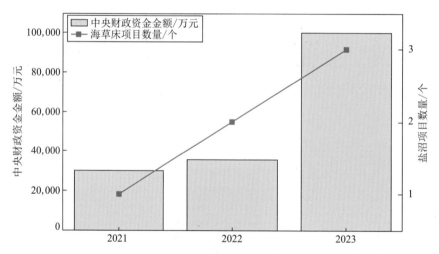

图 3.5.7　2021—2023 年海草床生态保护修复项目中央财政资金（万元）和项目数（个）变化

3.5.4　海草床项目数量

1. 修复面积

在 2019 年至 2023 年实施的 70 多个与蓝碳生态系统相关的海洋生态修复项目中，红树林生态系统保护修复项目共计 28 个，共计修复红树林生态系统 3,346.21 hm²，主要分布在广东、浙江、福建、海南及广西共五个省份（图 3.5.8）。其中福建省面积最多，为 841.43 hm²；广东省次之为 806.06 hm²；浙江省最少，为 480.65 hm²。具体修复项目面积情况详见表 3.5.3。

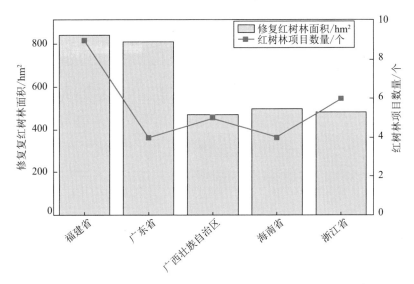

图 3.5.8　2019—2023 年中国沿海省份红树林生态保护修复项目面积（hm^2）和项目数（个）

表 3.5.3 . 2019—2023 年沿海省份修复红树林面积（hm^2）

省份	时间	市县	项目名称	修复红树林 面积（hm^2）	数据来源
福建省	2019	莆田市	莆田市蓝色海湾整治行动项目	40.03	福建省自然资源厅
	2020	泉州市	泉州市蓝色海湾整治行动项目	194.13	泉州市自然资源和规划局
	2020	厦门市	厦门市蓝色海湾整治行动项目	44.67	福建省自然资源厅
	2020	厦门市	厦门市 2020 年海岸带保护修复工程项目	2.5	福建省自然资源厅
	2021	厦门市	厦门市海洋生态保护修复项目	31.5	厦门市自然资源和规划局
	2021	漳州市	漳州市(东山湾、诏安湾)海洋生态保护 修复项目	246	漳州市自然资源局
	2023	莆田市	福建莆田海洋生态保护修复工程项目	67	莆田市自然资源局
	2023	厦门市	厦门海洋生态保护修复工程项目	25.6	福建省自然资源厅
	2023	宁德市	福建宁德海洋生态保护修复工程项目	190	福建省自然资源厅
广东省	2020	阳江市	阳江市程村湾蓝色海湾整治行动项目	200	广东省人民政府
	2021	珠海市	珠海市海洋生态保护修复项目	36.66	珠海市自然资源局
	2022	湛江市	广东湛江市海洋生态保护修复项目	509	湛江市发展和改革局
	2023	潮州市	广东潮州海洋生态保护修复工程项目	60.4	潮州市人民政府
广西壮族 自治区	2019	钦州市	钦州市蓝色海湾整治行动项目	42	中国(广西)自由贸易试验区 钦州港片区管理委员会
	2020	防城港市	防城港市海洋生态保护修复项目	3.66	广西壮族自治区生态环境厅
	2020	防城港市	防城港市蓝色海湾整治行动项目	113.7	广西中冠智合生态环境有限 公司
	2019	北海市	北海市蓝色海湾整治行动项目	328.96	广西壮族自治区海洋局
	2020	北海市	北海市海岸带保护修复工程项目	8.63	广西壮族自治区生态环境厅

省份	时间	市县	项目名称	修复红树林面积（hm²）	数据来源
海南省	2021	儋州市	儋州市儋州湾海洋生态保护修复项目	268.3	儋州市自然资源和规划局
	2020	文昌市	文昌市蓝色海湾整治行动项目	81.07	文昌市自然资源和规划局
	2020	万宁市	万宁市蓝色海湾整治行动项目	225.67	万宁市人民政府办公室
	2019	海口市	海口市蓝色海湾整治行动项目	146.08	海南省自然资源和规划厅
浙江省	2019	温州市	温州市蓝色海湾整治行动项目	75	温州市自然资源和规划局洞头分局
	2020	温州市	温州市蓝色海湾整治行动项目	68.33	温州市人民政府
	2021	台州	浙江台州（玉环市）海洋生态保护修复项目	40	玉环市自然资源和规划局
	2021	温州市	温州市"蓝色海湾"整治行动项目	5	浙江省生态环境厅
	2022	温州市	浙江温州市乐清市海洋生态保护修复项目	232.32	乐清市中心区发展有限公司
	2022	温州市	温州市洞头区"蓝色海湾"整治行动项目	60	温州市环境生态局
合计				3,346.21	

2. 资金投入

在红树林生态保护修复项目资金支持方面（图3.5.9），2019年至2023年，中央及各省市地方对红树林生态系统修复相关项目的支持金额总计约106.87亿元，其中中央财政支持资金约为53.99亿元，地方筹措的配套资金约为52.88亿元。

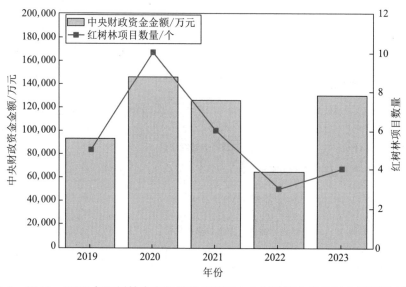

图3.5.9　2019—2023年红树林生态保护修复项目中央财政资金（万元）和项目数（个）变化

值得一提的是，2020 年项目数量及中央财政支持金额达到最高，分别为 10 个和 14.64 亿元；2022 年降至最低，分别为 3 个和 6.463 亿元。尽管 2023 年仅有 4 个与红树林生态系统保护与修复的项目，但中央资金支持高达 13 亿元，凸显出国家对海洋生态修复，尤其是红树林等滨海湿地恢复的重视程度。

》参考文献

[1] 滨州市公共资源交易中心.（2022）.滨州市海洋生态保护修复项目标段三［EB/OL］.（2022-9-17）［2024-2-25］.http：//www.binzhou.gov.cn/zwgk/news/html/9185e5d3-6037-4304-a842-598ef1e3067f.

[2] 潮州市人民政府.（2022）.潮州市获 3 亿元中央资金支持海洋生态保护修复［EB/OL］.（2022-12-05）［2024-2-25］.http：//www.chaozhou.gov.cn/gkmlzl/content/post_3825021.html.

[3] 大连长海县政府.（2023）.大连市长海县海洋生态保护修复工程项目环境影响评价公示（第三次公示）［EB/OL］.（2023-08-30）［2024-2-25］.https：//www.dlch.gov.cn/data/upload/ueditor/20230831/64f00bc9f3b73.pdf.

[4] 儋州市自然资源和规划局.（2023）.儋州湾海洋生态保护修复项目主体完工［EB/OL］.（2023-5-8）［2024-2-25］.https：//www.hainan.gov.cn/hainan/hjzf/202305/520f959c7e8749cda8f4a916cdfb6716.shtml.

[5] 东营市海洋发展和渔业局.（2020）.我市渤海综合治理攻坚战生态修复项目年度任务基本完成［EB/OL］.（2020-10-30）［2024-2-25］.http：//hsdy.dongying.gov.cn/art/2020/10/30/art_37657_9970340.html.

[6] 东营市海洋发展和渔业局.（2021）.2021 年海洋强市建设重点任务工作推进情况［EB/OL］.（2021-7-26）［2024-2-25］.http：//www.dongying.gov.cn/art/2021/7/26/art_89110_10311075.html.

[7] 东营市海洋发展和渔业局.（2023）.聚焦绿色发展，聚力推动生态保护治理取得新突破［EB/OL］.（2023-2-22）［2024-2-25］.http：//www.dongying.gov.cn/art/2023/8/2/art_325637_1256.html.

[8] 东营市人民政府.（2023）.2023 年东营市政府工作报告主要目标任务执行情况［EB/OL］.（2023-01-20）［2024-2-25］.http：//www.dongying.gov.cn/art/2023/8/2/art_325637_1256.html.

[9] 董迪，黄华梅，高晴，等.海岸带蓝碳生态系统保护空缺分析——以广东和广西为例［J］.海洋学研究，2023，41（01）：110-120.

[10] 杜海龙，陈训刚，谭珂.碳中和目标下广东省海水养殖碳汇能力评估及其影响效应分析［J］.海峡科学，2023，（3）：67-72，84.

[11] 杜明卉，李昌达，杨华蕾，等.海岸带蓝碳生态系统碳库规模与投融资机制［J］.海洋环境科学，2023，42（2）：234-301.

[12] 福建省自然资源厅.（2021）.关于印发福建省海岸带保护修复工程工作方案的通知［EB/OL］.（2021-01-19）［2024-2-25］.https：//zrzyt.fujian.gov.cn/zwgk/zfxxgkzl/zfxxgkml/hygl/202101/t20210119_5520631.htm.

[13] 福建省自然资源厅.（2021）.关于印发福建省海岸带保护修复工程工作方案的通知 [EB/OL].（2021-01-19）[2024-2-25].https://zrzyt.fujian.gov.cn/zwgk/zfxxgkzl/zfxxgkml/hygl/202101/t20210119_5520631.htm.

[14] 福建省自然资源厅.（2023）.厦门市海洋生态修复工程项目获中央财政支持 [EB/OL].（2023-06-07）[2024-2-25].https://zrzyt.fujian.gov.cn/zwgk/xwdt/zrzyyw/202306/t20230607_6183698.htm.

[15] 福建省自然资源厅.（2023）.山海披新绿！宁德生态修复成绩亮丽 [EB/OL].（2023-05-19）[2024-2-25].https://zrzyt.fujian.gov.cn/zwgk/xwdt/zrzyyw/202305/t20230519_6172478.htm.

[16] 广东省人民政府.（2023）.阳江阳西高标准推进红树林修复项目"蓝色海湾"上涌起"海上森林"[EB/OL].（2023-03-24）[2024-2-25].https://www.gd.gov.cn/gdywdt/zwzt/lmgd/gdxd/content/post_4139552.html.

[17] 广西中冠智合生态环境有限公司.（2021）.防城港市"蓝色海湾"综合整治行动项目海洋环境影响报告书（征求意见稿）[EB/OL].（2021-08）[2024-2-25].http://www.fcgs.gov.cn/wljtyxgs/tzgg/W020221201044024798635.pdf.

[18] 广西壮族自治区海洋和渔业厅.广西壮族自治区2017年海洋环境状况公报 [R/OL].（2018-06-04）[2022-01-05].http://hyj.gxzf.gov.cn/zwgk_66846/hygb_66897/hyhjzlgb/P020201203463404821051.pdf.

[19] 广西壮族自治区海洋局.（2021）."蓝色海湾"的北海实践:治出清水绿岸,留住"海上森林"[EB/OL].（2021-01-27）[2024-2-25].http://hyj.gxzf.gov.cn/gzdt/qnkb_66841/t7775277.shtml.

[20] 广西壮族自治区生态环境厅.（2022）.自治区生态环境厅关于自治区政协十二届五次会议第20220207号提案的答复 [EB/OL].（2022-08-06）[2024-2-25].http://www.gxzf.gov.cn/html/zwgk/zfxxgkzl_84988/fdzdgknr/fdzdgk_jytadf/zxta/t13731133.shtml.

[21] 广西壮族自治区生态环境厅.（2023）.广西壮族自治区生态环境厅等7部门关于印发《广西壮族自治区海洋生态环境保护高质量发展"十四五"规划》的通知 [EB/OL].（2022-02-24）[2024-2-25].http://sthjt.gxzf.gov.cn/zfxxgk/zfxxgkgl/fdzdgknr/ghjg/zdgz/t11352076.shtml.

[22] 国家地球系统科学数据中心.30 m分辨率中国红树林空间分布数据集（2015年）[DB/OL].（2020-09-18）[2022-04-22].https://www.geodata.cn/data/datadetails.html? dataguid=250090024131936&docId=12.

[23] 过梦倩,吴正杰,单亦轲.浙江省海洋碳汇资源及潜力评估 [J/OL].海洋开发与管理:1-17[2024-02-23].https://doi.org/10.20016/j.cnki.hykfygl.20231214.001.

[24] 海南省自然资源和规划厅.（2020）.2019年度中央对地方专项转移支付预算执行情况绩效自评报告—海口市"蓝色海湾"整治行动项目2019年绩效自评报告 [EB/OL].（2020-06-17）[2024-2-25].http://lr.hainan.gov.cn/xxgk_317/0200/0202/202006/t20200617_2805428.html.

[25] 海洋知圈.（2022）.获2.26亿元国家资金支持！浙江温州市洞头区入选第二批"蓝色海湾"整治行动‖‖全国唯一一个连续两次获此奖励支持区（县）[EB/OL].（2019-5-5）[2024-2-25].https://www.sohu.com/a/311952023_726570.

[26] 何培民,刘媛媛,张建伟,等.大型海藻碳汇效应研究进展[J].中国水产科学,2015,22(03):588-595.

[27] 河北省自然资源厅.(2023).2023 年全国海洋宣传日河北主场宣传活动在秦皇岛举行[EB/OL].(2023-06-09)[2024-2-25].https://zrzy.hebei.gov.cn/heb/xinwen/bsyw/szfxw/10864506546154913792.html.

[28] 纪建悦,王萍萍.我国海水养殖业碳汇能力测度及其影响因素分解研究[J].海洋环境科学,2015,34(6):871-878.

[29] 贾明明.1973-2013 年中国红树林动态变化遥感分析[D].北京:中国科学院大学,2014:1-128.

[30] 焦念志,梁彦韬,张永雨,等.中国海及邻近区域碳库与通量综合分析[J].中国科学:地球科学,2018,48(11):1393-1421.

[31] 焦念志.海洋固碳与储碳——并论微型生物在其中的重要作用[J].中国科学:地球科学,2012,42(10):1473-1486.

[32] 乐清市中心区发展有限公司.(2022).温州市乐清市海洋生态保护修复项目工程.[EB/OL].(2022-7-28)[2024-2-25].https://www.yueqing.gov.cn/art/2022/7/28/art_1322027_59205438.html.

[33] 李纯厚,齐占会,黄洪辉,刘永,孔啸兰,肖雅元.海洋碳汇研究进展及南海碳汇渔业发展方向探讨[J].南方水产,2010,6(06):81-86.

[34] 李洪辰,张沛东,李文涛,等.黄海镆铘岛海域海草床数量分布 及其生态特征[J].海洋科学,2019,43(4):46-51.

[35] 李捷,刘译蔓,孙辉,等.中国海岸带蓝碳现状分析[J].环境科学与技术,2019,42(10):207-216.

[36] 李巍.国家生态文明试验区背景下海南蓝碳市场建设的问题及对策研究[J].节能与环保,2023(11):12-17.

[37] 辽宁省财政厅.(2022).锦州市海洋生态保护修复项目通过全国 竞争性评审获得中央财政补助 3 亿元[EB/OL].(2022-9-26)[2024-2-25].https://czt.ln.gov.cn/czt/zxzx/czxw/2022092617414388599/index.shtml.

[38] 刘锴,卞扬,王一尧,等.海岛地区海洋碳汇量核算及碳排放影响因素研究:以辽宁省长海县为例[J].资源开发与市场,2019,35(5):632-637.

[39] 刘永学,李满春,等.近 25a 来江苏中部沿海盐沼分布时空演变及围垦影响分析[J].自然资源学报,2015,30(09):1486-1498.

[40] 刘占飞,彭兴跃,徐立,等.台湾海峡 1997 年夏季和 1998 年冬季两航次颗粒有机碳研究[J].台湾海峡,2000,(01):95-101.

[41] 陆健,甘凌峰.红树林有了"绿"收入——浙江首单红树林碳汇交易落地[N].光明日报,2023-06-11(03).

[42] 路通,刘洋,陈毅强,蔡梓灿,甄小妹.我国蓝碳开发进展及对江苏的启示[J].污染防治技术,2023,(4):25-29.

[43] 马欢,秦传新,陈丕茂,等.南海柘林湾海洋牧场生物碳储量研究[J].南方水产科学,2017,13(6):56-64.

[44] 南通市生态环境局.（2023）.【海洋项目环评拟批准公示】江苏南通市海洋生态保护修复项目环境影响报告书拟批准公示［EB/OL］.（2023-9-11）［2024-2-25］.https：//sthjj.nantong.gov.cn/ntshbj/jsxmgs/content/07d0b503-c3d1-424e-a5cc-4514463d6f23.html.

[45] 农业部渔业局.中国渔业统计年鉴［M］.北京：中国农业出版社，2020.

[46] 莆田市自然资源局.（2023）.关于市八届人大二次会议 第6005号建议的协办意见［EB/OL］.（2023-09-20）［2024-2-25］.https://zrzyj.putian.gov.cn/xxgk/xzqlyx/xzsp/202312/t20231201_1885108.htm.

[47] 奇创旅游集团.（2021）.生态保护理念下，海洋旅游资源开发模式——以象山西沪港为例［EB/OL］.（2021-8-17）［2024-2-25］.https://baijiahao.baidu.com/s?id=1708324705350557393&wfr=spider&for=pc.

[48] 泉州市自然资源和规划局.（2024）.泉州市"蓝色海湾"综合整治行动项目顺利通过省级验收［EB/OL］.（2024-01-22）［2024-2-25］.https://zyghj.quanzhou.gov.cn/xwdt/gzdt/202401/t20240123_2997077.htm.

[49] 乳山市海洋发展局.（2023）.2023年山东省威海市海洋生态保护修复工程项目环境影响评价公众参与第二次信息公示［EB/OL］.（2023-4-18）［2024-2-25］.http://www.rushan.gov.cn/art/2023/4/18/art_68544_3599550.html.

[50] 乳山市恒泰交通投资发展集团有限公司.（2023）.2023年山东省威海市海洋生态保护修复工程勘察设计项目招标公告［EB/OL］.（2023-02-22）［2024-2-25］.https://ggzyjy.weihai.cn/jyxx/003001/003001002/20230120/D2E9B514-E7C3-4CF9-B24C-11F5B6EADEE2.html.

[51] 瑞安市发展和改革局.（2021）.关于2020年度温州市海岸带保护修复工程项目建议书的批复［EB/OL］.（2021-1-19）［2024-2-25］.http://www.ruian.gov.cn/art/2021/1/19/art_1229346228_3839415.html.

[52] 孙超,刘永学,李满春,等.近25a来江苏中部沿海盐沼分布时空演变及围垦影响分析［J］.自然资源学报,2015,30（09）：1486-1498.

[53] 厦门市自然资源和规划局.（2022）.厦门市自然资源和规划局关于市政协十四届一次会议第20223095号提案办理情况的答复函［EB/OL］.（2022-03-02）［2024-2-25］.https://zygh.xm.gov.cn/zfxxgk/zfxxgkml/zhxx/tajy/202203/t20220302_2631839.htm.

[54] 山东省财政厅.（2021）.山东省财政厅关于提前下达2022年中央海洋生态保护修复资金预算指标的通知［EB/OL］.（2021-11-18）［2024-2-25］.http://czt.shandong.gov.cn/art/2021/11/18/art_191657_10295960.html.

[55] 山东省财政厅.（2021）.山东省财政厅关于下达2021年中央海洋生态保护修复资金预算指标的通知［EB/OL］.（2021-04-29）［2024-2-25］.http://czt.shandong.gov.cn/art/2021/4/29/art_191657_10295959.html.

[56] 山东省潍坊市寿光市海洋渔业发展中心.（2021）.山东省潍坊市寿光市海洋渔业发展中心潍坊市海洋生态保护修复项目环境影响评价公众参与第一次信息公示［EB/OL］.（2021-9-30）［2024-2-25］.https://www.shouguang.gov.cn/news/gsgg/202109/t20210930_5950759.html.

[57] 上海市海洋局办公室.（2022）.上海市海洋局关于上海临港滨海海洋生态保护修复项目初步设计报告的批复［EB/OL］.（2022-3-10）［2024-2-25］.https://swj.sh.gov.cn/

hyyw/20220328/c3cf5a8a7a7943d5aef1eadc2083d0c7.html1.

[58] 上海市环境科学研究院.（2023）.上海奉贤滨海海洋生态保护修复项目符合生态保护红线内允许有限人为活动论证报告(公示稿)[EB/OL].（2023-5-1）[2024-2-25].https://swj.sh.gov.cn/cmsres/b2/b2ea4b326d53431a99dbc8167ee3c285/fb35cbea357db3b4722d66982a473b1c.pdf.

[59] 邵桂兰,刘冰,李晨.我国主要海域海水养殖碳汇能力评估及其影响效应:基于我国 9 个沿海省份面板数据 [J].生态学报,2019,39（7）:2614-2625.

[60] 邵学新,李文华,吴明,等.杭州湾潮滩湿地 3 种优势植物碳氮磷储量特征研究 [J].环境科学,2013,34:3451-3457.

[61] 宋金明,李学刚,袁华茂,等.中国近海生物固碳强度与潜力 [J].生态学报,2008,28（2）:551-558.

[62] 孙军,张歆莹.我国蓝碳开发的理论分析与路径选择 [J].科技管理研究,2023,第 43 卷（8）:203-209.

[63] 孙秀武,林彩,黄海宁,等.夏季台湾海峡及邻近海域总有机碳含量的分布特征和影响因素 [J].台湾海峡,2012,31（01）:12-19.

[64] 孙雪峰,陈爱华,张雨,等.江苏省海水养殖贝藻类碳汇能力评估 [J].水产养殖,2022,43（08）:8-12.

[65] 唐剑武,叶属峰,陈雪初,杨华蕾,孙晓红,王法明,温泉,陈少波.海岸带蓝碳的科学概念、研究方法以及在生态恢复中的应用 [J].中国科学:地球科学,2018,48（06）:661-670.

[66] 唐启升,刘慧.海洋渔业碳汇及其扩增战略 [J].中国工程科学,2016,18（03）:68-73.

[67] 唐启升.碳汇渔业与又好又快发展现代渔业 [J].江西水产科技,2011,38（2）:5-7.

[68] 天津北方网.（2021）.4 亿元资金支持 天津海洋生态保护修复项目脱颖而出三 [EB/OL].（2021-11-22）[2024-2-25].https://baijiahao.baidu.com/s?id=17170836718015474 35&wfr=spider&for=pc.

[69] 万宁市人民政府办公室.（2020）.万宁市人民政府办公室关于印发万宁市退养还滩与红树林生态保护修复工程实施方案的通知.[EB/OL].（2020-9-15）[2024-2-25].https://wanning.hainan.gov.cn/wanning/zfxxgk/sgbmgk/zfb/zfb/202011/t20201112_2884266.html.

[70] 汪姣,李灿,金丹.海南"蓝碳"价值实现问题及对策研究 [J].南海学刊,2023,9（02）:70-79.

[71] 王法明,唐剑武,叶思源,等.中国滨海湿地的蓝色碳汇功能及碳中和对策 [J].中国科学院院刊,2021,36（3）:241-251.

[72] 王淑琼,王瀚强,方燕,等.崇明岛滨海湿地植物群落固碳能力 [J].生态学杂志,2014,33（4）:915-921.

[73] 王秀君,章海波,韩广轩.中国海岸带及近海碳循环与蓝碳潜力 [J].中国科学院院刊,2016,31（10）:1218-1225.

[74] 王一栋,谢沂廷.我国自愿减排体系下的蓝色碳汇交易研究 [J].海南金融,2023（11）:13-20.

[75] 威海市海洋发展局.（2021）.威海市 2021 年海洋生态保护修复项目成功获批

[EB/OL]．（2021-4-23）[2024-2-25]．http：//www.shandong.gov.cn/art/2021/4/23/art_116200_410287.html.

[76] 温州市环境生态局．洞头：蓝湾行动进行时 海上花园谱新篇．[EB/OL]．（2023-12-29）[2024-2-25]．https：//sthjj.wenzhou.gov.cn/art/2023/4/24/art_1317595_58872983.html.

[77] 温州市人民政府．（2023）．苍南收官蓝色海湾综合整治行动 [EB/OL]．（2023-04-02）[2024-2-25]．https：//www.wenzhou.gov.cn/art/2023/4/2/art_1217829_59202326.html.

[78] 温州市自然资源和规划局．（2021）．关于2021年第三季度蓝色海湾整治行动项目（二期）进展的报告 [EB/OL]．（2021-9-29）[2024-2-25]．https：//www.dongtou.gov.cn/art/2021/9/29/art_1229534267_59047191.html.

[79] 温州市自然资源和规划局．（2022）．温州市自然资源和规划局洞头分局 关于2022年第二季度蓝色海湾整治行动 项目（二期）进展的报告 [EB/OL]．（2022-7-1）[2024-2-25]．https：//www.dongtou.gov.cn/art/2022/7/1/art_1229534267_59053653.html.

[80] 温州市自然资源和规划局．（2022）．温州市自然资源和规划局洞头分局 关于2022年第二季度蓝色海湾整治行动 项目（二期）进展的报告 [EB/OL]．（2022-7-1）[2024-2-25]．https：//www.dongtou.gov.cn/art/2022/7/1/art_1229534267_59053653.html.

[81] 温州市自然资源和规划局洞头分局．（2022）．关于2022年第一季度蓝色海湾整治行动项目（二期）进展的报告 行动项目2019年绩效自评报告 [EB/OL]．（2022-07-01）[2024-2-25]．http：//www.dongtou.gov.cn/art/2022/7/1/art_1229534267_59053652.html.

[82] 文昌市自然资源和规划局．（2020）．文昌修复新造红树林6159多亩 助力海洋生态保护．[EB/OL]．（2023-6-28）[2024-2-25]．https：//www.hinews.cn/news/system/2023/06/28/032999938.shtml.

[83] 吴德星．广西首宗"蓝碳"钦州成交 [J]．广西林业，2023（11）：52-52

[84] 吴培强．近20年来我国红树林资源变化遥感监测与分析 [D]．青岛：国家海洋局第一海洋研究所，2012.

[85] 吴钟解，陈石泉，蔡泽富，等．海南岛海草床分布变化及恢复建议 [J]．海洋环境科学，2021，40（4）：542-549.

[86] 向爱，揣小伟，李家胜．中国沿海省份蓝碳现状与能力评估 [J]．资源科学，2022，44（06）：1138-1154.

[87] 象山石浦渔港旅游发展有限公司．（2020）．宁波市西沪港海岸带保护修复工程（勘察设计）招标公告 [EB/OL]．（2020-9-22）[2024-2-25]．http：//ggzy.zwb.ningbo.gov.cn/xiangshan/gcjszbgg/653649.jhtml.

[88] 新华网．中国首个"蓝碳"项目在青岛交易完成 [EB/OL]．[2021-06-08].

[89] 杨林，郝新亚，沈春蕾，等．碳中和目标下中国海洋渔业碳汇能力与潜力评估 [J]．资源科学，2022，44（04）：716-729.

[90] 杨玉波．福建省近岸海域环境状况分析及对策建议 [J]．化学工程与装备，2015，（07）：265-268+207.

[91] 易思亮．中国海岸带蓝碳价值评估 [D]．厦门大学，2017.

[92] 营口市自然资源局．（2022）．营口市自然资源局推进生态保护修复新闻发布稿 [EB/OL]．（2022-9-8）[2024-2-25]．http：//www.yingkou.gov.cn/govxxgk/ykszf/2022-12-

02/6cd472db-9867-4680-b242-f68ec32fb9a0.html.

[93] 玉环市发改委.（2023）.玉环市 2022 年政府投资项目计划［EB/OL］.（2023-5-8）
［2024-2-25］.https://www.xiangshan.gov.cn/art/2023/5/8/art_1229680425_1773200.
html.

[94] 玉环市自然资源和规划局.（2023）.玉环市海洋生态保护修复项目通过国家验
收.［EB/OL］.（2023-12-29）［2024-2-25］.https://tz.zjol.com.cn/tzxw/202312/
t20231229_26549093.shtml.

[95] 岳宝彩.推动蓝碳发展正逢其时［N］.中国海洋报,2016-12-22（003）.

[96] 湛江市发展和改革局.（2021）.湛江海洋生态保护修复项目 获得 3 亿元中央财政资
金 支 持［EB/OL］.（2021-12-27）［2024-2-25］.https://www.zhanjiang.gov.cn/zjsfw/
bmdh/fzggj/zwgk/fzgg/content/post_1554415.html.

[97] 张麇鸣,颜金培,叶旺旺,等.福建省贝藻类养殖碳汇及其潜力评估［J］.应用海洋学学
报,2022,41（1）:53-59.

[98] 张永雨,张继红,梁彦韬,等.中国近海养殖环境碳汇形成过程与机制［J］.中国科学：
地球科学,2017,47（12）:1414-1424.

[99] 张忠华,胡刚,梁士楚.我国红树林的分布现状、保护及生态价值［J］.生物学通报,
2006,41（4）:9-11.

[100] 章海波,骆永明,刘兴华,等.海岸带蓝碳研究及其展望［J］.中国科学:地球科学,
2015,45（11）:1641-1648.

[101] 漳州市自然资源局.（2023）.我市开展漳州市(东山湾、诏安湾)海洋生态保护修复项
目市级验收工作［EB/OL］.（2023-07-20）［2024-2-25］.http://zrzyj.zhangzhou.gov.
cn/cms/siteresource/article.shtml?id=830595726626780000&siteId=60452905059880001.

[102] 赵鹏,王文涛.多目标协同的我国蓝碳发展机遇、问题与对策［J］.环境保护,2023,
51（03）:21-24.

[103] 赵欣怡.基于时序光学和雷达影像的中国海岸带盐沼植被分类研究［D］.华东师范
大学,2020.

[104] 浙江省生态环境厅.（2022）.温州市提升海洋生态 守护美丽海.［EB/OL］.（2020-9-
15）［2024-2-25］.https://www.zj.gov.cn/art/2022/9/2/art_1229415698_59823944.html.

[105] 郑凤英,邱广龙,范航清,等.中国海草的多样性、分布及保护［J］.生物多样性,
2013,21（5）:517-526.

[106] 郑虹倩,杨满根.福建省海水养殖业产量结构特征与发展趋势［J］.渔业研究,2016,
38（2）:137-146.

[107] 郑强,徐金鑫,陈佳欣,陈奇,史文卿,毛晋华,丛瑜,郭艾星,骆庭伟,焦念志.福建省
海洋碳汇现状及潜力分析［J］.海峡科学,2023,（1）:33-36.

[108] 中国（广西）自由贸易试验区钦州港片区管理委员会.（2023）.红树林有了"新价值",
广西首宗蓝碳交易落户钦州港片区［EB/OL］.（2023-09-21）［2024-2-25］.http://
qzftz.gxzf.gov.cn/zwdt/xwdt/t17182116.shtml.

[109] 中国地质调查局青岛地质海洋研究所.http://www.qimg.cgs.gov.cn/research/
202103/t20210311_664442.html.

[110] 中华人民共和国国民经济和社会发展第十四个五年规划和2035年远景目标纲

要［Z］. 2021, 33：915-921. http://zyghj. quanzhou. gov. cn/xwdt/gzdt/202401/t20240123_
2997077. htm.

［111］ 中华人民共和国自然资源部. 养殖大型藻类和双壳贝类碳汇计 量方法碳储量变化
法［S］. 北京：中华人民共和国自然资源部, 2021.

［112］ 周晨昊, 毛覃愉, 徐晓, 等. 中国海岸带蓝碳生态系统碳汇潜力的初步分析［J］. 中国
科学：生命科学, 2016, 46（4）：475-486.

［113］ 周毅, 江志坚, 邱广龙, 张沛东, 徐少春, 张晓梅, 刘松林, 李文涛, 吴云超, 岳世栋, 顾
瑞婷, 丁丽, 郑凤英, 黄小平, 范航清. 中国海草资源分布现状、退化原因与保护对策
［J］. 海洋与湖沼, 2023, 54（5）：1248-1257.

［114］ 朱晖, 李梦言. 碳中和背景下蓝碳保护制度建构研究［J］. 浙江海洋大学学报（人文科
学版）, 2022, 39（02）：1-8.

［115］ 珠海市自然资源局.（2021）. 2.5亿元资金支持！珠海成功申报中央财政支持海洋生
态保护修复项目［EB/OL］.（2021-06-02）［2024-2-25］. http://nr.gd.gov.cn/xwdtnew/
sxdt/content/post_3300196.html.

［116］ 珠海市自然资源局.（2022）. 2.5亿元资金支持！珠海成功申报中央财政支持海洋
生态保护修复项目［EB/OL］.（2022-6-2）［2024-2-25］. http://www.binzhou.gov.cn/
zwgk/news/html/9185e5d3-6037-4304-a842-598ef1e3067f.

［117］ Alongi, D.M. The global significance of mangrove blue carbon in climate change mitigation
strategies［J］. Marine Policy, 2020, 116, 103924.

［118］ Barbier B E, Hacker D S, Kennedy C, et al. The value of estuarine and coastal ecosystem
services［J］. Ecological Monographs, 2011, 81（2）：169-193.

［119］ Chen L Z, Wang W Q, Zhang Y H, et al. Recent progresses in man- grove conservation,
restoration and research in China［J］. Journal of Plant Ecology, 2009, 2（2）：45-54.

［120］ Cheng, Jinr, Yez, et al. Spatiotemporal mapping of saltmarshes in the intertidal zone of
China during 1985-2019［J］. Journal of Remote Sensing, 2022（1）：17-31.

［121］ Chmura, G.L., Anisfeld, S.C., Cahoon, D.R., & Lynch, J.C.（2018）. Global carbon
sequestration in tidal, saline wetland soils. Global Biogeochemical Cycles, 32（5）, 867-
877.

［122］ Fan, B., & Li, Y.（2024）. China's conservation and restoration of coastal wetlands offset
much of the reclamation-induced blue carbon losses. Global Change Biology, 30, e17039.

［123］ Fourqurean, J.W., Kennedy, H., Naylor, L., Serrano, O., Verhagen, P., & Duarte, C.M.
（2012）. Seagrass ecosystems as a globally significant carbon stock. Nature Geoscience, 5
（7）, 505-509.

［124］ Fu C, Li Y, Zeng L, et al. Stocks and losses of soil organic carbon from Chinese vegetated
coastal habitats［J］. Glob. Change Biol. 2021；27：202-214.

［125］ Hamilton S E, Casey D. Creation of a high spatio-temporal resolution global database of
continuous mangrove forest cover for the 21st Century（CGMFC-21）［J］. Global Ecology
and Biogeography, 2016, 25（6）, 729-738.

［126］ Howard J, Hoyt S, Isensee K, et al. Coastal blue carbon：methods for assessing carbon
stocks and emissions factors in mangroves, tidal salt marshes, and seagrasses［J］. Journal of

American History, 2014, 14（4）: 4-7.

[127] Hu Y K, Tian B, Yuan L, et al. Mapping coastal salt marshes in China using time series of Sentinel- 1 SAR[J]. ISPRS Journal of Photogrammetry and Remote Sensing, 2021, 173: 122-134.

[128] Hu Y K, Tian B, Yuan L, et al. Mapping coastal salt marshes in China using time series of Sentinel-1 SAR [J]. ISPRS J Photogram, 2021, 173: 122-134.

[129] Jiang Z J, Cui L J, Liu S L, et al. Historical changes in seagrass beds in a rapidly urbanizing area of Guangdong Province: Implica- tions for conservation and management[J]. Global Ecology and Conservation, 2020.

[130] Mao D H, Wang Z M, Du B J, et al. National wetland mapping in China: A new product resulting from object-based and hierarchi- cal classification of Landsat 8 OLI images[J]. ISPRS Journal of Photogrammetry and Remote Sensing, 2020, 164: 11-25.

[131] Mcleod E, Chmura L G, Bouillon S, et al. A blueprint for blue carbon: toward an improved understanding of the role of vegetated coastal habitats in sequestering CO_2[J]. Frontiers in Ecology and the Environment, 2011, 9（10）: 552-560.

[132] Robert C, Rudolf G D, Paul S, et al. Changes in the global value of ecosystem services[J]. Global Environmental Change, 2014, 26152-158.

[133] Thomas S, Blue carbon. Knowledge gaps, critical issues, and novel approaches[J]. Ecological Economics, 2014, 107: 22-38.

[134] Wang F, Sanders C J, Santos I R, et al. Global blue carbon accumulation in tidal wetlands increases with climate change[J]. National Science Review 8, 2021, 8（9）: 140-150.

[135] Wang X, Xiao X, Xu X, et al. Rebound in China's coastal wetlands following conservation and restoration[J]. Nat Sustain, 2021, 4: 1076-1083.

[136] Zhang T, Hu S S, He Y, et al. A fine-scale mangrove map of China derived from 2-meter resolution satellite observations and field da- ta[J]. ISPRS International Journal of Geo-Information, 2021.

[137] Zhao C P, Qin C Z. A detailed mangrove map of China for 2019 de- rived from Sentinel-1 and -2 images and Google Earth images[J]. Geoscience Data Journal, 2021.

[138] ZHENG F, QIU G, FAN H, et al. Diversity, distribution and conservation of Chinese seagrass species[J]. Biodiversity Science, 2013, 21（5）: 517.

[139] Zhou Chenhao, Mao Tanyu, Xu Xiao. Preliminary analysis of carbon sink potential of blue carbon ecosystem in China's coastal zone[J]. Science China: Life Sciences, 2016, 46（4）: 475-486.

第4章

热点篇

▌摘　要:发展蓝碳经济,对于提高碳汇能力,实现碳中和,推进海洋生态文明建设具有重要意义。海洋经济高质量发展与蓝碳经济发展相互影响。本篇通过熵值法构建我国海洋经济高质量发展水平指标,运用耦合协调度模型得出我国 2010—2020 年11 个沿海省(自治区、直辖市)的海洋经济高质量发展水平与蓝碳经济的耦合协调水平以及耦合协调类型。研究发现:2010—2020 年,我国 11 个沿海省(自治区、直辖市)的海洋经济高质量发展水平呈逐步上升趋势;除 2015 年股市动荡及 2020 年新冠疫情等系统性风险致使沿海地区两大系统的耦合协调度均有不同程度的下降,其余年份沿海地区耦合协调度均有不同程度的加强。

▌关键词:海洋经济高质量发展水平　蓝碳经济　耦合协调度模型

党的二十大报告提出发展海洋经济,保护海洋生态环境,海洋经济高质量发展将有效推动我国海洋强国建设。海洋碳汇蕴藏显著的生态价值与经济价值,契合海洋经济高质量发展的内在属性。因此探究海洋经济高质量发展与蓝碳经济的耦合关系有助于推动实现海洋强国目标。

本篇基于对沿海地区海洋经济高质量发展水平与蓝碳经济的测度,探究两大系统之间耦合协调关系的研究,考虑未来海洋经济高质量发展与蓝碳经济的发展态势,为提高我国海洋综合发展水平提供参考意见。

4.1 海洋经济高质量发展与蓝碳

4.1.1 发展现状

1.海洋经济高质量发展情况

2018—2023 年我国海洋经济整体实力不断提升,海洋生产总值从 83,415 亿元增长到 99,097 亿元,总体呈现上升的趋势。图 4.1.1 报告了 2018—2023 年海洋生产总值变化,从中可看出,2021—2023 年我国海洋经济平稳增长,持续彰显了我国海洋经济发展的韧性。

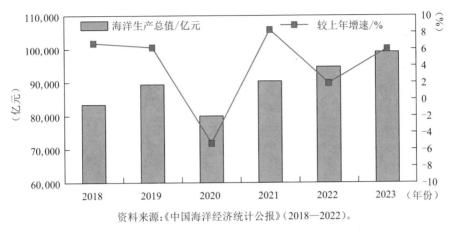

资料来源:《中国海洋经济统计公报》(2018—2022)。

图 4.1.1　2018—2023 年我国海洋生产总值(亿元)

2018—2022 年我国区域海洋经济发展情况如图 4.1.2 所示,南部海洋经济圈(福建、广东、广西和海南)的海洋生产总值一直处于领先地位,占全国海洋生产总值的比重最大。南部海洋经济圈的海洋生产总值在近几年波动较大,其中 2020 年出现大幅下降。东部海洋经济圈(江苏、上海和浙江)保持着一定的增速稳步增加,2019 年后东部海洋经济圈的海洋生产总值首次超越了北部海洋经济圈(辽宁、河北、天津和山东),呈现出较大的发展潜力。

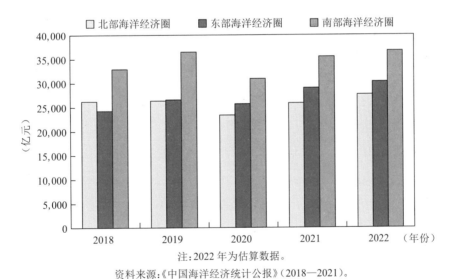

注:2022 年为估算数据。

资料来源:《中国海洋经济统计公报》(2018—2021)。

图 4.1.2　2018—2022 年我国区域海洋生产总值变化(亿元)

2018—2023 年我国海洋产业结构不断优化。从海洋三次产业占比变化趋势可以看出(图 4.1.3),2018—2023 年海洋第一产业占比相对比较平稳,占比最低;海洋第二产业占比波动相对较大,总体呈现先下降后上升的趋势;海洋第三产业占比总体呈现先上升后下降的趋势,但占海洋生产总值的比重仍然最高,2023年生产总值达到58,968亿元(图4.1.4)。

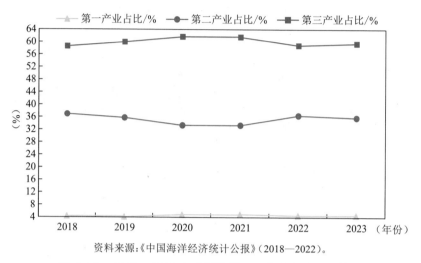

资料来源:《中国海洋经济统计公报》(2018—2022)。

图4.1.3　2018—2023年我国海洋三次产业占比(%)情况

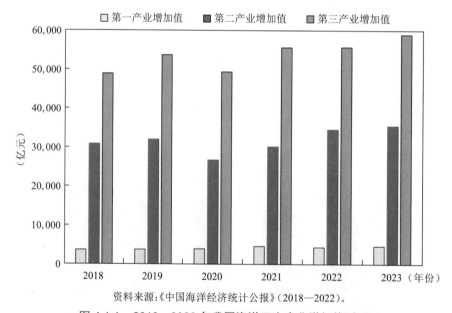

资料来源:《中国海洋经济统计公报》(2018—2022)。

图4.1.4　2018—2023年我国海洋三次产业增加值(亿元)

　　表4.1.1给出了2021—2023年我国主要海洋产业产值,2023年海洋传统产业中,海洋渔业、海洋盐业实现平稳发展;海洋油气业、海洋船舶工业以及海洋交通运输业生产总值均实现了5%以上的较快增长;海水利用业、海洋电力业等海洋新兴产业继续保持较快增长势头。海洋旅游业2023年增加值为14,735亿元,比上年增长10.0%,新冠疫情过后,居民的旅游需求得到释放,有效拉动了海洋经济。

表 4.1.1 2021—2023 年我国主要海洋产业产值（单位：亿元）

年份		2021	2022	2023
海洋第一产业	海洋渔业	5,297	4,343	4,618
海洋第二产业	海洋油气业	1,618	2,724	2,499
	海洋矿业	180	212	233
	海洋盐业	34	44	41
	海洋化工业	617	4,400	4,343
	海洋生物医药业	494	746	739
	海洋电力业	329	395	446
	海水利用业	24	329	327
	海洋船舶工业	1,264	969	1,150
	海洋工程建筑业	1,432	2,015	2,098
	海洋交通运输业	7,466	7,528	7,623
海洋第三产业	海洋旅游业	15,297	13,109	14,735
主要海洋产业		34,050	36,814	38,852

资料来源：《中国海洋经济统计公报》（2021—2023）。

2. 蓝碳发展情况

（1）我国蓝碳生态基本情况。

目前对蓝色碳汇的研究主要聚焦于海岸带蓝碳生态系统与海水养殖碳汇系统。

① 海岸带蓝碳生态系统现状。

根据《世界红树林状况报告（2022）》，全球红树林面积为 14.7 万平方千米，当前碳储量约为 210 多亿吨二氧化碳当量。2010—2022 年，我国红树林面积从 20,776 公顷增长至 29,200 公顷（图 4.1.5），增长幅度达 40.54%。

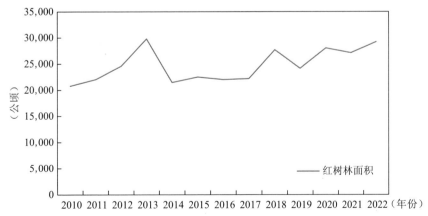

资料来源：贾明明等：《面向可持续发展目标的中国红树林近 50 年变化分析》（贾明明等，2021）；王浩等：《1990—2019 年中国红树林变迁遥感监测与景观格局变化分析》（杜明卉等，2023），笔者整理。

图 4.1.5 2010—2022 年中国红树林面积（公顷）变化

2022 年,我国红树林面积达 28,920 公顷,总碳汇价值约为 49,064 万元,各省级行政区具体的碳储量和碳汇价值见表 4.1.2。

表 4.1.2 我国红树林碳储量和碳汇价值评估

省级行政区	面积 / 公顷	储碳量 / 万吨	碳汇价值 / 万元
浙江	483	14.12	819.4
福建	1,240	36.27	2,103.66
广西	9,617.45	281.31	16,316
广东	10,600	310.05	17,982.9
海南	6,980.3	204.17	11,842.07
合计	28,920.75	845.93	49,064.05

资料来源:笔者整理。

2020 年,我国盐沼分布面积为 109,850.7 公顷,盐沼湿地生态环境碳储量为 112 万吨,盐沼生态环境总碳汇价值约为 35,637.87 万元。各省级行政区盐沼分布面积见表 4.1.3。

表 4.1.3 我国盐沼储量和碳汇价值评估

省级行政区	面积 / 公顷	储碳量 / 万吨	碳汇价值 / 万元
辽宁	3,319.30	33.86	727.92
河北	162.00	1.65	35.53
天津	87.70	0.89	19.23
山东	20,759.80	211.75	4,552.62
江苏	22,373.60	228.21	8,557.9
上海	31,449.10	320.78	12,029.28
浙江	20,782	211.98	7,949.12
福建	8,643.4	88.16	1,322.44
广东	418	4.26	159.89
广西	1,855.8	18.93	283.94
合计	109,850.70	1,120.48	35,637.87

资料来源:杜明卉等:《海岸带蓝碳生态系统碳库规模与投融资机制》(杜明卉等,2023)。

2022 年,全国海草床面积为 26,495.69 公顷,生境碳储量约为 248 万吨,海草床总碳汇价值约为 14,383 万元。2018—2022 年我国海草床碳储量及碳汇价值评估结果如表 4.1.4 所示。

表 4.1.4　我国海草床储量和碳汇价值评估

时间	面积 / 公顷	储碳量 / 万吨	碳汇价值 / 万元
2018	2,791.18	26.12	1,515.27
2019	4,916.57	46.01	2,669.11
2020	15,813.87	148.01	8,585.03
2021	23,062.44	215.86	12,520.13
2022	26,495.69	247.99	14,383.98

资料来源：杜明卉等：《海岸带蓝碳生态系统碳库规模与投融资机制》；笔者整理。

② 海水养殖碳汇系统现状。

2022 年，中国沿海省份海洋渔业总碳汇能力达 154.05 万吨，其中贝类碳汇 138.94 万吨，藻类碳汇 15.1 万吨。2010—2022 年中国海洋渔业碳汇量变化如图 4.1.6 所示，整体上看，2010—2022 年中国海洋渔业碳汇量不断上升。较之 2010 年，2022 年全国海洋渔业碳汇能力提高至 154.05 万吨，增长率为 45.42%。

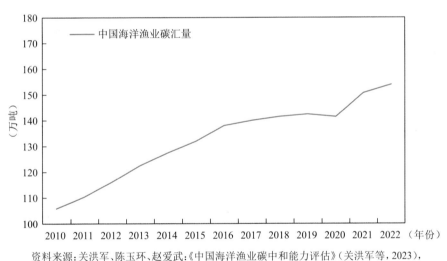

资料来源：关洪军、陈玉环、赵爱武：《中国海洋渔业碳中和能力评估》（关洪军等，2023），《中国渔业统计年鉴》（2010—2022）。

图 4.1.6　2010—2022 年中国海洋渔业碳汇量（万吨）

（2）我国蓝碳交易发展情况。

① 蓝色碳汇交易机制。

碳汇交易是滨海湿地蓝色碳汇价值实现机制的市场化方式，其核心思路是海洋碳汇供需双方买卖由投资增汇而产生的碳排放额度，进而抵消海洋碳汇需求方自身的碳排放量，利用市场机制使蓝色碳汇供给者受益获利。具体而言，蓝碳项目开发及交易机制主要包括选定市场机制、选定项目方法学、项目评估、减排量备案、CCER 账户登记、项目交易流程。图 4.1.7 展示了我国当前蓝碳项目开发及交易机制。

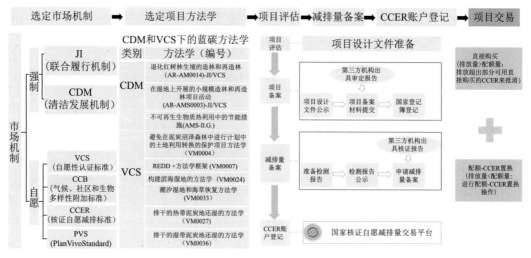

图 4.1.7　我国当前蓝碳项目开发及交易机制流程图

② 蓝色碳汇交易实践现状。

目前，由于蓝碳交易尚未纳入全国碳排放权交易市场体系，在相关蓝色碳汇实践方面，主要以地方先行先试为主导。在蓝碳资源开发种类方面，当前已开发的蓝碳资源主要是红树林、渔业碳汇、藻类和海草床，因技术受限，海岸带蓝碳中的盐沼湿地还未进行碳汇开发交易。在蓝碳开发利用形式方面，当前主要包括蓝色基金、蓝碳质押贷款等蓝色金融产品和蓝色碳汇交易。

4.1.2　发展形势研判

1. 模型构建

海洋经济高质量发展与蓝色碳汇开发交易是相辅相成的过程，探讨我国海洋经济高质量发展和蓝碳经济协同发展、实现二者耦合协调，有助于推动我国海洋强国建设。因此，这里运用耦合协调度模型深入研究海洋经济高质量发展与蓝碳经济发展之间的耦合协调关系。这里参考王淑佳等（王淑佳等，2021）的方法，运用耦合协调度模型对海洋经济高质量发展与蓝碳经济的耦合协调关系进行测度，二者的耦合协调度计算公式如下：

$$C=2\times\left[\frac{A\times B}{(A+B)^2}\right]^2,\qquad(4.1)$$

$$T=\alpha A+\beta B,\qquad(4.2)$$

$$D=(C\times T)^{1/2},\qquad(4.3)$$

式（5.1）～（5.3）中：D 为耦合协调度，取值范围在 0～1，D 越大，二者越呈良好的协调发展态势；T 为系统间综合协调指数；C 表示耦合度，其值越接近于 1，海洋经济高质量发展与蓝碳经济的耦合程度越高；α、β 为待定权重系数且 α+β＝1，这里认为海洋经济高质量发展与蓝碳经济在协调发展过程中同等重要，故取 α＝β＝0.5。耦合度与耦合协调度等级参考已有评价标准各划分为 4 个等级（杨卫等，2023），见表 4.1.5。

表 4.1.5　海洋经济高质量发展与蓝碳经济耦合度与耦合协调度评价标准

序号	耦合协调度（D 值）	协调等级	耦合度（C 值）	划分层次
1	(0，0.3]	低度协调耦合	(0，0.3]	低水平耦合阶段
2	(0.3，0.5]	中度协调耦合	(0.3，0.5]	颉颃阶段
3	(0.5，0.8]	高度协调耦合	(0.5，0.8]	磨合阶段
4	(0.8，1]	极度协调耦合	(0.8，1]	高水平耦合阶段

2. 指标选取与数据来源

（1）海洋经济高质量发展水平测度。

本篇遵循“创新、协调、绿色、开放、共享”新发展理念，参考学者对于海洋经济高质量发展内涵的研究（曹正旭和张樨樨，2023、李艺全，2023），充分考虑海洋经济特殊性以及数据可得性，从海洋科技创新、海洋协调稳定、海洋绿色生态、海洋开放合作、海洋民生共享等五个维度构建由 5 个二级指标及相应的 21 个三级指标组成的海洋经济高质量发展指标体系，具体指标体系如表 4.1.6 所示。数据来源于 2010—2020 年《中国海洋统计年鉴》《中国海洋经济年鉴》《中国环境统计年鉴》与中国海洋生态环境状况公报。

表 4.1.6　海洋经济高质量发展水平评价指标体系

目标层	准则层	指标层	单位	指标属性
海洋经济高质量发展	海洋科技创新	海洋研究与开发机构从事科技活动人员	人	正向
		海洋研究与开发机构 R&D 人员	人	正向
		海洋研究与开发机构 R&D 经费内部支出	万元	正向
		海洋研究与开发机构发表科技论文	篇	正向
		海洋研究与开发机构专利授权数	件	正向
	海洋协调稳定	海洋生产总值	亿	正向
		海洋第三产业增加值占海洋 GDP 比例	%	正向
		海岸线经济密度	亿元 / 千米	正向
		沿海地区城乡收入结构		负向
		海洋生产总值占地区 GDP 比例	%	正向
	海洋绿色生态	海洋自然保护区面积	平方千米	正向
		污染物化学耗氧量	吨	负向
		环境基础设施建设投资总额	亿	正向
	海洋开放合作	海洋货运量	万吨	正向
		国际标准集装箱吞吐量	万箱	正向
		主要海洋产业增加值	亿	正向
		沿海地区旅行社数量	个	正向
	海洋民生共享	开设海洋专业高等学校（机构）数	个	正向
		一般公共服务支出占 GDP 比例	%	正向
		沿海地区居民人均可支配收入	元	正向
		沿海地区医疗卫生机构数	个	正向

这里使用熵值法对海洋经济高质量发展水平进行度量，该方法根据数据本身的特征来赋予权重，避免了主观因素影响，且通过对指标进行相关性分析，提高了综合评价的准确性。表 4.1.7 为利用熵值法计算出的各指标权重。

表 4.1.7　海洋经济高质量发展水平指标熵值法计算结果

目标层	准则层	指标层	权重
海洋经济高质量发展	海洋科技创新	海洋研究与开发机构从事科技活动人员	5.07%
		海洋研究与开发机构 R&D 人员	2.84%
		海洋研究与开发机构 R&D 经费内部支出	4.37%
		海洋研究与开发机构发表科技论文	3.05%
		海洋研究与开发机构专利授权数	3.66%
	海洋绿色生态	海洋自然保护区面积	3.68%
		污染物化学耗氧量	5.46%
		环境基础设施建设投资总额	5.55%
	海洋协调稳定	海洋生产总值	3.47%
		海洋第三产业增加值占海洋 GDP 比例	0.83%
		海岸线经济密度	10.92%
		沿海地区城乡收入结构	1.25%
		海洋生产总值占地区 GDP 比例	4.33%
	海洋开放合作	海洋货运量	4.00%
		国际标准集装箱吞吐量	13.35%
		主要海洋产业增加值	0.79%
		沿海地区旅行社数量	7.74%
	海洋民生共享	开设海洋专业高等学校(机构)数	5.15%
		一般公共服务支出占 GDP 比例	5.74%
		沿海地区居民人均可支配收入	5.05%
		沿海地区医疗卫生机构数	3.71%

图 4.1.8 给出 2010—2020 年间由熵值法测度的各沿海省份海洋经济高质量发展水平。2010—2020 年间，沿海各省份海洋经济高质量发展水平均呈现正增长。2020 年，广东、上海、山东海洋经济高质量发展水平远高于其他省份。在增长幅度方面，2019—2020 年，上海、江苏、山东海洋经济高质量发展水平增长率均超过 10%。

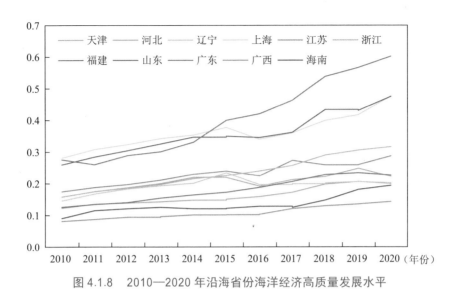

图 4.1.8　2010—2020 年沿海省份海洋经济高质量发展水平

（2）蓝碳经济指标测度。

这里运用 2022 年自然资源部发布的《海洋碳汇经济价值核算办法》(报批稿)对海洋碳汇经济价值进行核算。海洋碳汇经济价值指海洋碳汇提供的物质性产品和环境调节服务的市场价值,由产品价值、净化价值、储碳价值和释氧价值组成。

蓝碳核算是指在给定的参数下,按照不同的方法计算海岸带蓝碳生态系统与海水养殖碳汇系统中的碳汇能力,进一步乘以相应的固碳系数,最终加总得到海洋碳汇经济价值,用来衡量蓝碳经济。

蓝碳经济按下列公式计算:

$$V_{ocean} = V_p + V_c + V_o + V_Q, \tag{5.4}$$

其中,V_{ocean} 指的是海洋碳汇经济价值,V_p 是指产品价值(万元/a),V_c 是指储碳价值(万元/a),V_o 是指释氧价值(万元/a),V_Q 是指净化价值(万元/a)。

此外,海洋碳汇能力按下式计算:

$$C_{ocean} = \sum C_i, \tag{5.5}$$

式中,C_{ocean} 是指海洋碳汇能力,单位为克每年(g/a);Ci 是指第 i 种海洋碳汇类型(包括红树林、海草床、盐沼以及大型藻类、贝类等)的碳汇能力,单位为克每年(g/a)。碳汇能力评估以储存的碳(C)量作为计算结果。其中,海洋碳汇能力 C_{ocean} 是由红树林碳汇、盐沼碳汇、海草床碳汇、贝类和藻类碳汇总量组成的。红树林、盐沼、海草床等海岸带蓝色碳汇由其面积与固碳系数的乘积计算得出。据学者研究,红树林固碳系数为 226 g C/(m²·a),盐沼固碳系数为 218 g C/(m²·a),海草床固碳系数为 138 g C/(m²·a)。沿海各省份红树林、盐沼、海草床面积来源于相关学者研究,部分缺失数据使用线性插值法补充。

具体的计算方法见表 4.1.8。

表 4.1.8　海洋碳汇经济价值核算指标

类别	核算方法	公式	具体含义
产品价值	市场价值法	$V_p = \sum(Q_i \times P_i)$	Q_i：第 i 种可食用贝类、藻类产品的产量，单位为 t/a；P_i：第 i 种可食用贝类、藻类产品的市场价格，单位为万元 /t
储碳价值	市场价值法	$V_c = C_{ocean} \times k_1 \times P_c \times 10^{-6}$	k_1：碳的质量转化为二氧化碳的质量的系数 44/22，无量纲；P_c：当地碳交易的价格，单位为万元 /t
释氧价值	替代成本法	$V_o = C_{ocean} \times k_2 \times C_1 \times 10^{-6}$	k_2：碳的质量转化成氧气质量的系数 32/12，无量纲；C_1：工业制氧成本，单位为万元 /t
净化价值	替代成本法	$V_Q = \sum(Q_j \times C_j^w)$	Q_j：第 j 类工业废水净化量，单位为 t/a；C_j^w：第 j 类废水污染物处理费用，单位为万元 /t

3. 实证分析

表 4.1.9 和表 4.1.10 为实证分析结果。从海洋经济高质量发展水平与蓝碳经济的耦合度和耦合协调度的总体年际变化情况来看，各个省份的耦合度和耦合协调度总体呈上升趋势，2020 年遭受新冠疫情系统性风险影响时各个省份的耦合度与耦合协调度均有不同程度的下降。

表 4.1.9　2010-2020 年沿海省份海洋经济高质量发展水平和蓝碳经济耦合协调结果

地区	耦合协调度及类型	2010	2011	2012	2013	2014	2015	2016	2017	2018	2019	2020
辽宁	耦合度(C)	0.25	0.813	0.935	0.984	0.974	0.998	0.997	0.977	0.823	0.556	0.247
	耦合协调度(D)	0.281	0.704	0.792	0.808	0.886	0.964	0.731	0.702	0.577	0.454	0.282
河北	耦合度(C)	0.209	0.707	0.744	0.829	0.88	0.937	1	0.841	0.602	0.288	0.208
	耦合协调度(D)	0.308	0.625	0.664	0.676	0.711	0.696	0.652	0.564	0.544	0.382	0.309
天津	耦合度(C)	0.2	0.742	0.881	0.958	0.991	0.991	0.937	0.991	1	0.928	0.233
	耦合协调度(D)	0.314	0.663	0.738	0.802	0.886	0.885	0.74	0.835	0.858	0.818	0.291
山东	耦合度(C)	0.199	0.699	0.856	0.934	0.971	0.958	1	0.913	0.808	0.737	0.199
	耦合协调度(D)	0.315	0.551	0.617	0.672	0.721	0.751	0.624	0.555	0.639	0.589	0.315
江苏	耦合度(C)	0.199	0.655	0.797	0.927	0.994	0.999	1	0.841	0.821	0.762	0.199
	耦合协调度(D)	0.315	0.573	0.635	0.691	0.737	0.77	0.664	0.689	0.621	0.588	0.315
上海	耦合度(C)	0.299	0.703	0.786	0.879	0.928	0.942	0.987	0.883	0.253	0.908	0.632
	耦合协调度(D)	0.256	0.595	0.682	0.735	0.747	0.836	0.6	0.495	0.279	0.667	0.594
浙江	耦合度(C)	0.199	0.686	0.836	0.934	0.998	0.999	0.886	0.858	0.758	0.727	0.199
	耦合协调度(D)	0.315	0.525	0.584	0.605	0.622	0.64	0.557	0.595	0.616	0.631	0.315
福建	耦合度(C)	0.287	0.454	0.829	0.951	0.987	0.75	0.336	0.579	0.986	0.98	0.974
	耦合协调度(D)	0.261	0.488	0.408	0.473	0.503	0.668	0.241	0.372	0.807	0.84	0.824
广东	耦合度(C)	0.44	0.209	0.554	0.699	0.794	0.979	0.883	0.788	0.22	0.5	0.841
	耦合协调度(D)	0.479	0.307	0.547	0.554	0.654	0.71	0.53	0.538	0.3	0.487	0.735

续表

地区	耦合协调度及类型	2010	2011	2012	2013	2014	2015	2016	2017	2018	2019	2020
广西	耦合度（C）	0.199	0.781	0.9	0.961	0.999	0.986	0.46	0.526	0.475	0.481	0.199
	耦合协调度（D）	0.315	0.501	0.608	0.573	0.572	0.538	0.295	0.427	0.445	0.475	0.315
海南	耦合度（C）	1	0.946	0.908	0.991	0.841	0.956	0.969	0.913	0.981	0.999	0.914
	耦合协调度（D）	0.1	0.577	0.68	0.626	0.735	0.643	0.692	0.717	0.82	0.921	0.802

表 4.1.10　2010—2020 年沿海省份海洋经济高质量发展水平和蓝碳经济耦合协调程度

地区	2010	2011	2012	2013	2014	2015	2016	2017	2018	2019	2020
辽宁	低度	高度	高度	极度	极度	极度	高度	高度	高度	中度	低度
河北	中度	高度	高度	高度	高度	高度	高度	高度	高度	中度	中度
天津	中度	高度	高度	极度	极度	极度	高度	极度	极度	极度	低度
山东	中度	高度	高度	高度	高度	高度	高度	高度	高度	高度	高度
江苏	中度	高度	高度	高度	高度	高度	高度	高度	高度	高度	高度
上海	低度	高度	高度	高度	高度	极度	高度	中度	低度	高度	高度
浙江	中度	高度	高度	高度	高度	高度	高度	高度	高度	高度	高度
福建	低度	中度	中度	中度	高度	高度	低度	中度	极度	极度	极度
广东	中度	中度	高度	高度	高度	高度	高度	高度	中度	中度	高度
广西	中度	高度	高度	高度	高度	高度	低度	中度	中度	中度	中度
海南	低度	高度	高度	高度	高度	高度	高度	高度	极度	极度	极度

从耦合度的数据情况来看,所有沿海省份海洋经济高质量发展水平与蓝碳经济均能达到高水平耦合阶段（$C > 0.8$）,其中海南省的耦合表现最佳,其耦合度常年属于较高水平。天津、辽宁、山东、上海、江苏、浙江、福建在大部分时间段内海洋经济高质量发展水平与蓝碳经济也保持高水平耦合。从总体上看,除突发系统性风险影响外,中国沿海省份海洋经济高质量发展水平与蓝碳经济之间紧密相关,为两大系统综合发展,实现高耦合协调度打下基础。

从耦合协调度的角度来看,2010—2015 年我国沿海 11 个省份海洋经济高质量发展水平与蓝碳经济的耦合协调度都有不同程度的增强,辽宁、天津、上海处于极度协调耦合阶段,河北、山东、江苏、浙江、福建、广东、广西、海南处于高度协调耦合阶段。但由于 2015 年发生股市动荡,经济整体下行,各省份海洋经济高质量发展水平与蓝碳经济的耦合协调度在 2016 年均有所下降。2020 年受新冠疫情的影响,各省份耦合协调度均有不同程度的下降。总体而言,在未受系统性风险影响时,我国沿海省份海洋经济高质量发展水平与蓝碳经济耦合协调程度有显著提高,两大系统处于相互推动的良性循环,海洋综合发展水平逐渐提升。

从海洋经济高质量发展水平与蓝碳经济的耦合度和耦合协调度的空间特征情况来

看,鉴于中国沿海省份的耦合协调度呈波动状态而非逐年增长的情况,为确保数据的稳健性,这里从空间的角度出发,将 11 个沿海省份近 11 年来的耦合协调度取平均值,汇总成表 4.1.11。总体而言,除广西处于中度协调耦合外,其余省份均处于高度协调耦合状态。

表 4.1.11　2010—2020 年沿海省份海洋经济高质量发展水平和蓝碳经济耦合协调度均值

地区	辽宁	河北	天津	山东	江苏	上海
平均值	0.652	0.557	0.711	0.577	0.599	0.589
地区	浙江	福建	广东	广西	海南	
平均值	0.545	0.535	0.531	0.46	0.664	

4.1.3　发展趋势预测与对策建议

1. 发展趋势预测

本篇运用耦合协调度模型,探究 2010—2020 年海洋经济高质量发展与蓝碳经济之间的耦合协调效应。结果显示,未受系统性风险影响时,我国各沿海省份海洋经济高质量发展与蓝碳经济的耦合协调度均有不同程度的增强。从海洋经济高质量发展角度来看,当前我国海洋产业结构正逐渐完善,海洋生产总值逐年提高,海洋科技创新能力不断增强,预期未来全国海洋经济高质量发展水平将不断提高。从蓝碳发展趋势来看,未来随着蓝碳核算开发技术的成熟、蓝碳交易体系的完善,蓝碳发展规模将不断扩大。

2. 对策建议

首先,从维护海洋协调稳定、推进海洋科技创新、保护海洋绿色生态、扩大海洋开放合作、增强海洋民生共享五个层面推动海洋经济高质量发展。不断优化海洋产业结构,既要培养海洋新兴产业,又要优化升级传统产业。加快海洋关键核心科技创新,构建科研创新平台建设,加强海洋科研机构与企业的合作,提高科研成果转化率;推动海洋经济绿色发展,有效开发利用海洋资源并做好海洋生态环境的修复工作;提升海洋产业对外开放水平,以"一带一路"政策为核心,建立海洋开放合作新格局,拓宽海洋领域的国际合作渠道;坚持共享发展理念,坚持陆海统筹,建立跨部门、跨地区的合作机制,促进不同地区间的资源共享和互补发展。

其次,从蓝碳制度健全、部门协作、技术创新、多边合作等层面推动蓝碳经济发展。建立健全的产权、开发、核算、交易、市场相关制度,推进蓝碳经济立法,同时要加强执法监督,保障蓝碳市场的有效运行;加强各部门蓝碳有关政策的协调,在现有的蓝碳政策的基础上,向涵盖气候变化、湿地修复、保护生物多样性、碳汇开发、蓝碳交易等方面的综合性政策转变(赵鹏和王文涛,2023),出台促进蓝碳发展的政策规划,加快蓝碳经济发展;完善蓝碳动态监测体系,设立蓝碳监测计量评估试点,推进蓝碳监测能力,完善蓝碳计量体系,有效地对海洋碳汇的规模和质量进行评估;建立蓝碳数据平台,降低蓝碳活动的不确定性和成本,使用人工智能等技术实现蓝碳数据自动处理、空间分析和运算,实现信息化、智能化融合;开展多边蓝碳合作,与其他国家展开关于蓝碳保护、修复和碳汇计量技术等多层次的交流与合作,组建利益共同体,推动蓝碳经济的合作共赢。

最后,全面推动海洋经济和蓝碳经济协调发展。制定明确的海洋经济和蓝碳经济发展目标,设立专门机构或部门负责协调海洋经济和蓝碳经济的发展,实现海洋经济与蓝碳经济融合统一;加大蓝碳技术研发投入,推动绿色能源、碳捕获和储存等相关技术创新,加强海洋生态系统保护和修复,助力海洋经济高质量发展。

4.2　气候变化与蓝碳

4.2.1　全球蓝碳动态变化

2022 年全球大气 CO_2 平均浓度达到 $417.1 \pm 0.1 \times 10^{-6}$,2023 年的初步数据表明,全球化石燃料 CO_2 排放量相对于 2022 年增加 1.1%,大气 CO_2 浓度达到 419.3×10^{-6},比工业化前水平(1750 年约为 278×10^{-6})高出 51%(Friedlingstein et al,2023)。蓝碳指利用海洋活动及海洋生物吸收大气中的二氧化碳,并将其固定、储存在海洋中的过程、活动和机制。1980—2023 年间全球海洋 CO_2 吸收通量波动增加(图 4.2.1)。其中 20 世纪 80年代全球海洋吸收 CO_2 通量为 19 亿吨 / 年,90 年代为 21 亿吨 / 年;21 世纪初呈一定的下降趋势后迅速回升,前十年为 23 亿吨 / 年,2013—2022 年为 28 亿吨 / 年,2023 年为29 亿吨 / 年;以上数据误差为 ±4 亿吨。

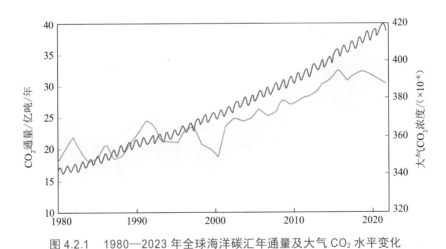

图 4.2.1　1980—2023 年全球海洋碳汇年通量及大气 CO_2 水平变化

4.2.2　中国蓝碳动态变化

中国近海的海岸线绵长,海岸带生态系统类型齐全,具有丰富的蓝碳资源。中国三大蓝碳生态系统的年均固碳量为 35 万～84 万吨 C/ 年，其中红树林、盐沼、海草床的年均固碳量分别为 7、75 万和 1 万吨 C/ 年（Wang et al.，2023）。1985—2020 年中国的红树林和盐沼湿地面积总体呈先下降后上升的趋势（Wang et al.，2021；图 4.2.2）。1985—2000 年间红树林面积有所减少，而盐沼湿地则面积锐减，这可能与改革开放以来建设用地大量侵占沿海蓝碳生态系统有关；2000 年以后红树林面积迅速增加且一度超过了盐沼湿地，盐沼湿地也呈现出波动增长的态势。2010 年后盐沼湿地大幅增加，与红树林面积均在 2020 年左右达到历史峰值。

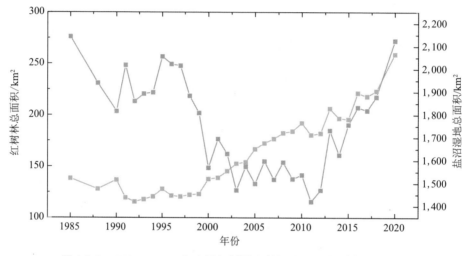

图 4.2.2　1985—2020 年中国红树林和盐沼总面积的时序演化格局

4.2.3　气候变化背景下湿地的生物地球化学循环

湿地是各种温室气体的重要的源与汇，因而在全球气候变化中有着特殊的地位和作用。全球气候变化又可能对湿地生态系统的面积、分布、结构、功能等造成巨大的影响，并有可能引起其作为温室气体源和汇的功能转化，从而对气候系统形成正负反馈（Nisbet E G.，2023）。由于湿地生态系统活跃的碳氮生物地球化学循环，为温室气体（GHG）的产生、消耗和交换提供了理想场所（如图 4.2.3 所示）。湿地通过光合作用从大气中清除二氧化碳（CO_2），并通过异养和自养呼吸作用将少量 CO_2 释放回大气中。湿地土壤中的厌氧条件会刺激甲烷（CH_4）的产生，作为最大、最不确定的甲烷自然来源，湿地排放的甲烷约占全球甲烷排放总量的 19% 至 33%。尽管湿地的一氧化二氮（N_2O）排放量通常较低，但湿地生态系统却贡献了全球陆地 N_2O 预算的约 30%（Erwin K L，2009）。盐沼、红树林和海草床具有高单位面积生产力和固碳能力，是海岸带"蓝碳"的主要贡献者。红树林生态系统单位面积碳储量最大（253～534 Mg C/hm^2），其次是盐沼（100～199 Mg C/hm^2）和海草床（45～144 Mg C/hm^2）。在全球范围内，湿地生态系统吸收了 375～220 Tg C，相当于 270～820 Tg CO_2 eq 或相当于抵消了当前全球化石燃料排放量的 0.7%～2.3%（Raw J L, et al., 2023）。但气候变化造成的海平面上升和盐水入侵问题正在推动滨海湿地生态系统的重组,对其碳汇能力产生影响。因为其改变了土壤碳积累的地貌过程,可能会打破碳固存和温室气体排放之间的平衡。有研究表明,生态系统重组会导致辐射强迫的大规模变化,但主要是抵消变化。海平面驱动的碳累积损失（12 Tg CO_2 eq/a）会被大陆生态系统中与盐碱化相关的甲烷排放减少（-13 Tg CO_2 eq/a）所抵消（Kirwan M L, et al., 2023）。

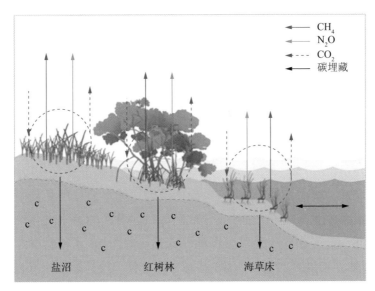

图 4.2.3 盐沼、红树林和海草床 CO_2、CH_4、N_2O 生物地球化学循环过程以及碳埋藏过程

由于湿地—气候反馈,在气候变暖的情况下,湿地究竟是温室气体的源还是汇这一问题具有不确定性。湿地生态系统长期以来一直被认为是缓解气候变化的最重要和最有效的选择之一,因为它们具有固碳的作用。然而,近年来气候变暖正在极大地改变湿地生态系统的功能和服务（Chen H. et al., 2021）。例如,北极变暖的放大效应大大加速了永冻土的退化,进一步缩小了湿地的面积,释放了大量多年冻结的土壤碳,改变了当地地表水文和植被组成,并改变了微生物（例如产甲烷菌和硝化细菌）的基本土壤养分。这些生态系统变化可能会影响湿地的温室气体排放和湿地-气候反馈。寒冷地区的湿地对气候变暖更为敏感,因为它们通常具有较大的土壤有机碳（SOC）储量,而气候变暖促进了 SOC 的分解,从而增加了 CO_2 和 CH_4 的排放（Ricciuto D M. et al., 2021）。而气候变暖引起的地下水位下降可能会增加 CO_2 的排放,但会减少 CH_4 的排放,因为干燥环境形成的有氧条件会增强土壤呼吸,但会抑制产甲烷菌的活性。同时,寒冷和经常淹水的土壤条件减缓了有机氮的分解,从而抑制了 N_2O 的产生（Voigt C. et al., 2017）。

气候变暖会促进湿地作为大气 CH_4 来源。气候变暖对 CH_4 排放的影响取决于甲烷菌和甲烷氧化菌对气候变暖的反应（Ho A. et al., 2016）。甲烷菌对土壤温度变化的敏感性高于甲烷氧化菌。虽然气候变暖后表层土壤含水量和地下水位略有下降,可能会增加甲烷氧化菌的数量并促进甲烷氧化,但深层土壤含水量仍能维持厌氧产甲烷菌的活性。这种情况在禾本科植物生长点比灌木生长点更为明显。有机物以糖、有机酸和氨基酸的形式为产甲烷菌提供了更多的营养物质,以及由于气温升高与大气含水量之间的物理关系,湿地随着总降水量的增加而扩大,促进湿地 CH_4 的释放(Eldridge D. J. et al.,2011)。

N_2O 主要由硝化和反硝化产生,这两个微生物驱动的过程取决于可用的基质。气候变暖加速氮矿化,促进矿质氮的利用,并促进植物激素分泌到维管植物的根际,硝化和反硝化细菌积累和 N_2O 产量增加(Zeh L. et al.,2019)。对于不同湿地植物类型,N_2O 的释放会有着不同的结果。例如,隐花植物缺乏健全的根系,在气候变暖的情况下会为土壤微生物提供养分贫乏的基质,从而抑制 N_2O 的产生。禾本科植物根系广泛、细小,可以进入到更深的土壤,产生更多的根系营养物质用于硝化和反硝化。升温在更大程度上提高了用于 N_2O 生产的矿物氮的可利用性,而不是微生物固定氮和植物吸收氮。当温度上升时,这种不平衡将导致以禾本科植物为主的湿地中 N_2O 的快速释放(Voigt C. et al.,2017)。

总体而言,气候变化对湿地碳氮的生物化学地球循环的作用是复杂而多面的。它既可以促使湿地吸收更多的碳,也可能导致湿地成为潜在的温室气体源。除此之外还要考虑到海平面上升和盐水入侵对滨海湿地碳循环的影响,这种复杂性需要综合考虑植被、土壤和湿地生物过程的相互作用,以更好地理解和模拟湿地—气候反馈。

4.3 数字化、智能化与蓝碳

蓝碳生态系统的发展体系也需符合可监测、可报告和可核证(MRV)等应对气候变化工作的基本要求,为降低蓝碳活动的不确定性和成本,基于海洋多模态大数据与前沿数据分析技术建立综合蓝碳面积、树种、单位面积碳储量等信息的蓝碳数据平台是未来蓝碳发展体系的重要基础。基于蓝碳大数据,使用人工智能技术实现蓝碳数据自动处理、空间分析和运算,实现面向不同空间尺度、满足不同精度要求的蓝碳生态系统变化的精准监测与预测是推动蓝碳生态发展的热点问题。

4.3.1 数字化与蓝碳

当前,蓝碳数据主要来源是观测数据和环境监测数据所构成的海洋多模态大数据(侯雪燕等,2017)。观测数据主要包括卫星遥感和航空遥感两类,通过搭载不同的遥感载荷,实现对海洋水色、动力环境、关键目标和事件进行大范围高频动态观测。遥感观测区域范围较大,但时空精度和连续性相互制约,且易受大气活动等因素干扰,数据出现时空缺失;其次,遥感数据可读性较差,需要复杂数据处理技术,才能形成可靠数据产品,进一步开展数据分析和知识挖掘(赵忠明等,2019)。环境监测数据针对定点局部区域通过船基观测、定点观测和移动观测的方式,采集海洋物理、海洋化学以及海洋生物等蓝碳生态环境要素的实测数据,数据具有局部的时空连续性,时空精度较高,但受制于传感器可靠度差异,数据质量参差不齐,少数数据存在可靠性低的问题。蓝碳原始数据普遍存在时空缺失、可靠性低、可读性低等问题,需要对原始数据进行数据清洗、补全和反演等预处理,提升数据的可靠性和可读性(聂婕等,2022)。

4.3.2　智能化与蓝碳

当前蓝碳数据处理分析和挖掘工作大多关注现有多模态数据挖掘技术在海洋场景下的迁移和应用,解决面向不同任务的表征建模学习,即对蓝碳多模态大数据中隐含刻画的目标、现象、过程和规律进行表征建模,提升用户对数据的理解性和交互性,以便进行知识挖掘。根据任务不同,当前蓝碳数据智能化分析与挖掘集中在个体目标识别、结构化表征、过程认知和机理研究四个方面。

1. 蓝碳生态个体目标识别

红树林个体识别和描绘对于有效管理和保护蓝碳生态系统是必要的,为解决红树林树冠的高聚集密度和遥感数据相对较低的空间分辨率造成的特征提取困难的问题,Yin 等人提出利用无人机遥感技术进行协同个体分析,显著提高了空间分辨率。这项研究首次利用激光雷达数据(91 pt./m^2)对红树林的个体树木探测和描绘的可能性进行了调查。通过将可变窗口滤波方法和标记控制分割算法相结合的技术,检测和测量每棵红树林的树高和树冠直径,并分析树冠聚集密度和空间分辨率对红树林个体识别和描绘的影响。此项技术成功地描绘了 126 个实地测量的红树林中 46.0% 的红树林(Dameng Yin et al.,2019)。

2. 蓝碳生态结构化表征

红树林范围、树龄、结构和生物量等信息对保护蓝碳生态系统至关重要,通过对多源大数据的结构化表征,抽取其具有因果性、区分性、显著性和鲁棒性的有效特征,可为蓝碳生态系统的监测提供坚实基础。Lucas 等人以马来西亚半岛霹雳省的马塘红树林保护区(MMFR)为重点,旨在从星载光学和合成孔径雷达(SAR)中检索有关红树林生物物理特性的综合信息,以支持更好地了解其在管理环境中的动态。通过结合陆地卫星衍生的归一化差分水分指数(NDMI)和日本 L 波段合成孔径雷达(SAR)数据的时间序列,至少每年估计一次红树林树龄(1988 年至 2016 年)。对于干涉航天飞机雷达地形任务(SRTM) X/C 波段、TanDEM-X-band 和立体 WorldView-2 数据在估算红树林冠层高度中的作用进行了评估,使用预先建立的异速测量法对地上生物量进行预测。该研究分析了多源遥感数据,提供了关于 MMFR 中红树林的生物物理特性和生长动态的新信息,为未来的蓝碳生态监测活动提供基础,并为促进更好地描述和绘制全球红树林区域的地图提供了方法(Richard Lucas 等,2020)。

3. 蓝碳生态过程认知

海洋环境化学因素对蓝碳生态系统中浮游植物影响可能存在多种因素的叠加或拮抗等作用，往往为非线性作用，利用常规的数理统计模型很难构建二者的复杂关系。班崭等人通过挖掘海洋环境化学大数据，利用多种机器学习模型，对8种环境化学变量对1500多种海洋浮游生物丰富度、多样性的影响进行预测，通过海洋实际监测数据验证了模型的可靠性，并实现了模型在时间、空间上的稳定迁移，识别了海洋环境化学对全球海洋浮游植物响应的敏感性区域及关键制约因素，得出了海洋环境化学条件引起浮游植物多样性剧烈变化的可能临界点（班崭等，2022）。

4. 蓝碳生态机理研究

基于遥感识别红树林分布的研究集中于数据生产方面，可通过机器学习方法和目视校正获得不同时空尺度的红树林分布数据，但红树林如何被遥感识别机理尚不清晰。赵传朋等人使用随机森林算法，重构了一条特征数量少、准确度高、稳健性强的新的决策规则，实现了具有可解释性的红树林制图方法，为可解释机器学习技术提供了一套新的知识抽取方法，可有效推广应用到任意分类问题。该方法仅使用5个特征的决策规则达到82.3%的总体精度。在此基础上分析该规则发现土地覆被的含水率是红树林被遥感识别的潜在机理，进一步阐明了红树林遥感识别机理（Chuanpeng Zhao et al.，2023）。

4.4 我国蓝碳市场发展与蓝碳金融贸易

蓝碳金融是指以海洋碳汇资源为支撑，通过市场化手段引导社会资本投入蓝碳资源保护、修复和可持续利用领域的一系列金融活动。蓝碳贸易是指以海洋生态系统蓝碳汇功能为交易基础，通过市场化方式将蓝碳环境服务价值转化为一定经济利益的贸易活动。蓝碳金融和贸易的核心是发挥资本市场的配置功能，以支付服务、碳汇交易、碳信用投资等创新模式，吸引更多资金投入蓝碳事业发展，实现经济、社会和环境综合价值。因此，加强蓝碳金融与贸易对保护蓝碳资源、培育新兴产业、推动碳中和具有重要意义。构建蓝碳金融体系，可以为我国实现"3060"碳中和目标提供市场化支持。

4.4.1 蓝碳的融资工具与机制

蓝碳金融通过资本市场化运作，将社会资金引导至蓝碳生态系统保护、修复和可持续利用，推动实现经济、社会和环境综合价值。其主要融资模式包括碳市场交易、气候基金融资、政府补贴及社会资本合作等。

1. 碳市场交易

蓝碳交易是碳交易的重要组成部分。蓝碳抵消量可以在自愿性碳市场和合规性碳市场进行交易，为滨海湿地生态系统的保护和恢复提供经济激励。作为应对气候变化的新兴市场，蓝碳交易市场潜力巨大，吸引力日益凸显。根据世界银行数据，全球蓝碳交易市场规模在 2010—2021 年间保持持续快速增长。2010 年交易规模为 5,000 万美元，到 2021 年已增长到 7.5 亿美元，十年间市场规模扩大了 15 倍。2023 年更是达到了 9.7 亿美元的历史新高。这种高速增长趋势预计仍将在未来几年内持续（图 4.4.1）。

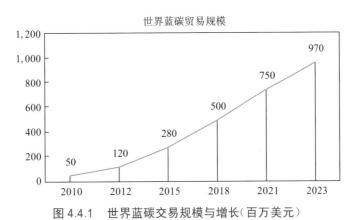

图 4.4.1 世界蓝碳交易规模与增长（百万美元）

数据来源：STATE AND TRENDS OF CARBON PRICING 2023，世界银行

2. 气候融资

多边气候基金在为发展中国家的蓝碳项目提供资金支持。绿色气候基金（GCF）和全球环境基金（GEF）等近年来都将蓝碳作为重点支持领域，为发展中国家沿海湿地恢复、红树林保护、碳监测能力建设等相关项目提供资金。自 2015 年启动运作以来，GCF 已批准超过 190 个项目，约有 10 个项目直接与蓝碳相关，投资额约 3 亿美元，分布在东南亚、非洲等地区，重点支持领域包括红树林恢复、可持续海草床管理等。作为联合国环境规划的主要融资机构，GEF 在最新的第七期资金周期（2018—2022）中专门设立了"可持续海洋经济"项目领域，其中多个项目涉及沿海生态系统保护和蓝碳。

我国作为发展中国家和新兴经济体，近年来在为应对气候变化提供融资支持方面发挥着日益重要的作用。2000—2017 年，我国国际发展合作项目实施资金总额达到 1,006 亿美元（按 2017 年不变价格计算），其中涉及气候变化（包括环境保护、能源和农业）的项目资金为 218 亿美元，占总资金的 21.6%（图 4.4.2）。以国际气候变化援助（IDCCC）占不同地区援助总额的百分比衡量，中国在多区域合作和与亚洲合作中对气候问题的优先度最高，分别为 51% 和 31.4%。从各时期的趋势来看，中国在国际发展合作方面的支出持续上升，而气候相关发展合作的年度金额在 2009 年达到 30 亿美元的峰值，此后几年的平均水平约为 20 亿美元。2015—2020 年间，我国通过多双边渠道为发展中国家气候行动提供约 64 亿美元资金支持（中华人民共和国应对气候变化的政策与行动，2021）。其中，主要支持领域包括可再生能源、节能减排、适应性农业、防灾减灾等。资金主要通过中国南南合作援助基金、亚洲基础设施投资银行等机构提供。此外，我国还为 CGF 等多边基金持续缴纳资金，2020 年中方对 CGF 缴款 2 亿美元，是该基金第一大资金来源国（绿色气候基金年报，2020）。

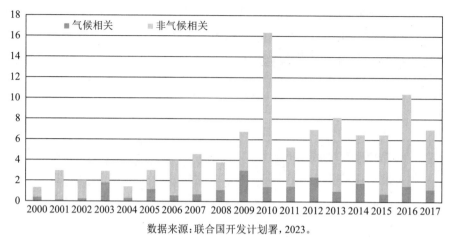

数据来源：联合国开发计划署，2023。

图 4.4.2　我国国际发展合作项目规模（单位：百万美元，蓝色：气候相关；橙色：非气候相关）

3. 政府补贴

我国政府出台多项财税支持政策，如湿地保护补贴、蓝碳调查评估补助、红树林碳汇造林补贴等，分担和补足蓝碳项目的前期投入成本（图 4.4.3）。2021 年，中央财政安排湿地保护补贴 27 亿元，2013—2022 年，我国中央财政持续加大对蓝碳事业的支持力度，补贴资金总量实现了稳步增长。这一时期内，中央财政蓝碳补贴从 2013 年的 7.9亿元增长至 2022 年的 34.5 亿元，10 年间增长高达 4.37 倍，年复合增速达 18.7%，充分反映出国家日益重视生态环境保护和蓝碳事业发展。

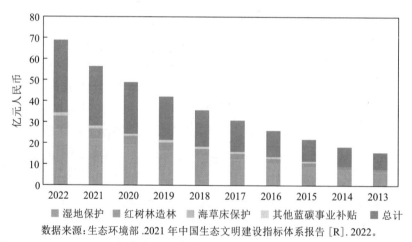

数据来源：生态环境部 .2021 年中国生态文明建设指标体系报告 [R]. 2022。

图 4.4.3　2013—2022 年中央财政蓝碳事业主要补贴项目数据（单位：亿元人民币）

在投入结构方面，湿地保护和红树林造林长期占据主导地位。2022 年，这两项补贴合计高达 33.7 亿元，占总量的 97.7%，与我国丰富的滨海湿地和红树林资源禀赋高度契合。具体来看，湿地保护和红树林造林补贴在 2013—2022 年间均保持了 20% 以上的年均增速，体现出中央财政持续加大在这两大重点领域的投入力度。

与此同时,海草床保护等新兴领域的财政支持力度也在逐步加大。数据显示,2018年之后,海草床保护补贴开始较快增长,2022年达0.7亿元,较2017年增长3.5倍。同期,其他蓝碳事业如监测评估、政策研究、宣教推广、技术研发等领域的补贴也在逐年递增,2022年合计达1.1亿元,占比3.2%,反映出国家在全面系统推进蓝碳事业发展的决心。

4. 社会资本合作

社会资本合作模式是指企业、基金会等社会组织开展蓝碳项目合作,通过碳汇交易、环境影响力投资等模式筹集蓝碳项目所需资金,实现社会效益与经济效益的有机结合。近年来,随着我国环保意识的不断提升及国家政策的大力支持,企业、基金会等社会机构通过多种方式积极参加国内蓝碳项目,为蓝碳产业可持续发展贡献了重要力量。表4.4.1概括了2017年以来国内保险公司、银行、企业、公益基金会等在蓝碳领域的代表性参与案例。最初阶段,社会资本主要通过购买碳汇量参与项目。随着实践的不断深入,参与形式和交易规模逐步扩大,地区政府和社会团体开始设立蓝碳专项基金。总的来说,社会资本在蓝碳金融领域的活跃程度不断提高,保险、购买减排量、投资修复、设立专项基金等多种模式并举,有力推动了我国蓝碳产业的发展壮大。

表 4.4.1　我国代表性社会机构参与蓝碳项目案例

时间	项目名称	参与方	交易／投资内容	金额
2017	深圳蓝色碳汇基金	深圳市生态环境基金会等	投资蓝碳贫困地区项目	设立规模2亿元
2019	山东威海蓝碳基金	威海渔民职业协会等发起设立	用于支持当地海洋牧场、红树林等蓝碳项目	首期募集1,000万元
2021	广东湛江红树林造林	北京企业家环保基金会	向湿地公园购买2015—2020年减排量63,000吨	成交38万余元
2022	福建连江海洋碳汇交易	兴业银行	向养殖企业购买碳汇量1,000吨	成交8万元
2022	海南三江农场红树林修复	紫金国际控股	向农场购买近5年碳汇量30余万吨	投资约30余万元
2022	福建福鼎市红树林蓝碳生态保护保险	中国人寿财险	全国首单红树林蓝碳生态保护保险,为福鼎全市红树林保护区提供风险保障	保额1875万元
2023	平安红树林碳汇指数保险	平安产险	为深圳福田国家级自然保护区126公顷红树林提供碳汇量指数保险	首单试点项目

资料来源:根据公开信息整理。

4.4.2　我国蓝碳市场的投资趋势与机遇

1. 我国蓝碳市场发展概况

我国拥有300万平方千米的主张管辖海域和1.8万千米的大陆岸线,滨海湿地面积约为670万公顷,包括红树林、盐沼和海草床三大滨海蓝碳生态系统,且海水养殖产量常年位居世界首位。这使得我国在全球蓝色碳贸易中扮演者关键的角色。我国丰富的海洋生态系统资源不仅能够吸收大量的碳，还提供了重要的生态服务，如保护海岸线、维护生物多样性和提供渔业资源。根据测算，我国 44 万平方千米的沿海湿地总蓝碳量超过 45 亿吨，市场潜力巨大。截至 2021 年底，我国已建立 8 个省级蓝碳交易试点，覆盖沿海 10 多个重要湿地与红树林分布区域，涵盖我国近 70% 的沿海湿地面积。

2. 我国蓝碳政策发展历程分析

我国政府高度重视生态环境保护和气候变化应对工作，采取了一系列政策和举措来促进蓝碳投融资和碳贸易。通过表 4.4.2，可以看出我国蓝碳政策经历了初步探索期、重点关注期和加速推进期三个发展阶段。这些政策为促进蓝碳金融和贸易的创新发展，加快推进蓝碳标准体系和交易机制建设，以及培育规模化的蓝碳市场提供了政策基础和财政激励。

表 4.4.2　中央和地方政府关于蓝碳投融资发展的主要政策

	发布年限	发布机构	文件名称	主要内容
探索期（2013年前）	2013	海洋碳汇与未来地球协同中心（SCOCAFE）	全国海洋碳汇联盟（Pan-China Ocean Carbon Alliance）	设立海洋碳汇观测站，研究海洋碳汇国际标准。
关注期（2014—2020）	2014	中国科学院	"我国未来海洋联盟"揭牌，正式推出"我国蓝碳计划"	启动"我国蓝碳计划"，扩大我国海洋科技影响力。
	2015	中共中央、国务院	《生态文明体制改革总体方案》《全国海洋主体功能区规划》	增加海洋碳汇的有效机制。
	2015	中共中央、国务院	《中共中央　国务院加快推进生态文明建设的意见》	提出"增加森林、草原、湿地、海洋碳汇等手段，有效控制温室气体排放"。
	2016	中共中央、国务院	"十三五"控制温室气体排放方案	提出"探索开展海洋等生态系统碳汇试点"。
	2017	中共中央、国务院	《关于完善主体功能区战略和制度的若干意见》	探索建立蓝碳标准体系及交易机制。
	2017	国家发展改革委、国家海洋局	《"一带一路"建设海上合作设想》	提出将"加强海洋领域应对其后话合作"和"加强蓝碳国际合作"。
	2019	中共中央办公厅、国务院办公厅	《国家生态文明试验区（海南）实施方案》	开展海洋碳汇试点，探索碳交易机制。
	2020	中共中央	第七十五届联合国大会、联合国气候行动峰会对外承诺文件	承诺 2030 年前碳峰值、2060 年前碳中和。
	2020	深圳大鹏新区	《海洋碳汇核算指南》	全国首个海洋碳汇核算指南。针对海洋生物和滨海湿地的碳汇总量构建了核算体系。推动《海洋碳汇核算指南》成为深圳市地方标准。

	发布年限	发布机构	文件名称	主要内容
加速推进期 （2021至今）	2021	中央财经委员会	第九次会议文件	提升海洋等自然生态系统的碳汇能力。
	2021	威海市海洋发展局	《威海市蓝碳经济发展行动方案（2021—2025）》	全国首个蓝碳经济发展行动方案。
	2021	自然资源部第三海洋研究所与广东湛江红树林国家级自然保护区管理局	广东湛江红树林造林项目	全国首个符合核证碳标准（VCS）和气候社区生物多样性标准（CCB）的红树林碳汇项目，是我国开发的首个蓝碳交易项目。
	2023	生态环境部	《中国应对气候变化的政策与行动2023年度报告》	加快推进全国碳排放权交易市场建设，划定陆海生态保护红线区，巩固提升生态系统碳汇能力。
	2023	国务院	《关于统筹推进自然资源资产产权登记的通知》	加强自然资源资产产权保护，促进蓝碳发展。

资料来源：根据公开信息整理。

目前，我国蓝碳市场建设还处于探索试点阶段，蓝碳衡量和标准化尚不成熟，蓝碳交易市场体系、交易机制尚不完整，蓝碳市场交易监管主体不明确。蓝碳交易主要集中在IPCC（联合国政府间气候变化专门委员会）承认的三种蓝碳生态系统，即红树林、海草床和盐沼。尽管已有统一的蓝碳核算方法学，但大多是买方与卖方的直接交易，且多以地方试点的创新形式开展，尚未有全国性部署。企业可以根据自身需求，进行蓝碳排放权的买卖交易，从而最终达到完成履约的目的。蓝碳试点项目主要分布在沿海省份，如广东、海南、福建等地，项目类型包括红树林恢复、海草床保护、蓝碳监测平台建设等。

虽然我国蓝碳市场还属于新兴市场，但我国企业和投资者在全球蓝色碳市场中发挥着越来越重要的作用。一方面，企业通过投资和合作参与到海外蓝色碳项目中来，推动了全球蓝色碳市场的发展；另一方面，企业也在国内开展了一系列蓝色碳项目，为中国在全球蓝色碳市场中的地位提供了坚实基础。表4.4.3总结了我国蓝碳项目成功的融资模式案例。这些有效尝试为海洋生态产品价值实现开辟了全新路径，以市场化手段促进了蓝碳资源保护，助力我国碳中和目标实现。中国市场将继续在全球蓝色碳贸易中发挥重要作用，为推动全球蓝色碳市场的繁荣发展贡献力量。

表 4.4.3　我国代表性蓝碳交易项目

时间	项目	交易方	标的物	交易价格	交易额
2021年6月	广东湛江市红树林造林项目	买方：北京市企业家环保基金会 合作方：广东湛江红树林国家级自然保护区管理局、自然资源部第三海洋研究所	保护区范围内的红树林2015年至2020年产生的二氧化碳减排量	66元/吨	38万余元

时间	项目	交易方	标的物	交易价格	交易额
2022年1月	福州市连江县海洋碳汇交易项目	买方：兴业银行厦门分行设立的蓝碳基金 卖方：福建亿达食品有限公司	连江海水养殖产生的碳汇量	8元/吨	12万元
2022年5月	海南省海口市三江农场红树林修复项目	买方：紫金国际控股有限公司 卖方：海口市三江农场	三江农场的红树林修复项目近5年的碳汇量	100元/吨	30余万元
2022年10月	福建省数字人民币海洋渔业碳汇交易	买方：福建恒捷实业有限公司 卖方：福建亿达食品有限公司	海洋碳汇1,000吨	20元/吨	2万元
2023年2月	浙江宁波象山县蓝碳拍卖交易	买方：浙江易锻精密机械有限公司 拍卖方：宁波港达建设发展有限公司、象山旭文海藻开发有限公司	宁波市象山县西沪港一年的碳汇量2,340.1吨	106元/吨	24.8万元

资料来源：根据公开信息整理。

4.4.3 推动我国蓝碳市场投融资与贸易发展的政策建议

未来蓝色碳贸易市场的发展将受到多种因素的影响，包括政策环境、技术进步和市场需求等。预计未来几年，蓝色碳贸易市场将继续保持稳定增长，但也会面临一些挑战，如政策不确定性、市场波动等。因此，各方应加强合作，共同推动蓝色碳贸易市场的健康发展，实现经济增长和生态保护的双赢局面。基于以上探讨，我们提出以下建议和未来发展方向：

（1）深化金融市场化：加强金融市场对蓝色碳项目的支持和投资，鼓励金融机构提供更多的融资产品和服务，推动蓝色碳金融的发展。

（2）创新金融工具：探索和推广各种新型金融工具，如蓝色碳债券、蓝色碳基金和蓝色碳期货，为蓝色碳贸易提供更多的投资渠道和机会。

（3）加强政策支持：制定和完善相关政策法规，激励企业和投资者参与蓝色碳项目，提供税收优惠和财政补贴等政策支持，促进蓝色碳市场的健康发展。

（4）提升国际竞争力：积极参与国际蓝色碳市场竞争，提高中国在全球蓝色碳贸易中的地位和影响力，加强国际合作，拓展蓝色碳贸易的国际市场。

（5）加强监管和风险管理：建立健全的监管机制和风险管理体系，防范蓝色碳市场的风险和不良影响，维护市场秩序和投资者利益。

这些建议和未来发展方向将有助于促进中国蓝色碳金融和蓝色碳贸易的发展，推动蓝色碳产业的健康增长，为应对气候变化和保护生态环境做出积极贡献。

≫ 参考文献

[1] 生态环境部.2021年中国生态文明建设指标体系报告[R].2022.
[2] 毕马威中国.2023中国碳金融创新发展白皮书[Z].2023.

[3] 联合国气候变化框架公约. 加强发达国家向发展中国家提供气候融资的联合报告 [R]. 2021.

[4] 曹正旭, 张樨樨. 中国海洋经济高质量发展评价及差异性分析 [J]. 统计与决策, 2023, 8.

[5] 崔丽娟, 李伟, 窦志国, 等. 近 30 年中国滨海滩涂湿地变化及其驱动力 [J]. 生态学报, 2022.18.

[6] 杜明卉, 李昌达, 杨华蕾, 等. 海岸带蓝碳生态系统碳库规模与投融资机制 [J]. 海洋环境科学, 2023, 2.

[7] 关洪军, 陈玉环, 赵爱武. 中国海洋渔业碳中和能力评估 [J]. 中国农业科技导报, 2023, 4.

[8] 侯雪燕, 郭振华, 崔要奎, 等. 海洋大数据:内涵、应用及平台建设 [J]. 海洋通报, 2017, 36(4):361-369.

[9] 贾明明, 王宗明, 毛德华, 等. 面向可持续发展目标的中国红树林近 50 年变化分析 [J]. 科学通报, 2021, 30.

[10] GCF. 绿色气候基金 2020 年报 [EB/OL]. https://www.greenclimate.fund/document/gcf-b28-17.

[11] 聂婕, 左子杰, 黄磊, 等. 2022. 面向海洋的多模态智能计算:挑战、进展和展望. 中国图象图形学报, 27(9):2589-2610

[12] 田辰玲, 杨建民, 林忠钦, 李欣, 程正顺, 柳存根. 我国南海资源开发装备发展研究 [J]. 中国工程科学, 2023, 3.

[13] 王法明, 唐剑武, 叶思源, 等. 中国滨海湿地的蓝色碳汇功能及碳中和对策 [J]. 中国科学院院刊, 2021, 3.

[14] 王浩, 任广波, 吴培强, 等. 1990—2019 年中国红树林变迁遥感监测与景观格局变化分析 [J]. 海洋技术学报, 2020, 39(5).

[15] 向爱, 揣小伟, 李家胜. 中国沿海省份蓝碳现状与能力评估 [J]. 资源科学, 2022, 6.

[16] 杨卫, 周丹丹, 赵丹. 我国数字经济和海洋经济高质量发展的耦合协调分析 [J]. 海洋开发与管理, 2023, 7.

[17] 应对气候变化方面国际发展合作:中国的政策与实践 [EB/OL]. https://www.undp.org/china/publications/international-development-cooperation-addressing-climate-change-scoping-paper-chinas-policies-and-practices.

[18] 赵鹏, 王文涛. 多目标协同的我国蓝碳发展机遇、问题与对策 [J]. 环境保护, 2023, 3.

[19] 赵忠明, 高连如, 陈东, 等. 卫星遥感及图像处理平台发展 [J]. 中国图象图形学报, 2019, 24(12):2098-2110.

[20] 生态环境部. 中华人民共和国应对气候变化的政策与行动 2021 年年度报告 [R/OL]. https://unfccc.int/documents/267460.

[21] Chen H, Xu X, Fang C, et al. Differences in the temperature dependence of wetland CO2 and CH4 emissions vary with water table depth[J]. Nature Climate Change, 2021, 11(9):766-771.

[22] Chuanpeng Z, Mingming J, Zongming W, et al. Identifying mangroves through knowledge extracted from trained random forest models:An interpretable mangrove mapping approach (IMMA) [J]. ISPRS Journal of

[23] Dameng Y, Le W. Individual mangrove tree measurement using UAV-based LiDAR data:

Possibilities and challenges[J]. Remote Sensing of Environment, 2019, 223:34-49.

[24] Duarte C M. Reviews and syntheses: Hidden forests, the role of vegetated coastal habitats in the ocean carbon budget[J]. Biogeo-sciences, 2017.

[25] Eldridge D J, Bowker M A, Maestre F T, et al. Impacts of shrub encroachment on ecosystem structure and functioning: towards a global synthesis[J]. Ecology Letters, 2011, 14(7): 709-722.

[26] Erwin K L. Wetlands and global climate change: the role of wetland restoration in a changing world[J]. Wetlands Ecology and Management, 2009, 17(1): 71-84.

[27] Faming Wang, Jihua Liu, et al. Coastal blue carbon in China as a nature-based solution toward carbon neutrality[J]. The Innovation, 2023.

[28] Friedlingstein P, O'Sullivan M, Jones M W, et al. Global carbon budget 2023. Earth System Science Data. 2023, 15:5301-5369.

[29] Ho A, Lüke C, Reim A, et al. Resilience of (seed bank) aerobic methanotrophs and methanotrophic activity to desiccation and heat stress[J]. Soil Biology and Biochemistry, 2016, 101:130-138.

[30] Kirwan M L, Megonigal J P, Noyce G L, et al. Geomorphic and ecological constraints on the coastal carbon sink[J]. Nature Reviews Earth & Environment, 2023, 4(6):393-406.

[31] Lucas R, Ruben V D K, Otero V, et al. Structural characterisation of mangrove forests achieved through combining multiple sources of remote sensing data[J]. Remote Sensing of Environment, 2020, 237:0034-4257.

[32] Nisbet E G. Climate feedback on methane from wetlands[J]. Nature Climate Change, 2023, 13(5):421-422.

[33] Raw J L, Van Niekerk L, Chauke O, et al. Blue carbon sinks in South Africa and the need for restoration to enhance carbon sequestration[J]. Science of The Total Environment, 2023, 859:160142.

[34] Ricciuto D M, Xu X, Shi X, et al. An Integrative Model for Soil Biogeochemistry and Methane Processes: I. Model Structure and Sensitivity Analysis[J]. Journal of Geophysical Research: Biogeosciences, 2021, 126(8):e2019JG005468.

[35] Voigt C, Lamprecht R E, Marushchak M E, et al. Warming of subarctic tundra increases emissions of all three important greenhouse gases – carbon dioxide, methane, and nitrous oxide[J]. Global Change Biology, 2017, 23(8):3121-3138.

[36] Wang F, Liu J, Qin G, et al. Coastal blue carbon in China as a nature-based solution toward carbon neutrality[J]. Innovation. 2023, 4(5):100481.

[37] Wang X, Xiao X, Xu X, et al. Rebound in China's coastal wetlands following conservation and restoration[J]. Nature Sustainability. 2021, 4:1076-1083.

[38] Zeh L, Limpens J, Erhagen B, et al. Plant functional types and temperature control carbon input via roots in peatland soils[J]. Plant and Soil, 2019, 438(1):19-38.

[39] Zhan B, Xiangang H, Jinghong L. Tipping points of marine phytoplankton to multiple environmental stressors[J]. Nature Climate Change, 2022, 12:1045-1051.

第5章

专题篇

▌摘　要：本专题基于国内相关业务化监管部门和文献等公开发表的资料数据,评估了红树林、海草床、盐沼湿地等典型自然湿地系统以及海水养殖等人工干预生态系统的碳汇功能和碳储能力,以及海上可再生能源在减排 CO_2 方面的潜力,针对全球气候变化和人类活动背景下海洋自然碳汇、渔业碳汇和海上非碳可再生能源发展所面临的问题,提出了今后重点关注和发展的建议对策。

▌关键词：蓝碳 红树林 海草床 盐沼湿地 海洋渔业 海上新能源

海洋是地球上最大的活跃碳库,每年吸收约30%因人类活动排放到大气中的二氧化碳,其碳储量约是陆地碳库的20倍、大气碳库的50倍,在应对全球气候变化、保护生物多样性和实现可持续发展等方面发挥着重要作用。积极有效地增强海洋碳汇,已成为全世界减缓和适应气候变化的重要战略。我国拥有1.8万千米的大陆海岸线,近海总面积达470多万平方千米,广泛分布红树林、海草床、盐沼湿地等重要的蓝碳生态资源,海岸带生态系统碳汇的增汇潜力巨大。同时,中国作为世界第一的水产养殖大国,养殖活动过程中通过水生生物对水体和大气中二氧化碳的移除或存储作用不容忽视。除此之外,海洋不仅自身作为巨大的碳库,在全球碳循环中发挥不可替代的作用,而且还为风电、波浪能、潮汐能、海上氢能等其他可再生能源的发展提供了理想场所。我国海上风电、波浪能、潮汐能资源丰富。随着新一轮产业和技术革命的到来,海上风电、波浪能、氢能及多种可再生能源制造技术耦合协同发展,在替代传统化石能源方面潜力巨大。

本专题以国内相关业务化监测管理部门和文献资料等公开发表的数据基础,分析了我国红树林、海草床、盐沼等自然湿地的分布和数量,海水养殖的种类和规模,以及海上风电、波浪能、潮汐能等可再生能源技术发展及应用状况;评估了红树林、海草床、盐沼湿地等典型自然湿地系统以及海水养殖等人工干预生态系统的碳汇功能和碳储能力,以及海上可再生能源在减排 CO_2 方面的潜力;针对全球气候变化和人类活动背景下海洋自然碳汇、渔业碳汇和海上非碳可再生能源发展所面临的问题,提出了今后重点关注和发展的建议对策。

需要说明的是，河口处于海陆过渡区域，分布广、种类多，区域差异显著。根据其地理水文特点，广泛分布了芦苇、碱蓬、红树林、海三棱藨草等植被（这些湿地类型可以合称为盐沼湿地）。为避免重复，本篇根据河口区的植被生态系统，将河口分别归属于红树林湿地、海草床湿地或盐沼湿地，不单列河口湿地类型。

5.1 红树林蓝碳核算

红树林是生长在热带、亚热带海岸潮间带的，以红树植物为主体的木本植物群落（林鹏，1997）。它们长期受周期性潮水浸淹，呈现抗盐、抗水淹等特性。红树林在调节气候、防风护岸、促淤造陆、提供生物栖息地、维护生物多样性等方面起到重要作用。

红树林是滨海蓝碳的组成之一，具有降低大气 CO_2 浓度、减缓气候变暖等重要功能。红树林的净初级生产力与热带雨林相当，固碳量占全球热带森林固碳量的 3%（Alongi，2014）。尽管其面积仅为全球近海面积的 0.5%，但其对沿海沉积物碳储量的贡献可以达到沿海生态系统的 10%～15%（Alongi，2014）。海岸潮间带的低氧生境和高外源有机质输入使得红树林沉积物蕴含的碳高于同纬度热带雨林，成为地球上固碳效率最高的生态系统之一（Donato et al.，2011）。

5.1.1 红树林碳源—汇过程

1.我国红树林分布和生态系统特征

我国的红树林主要分布在南方沿海各省、自治区等（海南、广东、广西、福建、浙江、香港、澳门和台湾）。红树林天然分布区南起海南三亚的榆林港（18°19′N），北至福建福鼎的沙埕港（27°20′N）；自 1957 年秋茄被成功引种到浙江乐清（28°25′N），红树林分布到浙江省。

红树林生态系统是典型的热带—亚热带红树林，多分布在亚热带区域。我国有红树植物 13 科 15 属 27 种，半红树植物有 9 科 11 属 11 种，是世界上同纬度地区红树植物物种最丰富的区域之一。红树植物种类数呈现出由南向北物种数逐渐减少的趋势，在海南有 23 种，而在北界福鼎仅秋茄一种分布。我国红树植物多以比较耐低温的物种为主，如秋茄、桐花树和白骨壤。这些物种的植株较为矮小，有很好的抗寒能力。在福建福鼎，秋茄的树高一般为 2～3 m。广东、广西和海南的红树林面积大、种类多。海南是我国红树植物的分布中心，红树植物物种丰富、群落类型多样。由于年均温高，热带地区常见的红树植物物种，如海莲、水椰、瓶花木、红榄李和红树等，在海南均有天然分布。

2.红树林生态系统的碳源—汇过程

红树林生态系统碳循环过程中最大的交换量来自红树植物群落与大气间的碳交换。红树林能通过光合作用固定大气中的 CO_2 并存储在植物体内，如茎干和地下根系，形成内源性碳（Autochthonous Carbon）。其中，一部分初级生产力被植物呼吸释放到大气中，剩余部分进入红树林生态系统内部的碳循环过程（包括形成木材、根系以及凋落物）。凋落物分解后，一部分有机碳被固定在沉积物中，另一部分有机碳形成碎屑、溶解性无机碳（DIC）或溶解性有机碳（DOC）的形式参与生态系统的横向碳通量，通过径流和潮汐输出到系统外。同时，红树林的茎干和气生根还能捕获来自河流和潮汐带来的有机质，在沉积物中累积，进而形成生态系统的外源性碳（Allochthonous Carbon）。茎干基部、呼吸根和地下根系的表面，以及沉积物表面的微生物活跃，这些也是甲烷（CH_4）和氧化亚氮（N_2O）等温室气体从生态系统中释放到大气中的关键界面。

5.1.2　我国红树林碳库核算方法和数据来源

1. 红树林碳储量核算方法

红树林碳储量核算可根据"The Blue Carbon Initiative"的指导方法（Howard et al.，2014），对单位面积红树林碳储量进行计算。红树林碳库包括植物碳库和沉积物碳库两个部分。在单位面积内，红树林植物碳储量和沉积物碳储量，即为单位面积红树林总碳储量。在特定面积内，红树林碳储量是单位面积总碳储量乘以红树林总面积，得到该区域的碳储量。其中，植物碳库可以细分为乔木植物生物量碳库（包括活的乔木地上部分和地下部分）、林下灌丛碳库、呼吸根碳库、枯立木碳库、枯倒木碳库、枯枝落叶层碳库等。碳储量是衡量各类碳库的蓝碳储量的单位。通常应用样方法进行调查和取样，获得单位面积植物各组分的碳储量。沉积物碳库用沉积物碳储量来衡量。沉积物碳储量是通过采集 1 m 深的沉积物柱状样进行分层取样、分别采集每一层沉积物样品的容重、碳含量等参数，每一层沉积物碳储量加和获得 1 m 深的沉积物柱状样的碳储量。

2. 植物活体生物量碳储量核算方法

红树林植被碳库调查包括对群落的乔木植物生物量碳库（包括活的乔木地上部分和地下部分）、林下灌丛碳库、呼吸根碳库、枯立木碳库、枯倒木碳库、枯枝落叶层碳库的调查。在研究样地内，选择成熟的、有代表性的红树植物群落设立固定样地。对固定样地中的乔木植物生物量碳库（包括活的乔木地上部分和地下部分）、林下灌丛碳库、呼吸根碳库、枯立木碳库、枯倒木碳库、枯枝落叶层碳库分别进行生物量调查。

对于乔木层，根据异速生长方程可以分别计算出每棵树木叶片、树枝、树皮、主干、花果和根的生物量，将各组分的生物量乘以其相应的碳转换系数（即元素分析仪测得的碳含量值），再把各个组分的总碳储量值相加除以样方的面积，就得到该样方内乔木生物量碳密度（Mg C/hm²）。

对于林下灌木，采用小样方法调查。统计小样方内植株的株数，并计算平均每个小样方内的植株数量。在样地外采集代表性植株样品，将其连根挖出、洗净带回实验室烘干。计算平均每株植株的根、茎、叶的生物量。

对于呼吸根，调查方法与林下灌丛相似。统计小样方内的呼吸根的数量，并在样地内采集不同大小的呼吸根样品，带回实验室烘干称重，计算每个呼吸根的平均生物量。

对于地下根系，即根系和根状茎的生物量，一般应用现有的异速生长方程来计算，获得地下部分生物量。

同时，采集每棵树木叶片、树枝、树皮、主干、花果、根和呼吸根，随机抽取 3 份样品用球磨仪磨碎之后用元素分析仪分析其碳含量，再把各个组分的总碳储量值相加除以样方的面积，就得到该样方内乔木、灌木和呼吸根生物量碳密度（Mg C/hm²）。

3. 死生物量碳储量核算方法

红树林中枯立木、枯倒木和枯枝落叶中的碳储量占比较为显著，应计入碳储量中。

枯立木是指样方内已经枯死但未倒下的树木，根据枯死的时间，将其分为第Ⅰ类（刚刚枯死，相当于活的树木减去叶片碳储量）、第Ⅱ类（枯死后，较小的枝条已经掉落，即先把它当成活的树木来计算，但除了扣除掉叶片碳储量，还要扣除掉枝条碳储量的50%）、第Ⅲ类（枯死一段时间、仅剩下主干，即通过测定其基径、胸径和树高计算剩余木材的体积，用体积乘以木材的密度和碳转换系数，从而得到碳储量值）。

对于枯倒木，以 1 m 为区段测定每一段两端的直径，不足 1 m 的记录其长度。另外，还要用弯刀反射的方法确定每段枯倒木的腐烂程度，用弯刀敲击木材，如果刀刃反弹回来，则为未腐木；刀刃陷进去少许，则为半腐木；如果刀刃深陷其中或者木材碎裂，则为腐木。每一类分解程度的木材采集三段 5 cm 左右的样品带回实验室测量其密度和碳含量。然后根据体积、密度和碳含量计算出每段木头的碳储量，再把样方内所有枯倒木的碳储量相加除以样方面积就可以得到枯倒木碳密度（Mg C/hm²）。

对于枯枝落叶层，在每个大的样方内随机设置小样方，收集小样方内土壤表层的叶片、花果和直径小于等于 2.5 cm 的树枝，用清水洗净后按枝、叶、花果分开，记录各部分干重。然后用各部分的生物量乘以相应的碳转换系数，再将各部分的总碳含量相加除以样方面积，就可得凋落物碳密度（Mg C/hm²）。

4. 红树林沉积物碳储量核算方法

对于沉积物碳库，采集沉积物柱状样的标准深度至少为 1 m。用沉积物采样器采集 1 m 深的土柱，每个土柱按每 10 cm 分成 10 层，用固定体积的土壤环刀在每一层分别取样，把采集的沉积物样品带回实验室分析。1 m 以下的土壤分层视实际情况而定。

沉积物碳库的计算则是用每一层的沉积物容重乘以相应的碳含量，得到每层沉积物的碳密度，再把各层的碳密度值相加，得到 1 m 深度土壤的总碳密度（Mg C/hm²）。

5. 中国红树林碳库数据源

截止到 2023 年，根据第三次全国国土调查结果，全国红树林总面积为 2.71 万公顷（大陆地区）。根据最新报道，分布在港澳台三地的红树林面积分别为：香港 642 公顷、澳门 40 公顷、台湾 681 公顷，数据分别来自香港渔农署、澳门圣若瑟大学、台湾海洋研究院等（表 5.1.1）。

表 5.1.1 中国红树林植被、沉积物和总碳储量

省/市/地区	植被碳密度 (Mg C/hm²)	沉积物碳密度 (Mg C/hm²)	面积 (hm²)	植被碳储量 (Mg C)	土壤碳储量 (Mg C)	总碳储量 (Tg C)
浙江			120	6,156	16,512	0.02
福建			1,212	62,184	166,793	0.23
广东			10,640	545,832	1,464,064	2.01
广西	51.3	137.6	9,412	482,841	1,295,106	1.78
海南			5,686	291,699	782,413	1.07
香港			642	32,935	88,339	0.12
澳门			40	2,052	5,504	0.01
台湾	–	–	681	–	–	0.18
全国						5.42

植物和沉积物碳储量的数据来源于陈鹭真等（2021）《全球变化下的中国红树林》。

6. 中国红树林碳储量

根据红树林碳库核算方法，我国红树林的单位面积植物碳储量为 51.3 Mg C/hm²，单位面积沉积物碳储量为 137.6 Mg C/hm²，单位面积总碳储量为 188.9 Mg C/hm²，全国红树林总碳储量为 5.42 Tg C（图 5.1.1）。

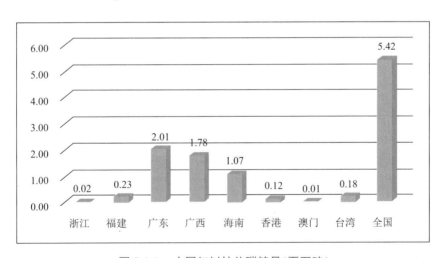

图 5.1.1 中国红树林总碳储量（百万吨）

5.1.3 红树林碳汇核算存在问题及建议

目前，我国红树林碳储量调查方法刚刚建立，碳储量试点调查正在进行。现有数据是基于一些科研项目获得。在碳汇核算中，仍然存在监测网络缺失、计量方法不完善等问题。各个问题及其解决建议总结如下：

（1）监测网络缺失。

目前我国尚未建立完善的红树林碳汇监测网络，导致对红树林碳汇的监测和评估存在困难。建议：依据国际统一的碳汇监测方法，建立全国性红树林碳汇监测网络，定期对红树林的碳汇情况进行监测和评估。

（2）碳汇计量方法不完善。

目前，我国红树林碳储量核算方法已经建成，但碳汇计量方法尚不完善，难以准确评估红树林碳汇能力。建议：加强基础研究，完善红树林碳汇计量方法，提高碳汇计量的准确性。

（3）市场化应用尚未形成。

构建以蓝碳融资机制，推动红树林碳汇交易和利用，形成以红树林蓝碳为核心的气候治理方案，是蓝碳概念提出的基础和目标。然而，目前我国碳汇交易市场正在完善，红树林碳汇交易刚刚起步。建议：加强碳汇交易市场的建设和完善，促进红树林碳汇监测和核算方法的构建，促进交易和利用示范项目的落地。

（4）公众意识亟须加强。

近年来，公众对红树林碳汇的认识和重视程度不断提升，促进了红树林碳汇的保护和利用。建议：未来不断加强宣传教育，提高公众对红树林碳汇的认识和重视程度，自觉自愿推动以红树林碳汇为基础的气候变化治理项目。

5.2 海草床蓝碳核算

海草（Seagrass）是地球上唯一一类由陆生植被演化，发展到完全适应海洋环境的高等植物（Procaccini et al., 2007; Short et al., 2007）。海草床是重要的蓝碳生态系统之一，也是国际公认的最有效的碳封存生态系统之一（Nellemann et al, 2009; Fourqurean et al, 2012）。研究表明，海草床平均初级生产力可达 10^{12} g DW/（m²·a）（Duarte & Chiscano, 1999），远高于热带雨林，是陆地生态系统的 10 倍以上。此外，海草叶片上的附生生物，如固氮微生物，占据 30% 以上的生物量，也表现出较高的生产力（Tomasko & Lapointe, 1991）。海草产生的有机物被海洋动物和微生物利用从而进入食物链，其中大约 15% 的有机碳被掩埋在海底（Duarte & Chiscano, 1999），形成稳定的碳汇，在应对温室效应和气候变化中发挥着重要作用。

海草床是陆地和海洋生态系统的过渡地带，其特殊的构造和独特的生态位为多种海洋生物提供了理想的栖息地。近年来，受气候变化、人类活动以及其他环境压力的影响，全球范围内海草床的分布和健康状况面临严峻挑战。在这一背景下，对海草床蓝碳的核算变得尤为重要。我国对海草床的分布、生境退化状况、蓝碳格局和精确核算等方面的研究仍处于起步阶段。本节旨在系统地梳理海草床面积、蓝碳组成、来源、核算方法、储量分布及其对全球碳循环的影响，以深入了解这一生态系统的重要性。

5.2.1 海草床及其碳库组成

1. 海草床分布

目前全世界共发现海草种类约 13 属 74 种,与陆生植物相比,其物种多样性较低。如图 5.2.1 所示(Short et al., 2007;黄小平等,2018),全球海草种类及分布主要集中在热带印度—太平洋区,大约 15 种(Short et al., 2007)。我国海草床主要分为黄渤海海草床分布区和南海海草床分布区,2013 年的全国海草普查表明,我国分布的海草种类有 4 科 10 属 22 种,其中包括濒危及易危海草种类 6 种(郑凤英等,2013;黄小平等,2018)。

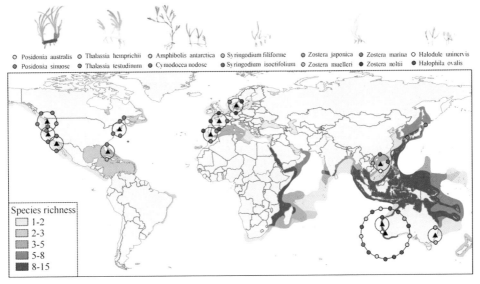

图 5.2.1 全球海草分布现状(Martin et al., 2020)

2015～2021 年,中国科学院海洋研究所、中国科学院南海海洋研究所、中国海洋大学、广西海洋科学院(广西红树林研究中心)、国家海洋环境监测中心等科研机构的最新普查结果表明,我国现有海草 4 科 9 属 16 种,如表 5.2.1 所示(周毅等,2023)。

表 5.2.1 中国海草种类、分布区及濒危评估等级(Short et al., 2011;郑凤英等, 2013;周毅等, 2023)

科	属	原记录种(2013)	现记录种(2023)	拉丁名	分布区
鳗草科	鳗草属	鳗草	鳗草	*Zostera marina*	黄渤海
		丛生鳗草	丛生鳗草	*Zostera caespitosa*	黄渤海
		具茎鳗草	/	*Zostera caulescens*	黄渤海
		宽叶鳗草	/	*Zostera asiatica*	黄渤海
		日本鳗草	日本鳗草	*Zostera japonica*	黄渤海、南海
	虾形草属	黑纤维虾形草	/	*Phyllospadix japonicus*	黄渤海
		红纤维虾形草	红纤维虾形草	*Phyllospadix iwatensis*	黄渤海

续表

科	属	原记录种（2013）	现记录种（2023）	拉丁名	分布区
丝粉草科	丝粉草属	圆叶丝粉草	圆叶丝粉草	*Cymodocea rotundata*	南海
		齿叶丝粉草	齿叶丝粉草	*Cymodocea serrulata*	南海
	二药草属	单脉二药草	单脉二药草	*Halodule uninervis*	南海
		羽叶二药草	羽叶二药草	*Halodule pinifolia*	南海
	针叶草属	针叶草	针叶草	*Syringodium isoetifolium*	南海
	全楔草属	全楔草	/	*Thalassodendron ciliatum*	南海
水鳖科	海菖蒲属	海菖蒲	海菖蒲	*Enhalus acoroides*	南海
	泰来草属	泰来草	泰来草	*Thalassia hemprichii*	南海
	喜盐草属	卵叶喜盐草	卵叶喜盐草	*Halophila ovalis*	南海
		小喜盐草	小喜盐草	*Halophila minor*	南海
		毛叶喜盐草	/	*Halophila decipiens*	南海
		贝克喜盐草	贝克喜盐草	*Halophila beccarii*	南海
川蔓草科	川蔓草属	短柄川蔓草	短柄川蔓草	*Ruppia brevipedunculata*	南海、东海、黄渤海
		中国川蔓草	中国川蔓草	*Ruppia sinensis*	
		大果川蔓草	/	*Ruppia megacarpa*	

注："/"表示在2023年最新数据中，未发现该种类。

2. 海草床碳库组成

按照碳储量调查的相关规范，海草床的碳库可以分成三个主要部分：地上生物量（海草叶片和附生植物）、地下生物量（根系和根状茎）、沉积物碳库。海草生态系统中储量最大的碳库是沉积物碳库，凋落物生物量通常可忽略不计，因为海草叶片凋落物一部分会在极短的时间内被分解，另一部分由于潮汐海流作用被带离本地。附生生物也是重要的碳库，但其大小在不同海草物种和不同地理位置会有显著差异。在全球范围内，海草地下组织生物量占总有机碳库的比例极低（0.3%）（Fourqurean et al.，2012）。

对于整个生态系统，海草床有机碳的存储主要包括植物有机碳、水体有机碳和沉积物有机碳三大类，其中沉积物有机碳是其主要存储部分（罗红雪等，2021）。据统计，全球海草床生物量有机碳约为200 Tg，水体有机碳为11 Tg，沉积物有机碳储量为4.2～8.4 Pg（Du et al.，2023）。

5.2.2　海草床蓝碳核算

1. 海草床面积

海草床面积的测算通常需要综合运用遥感技术、地面调查和数学模型等方法。遥感技术包括卫星影像解译和无人机影像识别，利用高分辨率的影像，通过专业的图像解译技术，识别并标定海草床范围（Norris et al.，1997；Fonseca et al.，2002；Paul et al.，2011）。

地面调查一般是在实地进行测距和测量,获得不同点的坐标,建立详细的地形图,或者利用水下摄像设备,进行水下勘察,记录和分析海草床的分布。数学模型可以利用地理信息系统(GIS)建立海草床的空间数据库,进行面积计算和空间分析。传统人工实地调查方法获得的海草床面积较精确,但工作量较大,影像技术和模型有时不能反映真实情况。因此,海草床面积测定一般采用几种方式相互结合印证。

2015 年 5 月～ 2020 年 12 月,采用传统调查方法(实地调查、潜水调查、船舶走航)与现代调查手段(声呐、遥感、视频监测、无人机影像)相结合的方式对我国沿海海草进行了全面调查(不包括港澳台地区)。结果表明,我国海草床面积约 26,495.69 hm²,其中温带海域海草床面积 17,095.01 hm²,热带—亚热带海域海草床面积约 9,400.68 hm²(图5.2.2),各省市地区具体数据如表 5.2.2 所示。

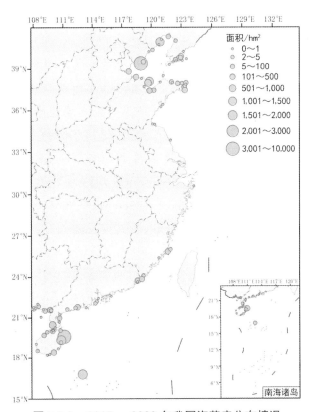

图 5.2.2　2015 ～ 2020 年我国海草床分布情况

表 5.2.2 中国沿海各省市海草床分布面积(周毅等 2023)

省市	海草床面积 /hm²
辽宁	3,205.47
河北	9,170.56
天津	466.00
山东	4,192.93

续表

省市	海草床面积 /hm²
江苏	50.05
浙江	10.00
福建	469.78
广东	1,537.71
广西	665.46
海南	6,727.73

2.海草床碳储量

碳储量，指蓝碳生态系统中储存的有机碳总量（C_{org}），特别指每公顷特定深度土壤的有机碳含量（Mg C/hm²），海草床一般为 1 m 深度。海草床碳储量包括所调查样地内所有相关碳库相加得到碳储量。

海草的生物量存在明显的季节动态，特别是温带地区。因此，生物量碳储量一般在海草生长最茂盛（生物量最大）的季节测定（Fourqurean et al.，2019）。海草床生物量监测方法一般包括实地监测、模型估测和遥感估量等。实地监测方法是最常用的方法，一般采用随机样方直接对海草床生物量进行定量评估。Durate 和 Chiscano（1999）采用生物量法估算全球海草床地上组织生物量，结果表明海草地上组织的生物量约 0.003～15 g DW/m²。在全球范围内，海草生物量碳储量平均约为 2.52 Mg C/hm²，与陆生植被处于较低水平（森林 30 Mg C/hm²，北方冻土带 300 Mg C/hm²），生物量碳储量约占总有机碳库的 2%（Pan et al.，2011；Pendleton et al.，2012；Fourqurean et al.，2012）。

沉积物碳储量是海草床总碳储量的主要组成部分，最高可达 98% 以上（图 5.2.3）。由于可以影响的碳库深度不高，陆地森林土壤的碳累积通常不超过 30 cm。与陆地生态系统不同，由于海洋环境的复杂性、气候变化以及潮汐的影响，海草床通常拥有 10 cm～3 m 深度的有机质丰富的沉积物，因此，评估海草床沉积物碳储量需要采集更深层的土壤样品（标准深度至少为 1 m）（Hoojoer et al.，2006；Pendleton et al.，2012）。

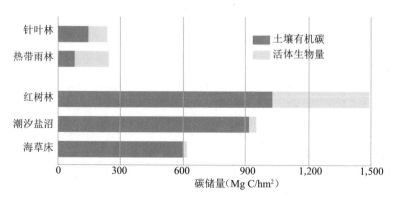

（Pan et al. 2011；Pendleton et al. 2012；Fourqurean et al. 2012）

图 5.2.3　陆地森林和滨海生态系统的沉积物和生物量平均碳储量的比较

　　研究表明,全球海草床的沉积物碳密度约为 108 Mg C/hm²(IPCC,2013)。海草床碳密度存在极大的变异性,Miyajima 等(2015)对东亚、东南亚区域海草床沉积物储碳密度进行了调查,发现我国海草床沉积物储碳密度的变化范围为 38 ～ 120 Mg C/hm²。随着小区域尺度的碳储量调查工作的开展,数据不断完善,我国海草床沉积物储碳密度的变化范围修正为 28.47～220.35 Mg C/hm²,如表 5.2.3 所示。碳密度的差异可能与海草种类有关,日本鳗草和贝克喜盐草等规格较小的种类有机碳密度较低,而鳗草和丛生鳗草等规格较大的种类有机碳密度较高。此外,养殖活动和人为扰动对海草床碳储量的影响也较大,养殖区沉积物营养负荷导致微生物矿化作用增强,进而导致海草床蓝碳分解。

表 5.2.3　中国沿海各省海草床沉积物有机碳密度(Jiang et al. 2017;李梦,2019;杨熙等,2022)

省份	区域	海草种类	沉积物碳密度(Mg C/hm²)
山东	威海双岛湾	鳗草	69.89
	东营黄河口	日本鳗草	28.47
	威海月湖	鳗草、日本鳗草	99.65
	烟台长岛	鳗草、丛生鳗草	220.35
河北	曹妃甸	鳗草	135.71
广西	防城港	日本鳗草	70.29
	北海	卵叶喜盐草	27.48
	廉州	贝克喜盐草	32.03
广东	湛江	卵叶喜盐草	131.80
	珠海	贝克喜盐草	40.80
	潮州	卵叶喜盐草	131.80
	汕头	贝克喜盐草	127.17
海南	儋州	泰来草	34.09
	海口	卵叶喜盐草	202.45
	陵水	海菖蒲、泰来草、圆叶丝粉草	69.61

注:山东省和河北省数据为未发表数据。

3. 沉积物碳来源

　　海草床沉积物中有机碳的来源会因沉积物矿物学、海草物种组成以及与邻近生境的连通性而有很大不同。在估算碳储量时,如果不考虑特定生境的有机碳的来源差异,很可能会对海草床沉积物碳储量的估算造成很大的偏差(Reich et al.,2015)。海草床沉积物中有机碳的来源极为广泛,包括海草、附生藻类、大型藻类、浮游植物和底栖微藻等初级生产者,还可能来源于陆源有机物(Macreadie et al.,2012;刘松林等,2017)。目前,研究海草床沉积物有机碳来源的方法包括沉积物碳氮比、稳定同位素、生物标志物和环境 DNA 等(Macreadie et al.,2012;Miyajima et al.,2015;Kuwae and Hori,2019)。海草床沉积物有机碳来源受到环境和物种等因素的影响较大。全球海草床同位素综合分析表明沉积物有机碳中 50％来源于海草（Kennedy et al，2010）。但后续的研究表明该值可能被高估。东亚和东南亚海草床的研究中，海草来源的比例差异极大，数值在 4％～82％之间（Miyajima et al.，2015）。多数海草床沉积物中，外源有机质占主导地位（Chen et al，2017；Reef et al，2017；Oreska et al，2018）。

4.碳埋藏速率

沉积物碳埋藏速率（carbon accumulation rate，CAR）可衡量沉积物碳库的变化，是评估滨海蓝碳生态系统固碳能力的关键指标（Fu et al.，2021）。由于海草床生态系统环境极为复杂，且多受到人类活动的干扰和多动力因素的影响，因此评估碳埋藏速率面临着巨大的挑战。目前估算海草床 SOC 的埋藏速率主要利用 ^{14}C 和 ^{210}Pb，沉积物收集器或通过对海草床年际生产力的调查等方法（刘松林等，2017）。不同方法、不同地点和不同物种之间计算的沉积物碳埋藏速率均具有显著的差异（表 5.2.4）。

表 5.2.4　全球海草床沉积物有机碳埋藏速率

国家	区域	物种	碳埋藏速率（g C/（m²·a））	评估方法
中国	河北龙岛	*Zoster. marina*	24	^{210}Pb
	东营黄河三角洲	*Z. japonica*	40	^{210}Pb
	荣成天鹅湖	*Z. japonica*	976	^{210}Pb
	荣成天鹅湖	*Z. marina*	121	^{210}Pb
	广东流沙湾	*H. ovalis*	45	^{210}Pb
	海南陵水湾	*E. acoroides*	7	^{210}Pb
西班牙	Culip	*Posidonia oceanica*	9	^{14}C
	Port Lligat	*P. oceanica*	75	^{14}C
	Medes	*P. oceanica*	72.5，12.6	^{14}C，年度碳收支
	Campello	*P. oceanica*	112.1	^{14}C
	Tabarca	*P. oceanica*	83	^{14}C
	Balearic Islands	*P. oceanica*	112.9	^{14}C
	Fanals	*P. oceanica*	198	沉积物收集器
	Bay of Calvi	*P. oceanica*	16.6	年度碳收支
意大利	Ischia	*P. oceanica*	19.5，30.0	^{14}C，年度碳收支
澳大利亚	Cockburn Sound	*Posidonia sinuosa*	6.35	^{14}C
	Green Island	*Thalassia hemprichii, Cymodocea rotundata* 和 *Halodule uninervis*	720～7260	沉积物收集器
美国	Indian River Lagoon	*Syringodium filiforme, Thalassia testudinum, Halodule beaudettei* 和 *Halophila johnsonii*	195	年度碳收支

国家	区域	物种	碳埋藏速率（g C/（m²·a））	评估方法
墨西哥	Celestun Lagoon	*Halodule wrightii* 和 *Ruppia spp.*	40	^{210}Pb
	Terminos Lagoon	*T. testudinum*	33	^{210}Pb
日本	Seto Inland Sea	*Z. marina*	6.8	^{14}C
	Ishigaki Island	*Enhalus acoroides*	5.4	^{14}C
泰国	Andaman Sea	*E. acoroides* 和 *T. hemprichii*	2.4	^{14}C

Mateo et al. 1997；Miyajima et al. 1998；Gacia etal. 2002；Gonneea et al. 2004；Mateo et al. 2006；Hicks，2007；Serrano et al. 2014；Miyajima and Hori，2015.

5. 海草床碳排放

计算随时间推移的碳排放或固定的数值是海草床生态系统蓝碳核算的关键。排放到大气中或被固定的碳可以用气体交换的方法直接测定，也可以用碳储量变化来测定。但对于甲烷等温室气体，一般只能用气体交换的方式测定（Fourqurean et al.，2019）。碳储量变化一般采用两种方法：① 储量差分法，该方法测定两个不同时间点的碳储量，来代替 CO_2 的排放量。② 收支法，该方法基于科学文献和国家数据库中的碳排放因子进行估测。气体交换的方法一般采用气体通量法。海草床生态系统处于完全淹水状态，环境极为复杂，一般采用几种方法结合来测定通量。例如，多种方法证明，日本北海道东海岸的辅仁潟湖鳗草海草床海—气二氧化碳通量随季节而变化，该生态系统在夏季是大气二氧化碳的汇，在冬季是一个较小的源，年平均二氧化碳通量为负数，证明鳗草海草床在 1 年的过程中起到了净二氧化碳汇的作用（Tokoro et al.，2014；Tokoro and Kuwae 2015；Tokoro and Kuwae 2018）。

5.3 盐沼蓝碳核算

盐沼湿地主要指海岸沿线受海洋潮汐周期性或间歇性影响，覆盖有盐沼植被的咸水或淡咸水淤泥质滩涂，是地球上的高生产力生态系统之一，也是国际公认的三大"蓝碳"生态系统之一（Milton et al，2018；Schuerch et al，2018）。盐沼湿地是我国滨海湿地中面积最大、分布广泛的生态类型（周金戈，2022）。盐沼湿地可捕获大量碳，并淤积在沉积物中，其碳埋藏速率为 168 g C/（m²·a），固碳能力很强，是森林生态系统的 40 倍左右（Wang et al，2019；Wang et al，2021）。据统计，我国滨海蓝碳生态系统的碳年埋藏量为 349 ~ 835 Gg，约有五分之四是盐沼湿地贡献的，远高于红树林和海草床，是蓝碳生态系统中最重要的碳汇贡献者（周晨昊，2016）。然而，由于人类活动、气候变化、海平面上升、生物入侵等因素，盐沼湿地面积大量减少。据调查，在 1980 年至 2010 年，我国盐沼湿地面积减少了 59%（Gu et al.，2018；Liu et al.，2018）。开展我国盐沼湿地蓝碳调查与核算，有助于明确蓝碳生态系统碳储量和固碳潜力，为盐沼湿地的恢复与重建提供数据支撑，以求达到修复与增汇协同增效，支撑实现双碳目标以及经济社会高质量发展。

5.3.1 中国滨海盐沼湿地分布

盐沼湿地是我国滨海湿地中面积最大的生态类型，其分布区域广泛，由北向南跨越温带、亚热带及热带多个气候区，从北部沿海省份辽宁、山东到南部沿海省份广东、广西均有分布（关道明，2012），面积为 $1.32 \times 10^5 \ hm^2$，占世界盐沼面积的37.8%（Himes-Cornell et al.，2018）。如图5.5所示，中国盐沼主要分布在环渤海、华东沿海及华南亚热带沿海地区，其中约85%分布在四个沿海省份，面积由大到小分别为上海（32,956.48 hm^2，24.86%）、江苏（30,717.59 hm^2，23.17%）、浙江（25,015.93 hm^2，18.87%）、山东（20,205.51 hm^2，17.99%）。其他省份分布较少，福建（11,024.81,hm^2，8.31%）、辽宁（4,480.76 hm^2，3.38%）、广西（2,248.66 hm^2，1.70%）、海南（1,567 hm^2，1.18%）、广东（371.54 hm^2，0.28%）、天津（203.63 hm^2，0.15%）、河北（152.46 hm^2，0.11%）（Hu et al.，2021；Wang et al.，2021）。

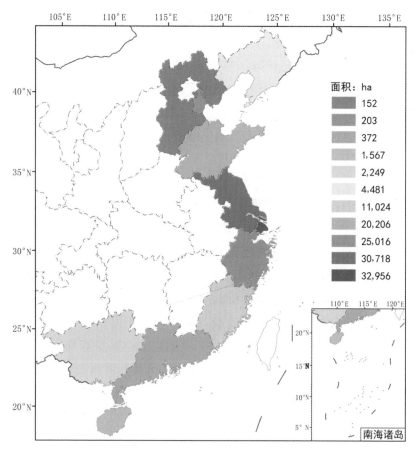

图5.3.1　中国滨海盐沼湿地分布（数据来源于 Hu et al.，2021；Wang et al. 2021）

5.3.2　中国滨海盐沼湿地主要植被类型

盐沼植物是滨海盐沼生态系统的初级生产者,其初级生产力高,对生态系统的物质循环起着关键作用,同时也是潮滩湿地分带的重要标志。作为植物碳库的主要来源,它们在盐沼湿地上生长、凋落、掩埋和沉积的快速循环过程使滨海湿地成为全球碳库的重要组成部分(Kearney et al., 2016; Baaij et al., 2021)。我国盐沼植被类型多样(表 5.3.1、图 5.3.2),优势物种有互花米草 *Spartina alterniflora*,芦苇 *Phragmites australis*,碱蓬 *Suaeda* spp.,海三棱藨草 *Scirpus* spp.,柽柳 *Tamarix chinensis*,面积分别为 61,565.05 hm^2,37,212.85 hm^2,17,539.96 hm^2,11,159.51 hm^2,3,645.51 hm^2,分别占总面积的 46.43%、28.07%、13.23%、8.42%、2.75%。互花米草是一种外来入侵物种,自 1970 年引入我国以来,成为滨海盐沼分布最广泛的物种,在中国沿海各省份均有分布。在江苏、上海和浙江,互花草分布极其广泛,占全国互花米草总面积的 73.40%,严重危害了盐沼湿地生态系统的生物多样性。芦苇是分布最为广泛的本土物种。在中国的北方沿海省份辽宁、河北、天津和山东,主要的盐沼植被为芦苇和碱蓬,互花草的面积相对较小,并且在山东黄河口及邻近海岸分布有木本植物柽柳,总面积达 3,645.51 hm^2(Hu et al., 2021)。

表 5.3.1　中国滨海盐沼湿地优势植被分布

地区	优势植被(hm^2)				
	互花米草	芦苇	碱蓬	海三棱藨草	总计
辽宁	157.50	2,406.92	1,916.34		4,480.76
河北	56.47	9.95	86.04		152.46
天津	41.69	125.65	36.29		203.63
山东	5,289.59	6,076.13	8,839.79		20,205.51
江苏	15,799.00	8,257.09	6,661.50		30,717.59
上海	14,317.64	11,597.12		7,041.72	32,956.48
浙江	15,074.93	5,823.21		4,117.79	25,015.93
福建	8,208.03	2,816.78			11,024.81
广东	371.54				371.54
广西	2,248.66				2,248.66
海南					1,567
总计	61,565.05	37,212.85	17,539.96	11,159.51	132,589.88

注:数据统计来源于 Hu et al., 2021; WANG et al. 2021。

图 5.3.2　中国滨海盐沼湿地典型植被

5.3.3　中国盐沼湿地沉积物有机碳的沉积与埋藏

湿地土壤有机碳主要来源于地上和地下的有机物质沉积，由于湿地环境的厌氧条件限制，植物残体的分解和转化速率缓慢，通常以腐殖质等有机碳在土壤中积累（Sanderman et al.，2017）。盐沼湿地能够持续向下沉积，其土壤碳库容量巨大，很难达到饱和状态，沉积物中的碳能够在上百年至上万年尺度上处于稳定状态，而不被分解释放回大气中，从而实现碳的持续稳定的储存（Radabaugh et al.，2018）。由于海水中存在大量 SO_4^{2-}，盐沼湿地受海水影响，能有效减少土壤中甲烷等温室气体释放。尤其是当盐沼湿地处于三角洲地区时，有大的河流流入，经常有河流泛滥带来的泥沙不断淤积，有较高的沉积速率，这种沉积作用也会促使碳被快速埋藏而长久保存。滨海盐沼的这些特性使其具有极大的固碳速率和长期持续的固碳能力（叶思源和赵广明，2021），碳封存效率远高于陆地或其他海洋生态系统（Wang et al.，2021），对全球碳汇具有重要的贡献。

目前，盐沼湿地碳沉积速率的测定主要采用 ^{210}Pb–^{137}Cs 同位素计年法。在全球范围内，盐沼生态系统的平均碳埋藏速率为 218 ± 24 g C/（m^2·a）（周晨昊，2016）。Fu 等认为我国盐沼湿地的碳埋藏速率为 $7\sim955$ g C/（m^2·a），均值与中位数分别为 201 和 154 g C/（m^2·a），存在着较大的变异（Fu et al.，2021）。目前我国大尺度且系统的沉积速率测定数据十分匮乏，主要进行单一站点、不同植被类型的碳沉积与埋藏能力调查研究。如表 5.3.2 所示，我国滨海盐沼湿地的碳沉积速率与埋藏速率的变化范围较大，双台子河口碱蓬湿地具有最大沉积速率 60.5 mm/a，而崇明东滩芦苇湿地具有最大碳埋藏速率 485 g C/（m^2·a）。互花米草虽然有较高的沉积速率和碳埋藏速率，但我国已采取一系列有效措施对其进行治理,其碳汇量将逐步被我国本土盐沼植被所取代。近年来,我国逐步建立约 30 个 SET 监测站点,然而在我国海岸线仍然需要布设更多、更为密集的 SET 监测体系,以实现规范统一的碳埋藏测定(周金戈等,2022)。

表 5.3.2 中国主要盐沼湿地碳沉积速率与埋藏速率

盐沼湿地	植被类型	沉积速率(mm/a)	碳埋藏速率(g C m^{-2} a^{-1})
双台子河口	碱蓬	60.5	331
胶州湾	光滩	8.8	73
黄河三角洲	碱蓬	10	65
盐城	芦苇	12.2	69
	碱蓬	14.8	83
	互花米草	20.1	133
杭州湾	海三棱藨草	28.1	114
	互花米草	23.6	133
	光滩	15.9	43
崇明东滩	互花米草	25.0	328
	芦苇	19.0	485
	海三棱藨草	11.0	73

注:数据统计来源于周戈金等,2022。

5.3.4 盐沼蓝碳核算

1.碳储量核算

滨海盐沼湿地的初级生产力很高,其土壤除了表层数厘米或数毫米的氧化层外,下部还储有巨大的碳库。该生态系统碳库大致可分为三个部分,包括地上活生物量(灌木、禾本和草本等)、地下活生物量(根系和根状茎)以及土壤碳库(叶思源和赵广明,2021)。其中土壤是盐沼湿地碳收支的核心,也是其中最大的有机碳库(Spencer et al.,2016)。Fu 等(Fu et al.,2021)对我国盐沼湿地的碳储量进行了估算,其总碳储量和单位面积碳储量分别为(7.5±0.6)Tg 和(81.1±9.1)Mg C/hm^2。表 5.8 对我国主要盐沼湿地的主要植被类型及其土壤碳储量结果进行了汇总,其中闽江河口土壤碳储量最高,其次是双台子河口。总体而言,我国盐沼湿地的单位面积碳储量较低,在蓝碳生态系统增汇方面具有较大的提升潜力。其中对湿地土壤碳储量的研究大多只涉及土壤有机碳库的测定,对于碳库中不同组分与动态变化,如 DOC、POC、微生物碳(MBC)等的研究较少(周金戈等,2022)。

表 5.3.3 中国主要盐沼湿地碳储量

盐沼湿地	植被类型	单位面积土壤碳储量（Mg C/hm²）
双台子河口	芦苇,碱蓬	141.20 ±48.84
胶州湾	芦苇,碱蓬,互花米草	93.16 ±18.16
黄河三角洲	柽柳,芦苇,碱蓬	53.25 ±12.98
盐城	互花米草,芦苇	43.23 ±16.36
崇明东滩	互花米草,海三棱藨草,芦苇	104.10 ±39.94
闽江河口	茳芏,互花米草,芦苇	190.20 ±55.15
乐清湾	互花米草,碱蓬,芦苇	102.97±9.52

注：数据统计来源于周戈金等，2022；陈雅慧等，2023。

2. 碳汇量核算

全球盐沼湿地年碳汇能力为 4,800～87,200 Gg C/a（Elizabeth，2011），我国约为 494.97 Gg C/a，约占海岸带蓝碳生态系统的 80%，碳汇潜力巨大。由图 5.7 可知，碳汇量总体呈现北多南少的分布格局，其中碳汇量最大的四个省分别为辽宁、上海、江苏、山东，占到总碳汇量的 83.16%。长江以南沿海省份浙江、福建、广东、广西、海南盐沼湿地碳汇量较少，但红树林资源丰富，其碳汇量大约为 50.17 Gg C/a（Wang et al.，2021）。

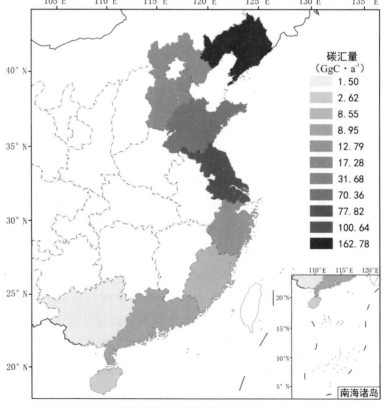

图 5.3.3　中国滨海盐沼湿地年碳汇量（Wang et al，2021）

5.3.5　建议

（1）建立大尺度、全国性的滨海盐沼碳汇精准监测评估技术体系，系统核算全国滨海盐沼碳汇资源分布及家底。

（2）进行滨海盐沼蓝碳生态系统退化机理研究，摸清主控因素。继续推进互花米草治理工作，开发基于生态修复与增汇协同增效的固碳增汇技术。

（3）推动滨海盐沼蓝碳进入碳交易市场，拓展滨海盐沼蓝碳生态产品价值实现路径。

5.4　海洋能源与蓝碳

海洋被誉为"蓝色国土"，除其自身储量可观的固有能源外，海洋还为其他可再生能源的发展提供了场所。在应对全球气候变化的大环境下，大力发展海洋能源对推动我国能源结构转型，实现"3060"双碳目标至关重要。

目前，中国海洋能源的开发利用主要集中于海洋油气和海上风电，波浪能、潮流能等海洋可再生能源储量丰富，也具有较大开发潜力。中国海洋油气资源储量巨大（王震和鲍春莉，2023），其中约 60% 分布在浅海大陆架，深水、超深水占比约 30%，根据全国第四次油气调查数据显示，海洋石油及天然气剩余技术可采储量分别占中国石油总剩余技术可采储量的 34% 及 52%，但中国海洋油气整体探明程度相对较低，石油资源探明程度约为 23%，天然气资源探明程度约 7%。截至 2023 年，我国海洋石油和海洋天然气产量分别占总产量的 25.5% 和 9.6%，随着技术水平的进步深海油气将成为中国海洋油气开发的主战场。

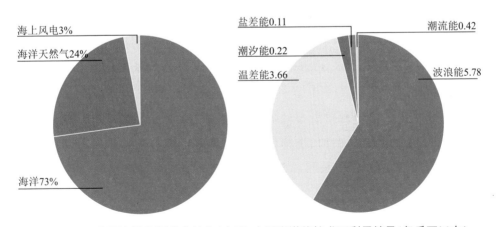

图 5.4.1　中国海洋能源供应结构（左）和中国海洋能技术可利用储量（亿千瓦）（右）

为进一步筑牢能源安全底线，中国将继续加大油气勘探开发投入，坚持油气并举、常非并进，挖掘增储上产潜力。浅海石油产量预计在 2030 年达到峰值，此后深海石油的开采量逐年增加，海洋石油总产量预计在 2040 年达到峰值 0.72 亿吨，海洋天然气产量持续快速上涨,2050 年峰值有望突破 860 亿立方米,浅水油气依旧是海洋油气供应的主要来源。同时,中国正加快围绕"深海、深层、非常规资源"开展科技创新,有望实现技术的跨越式发展,深海油气资源比例提高(中国海油集团能源经济研究所,2023)。

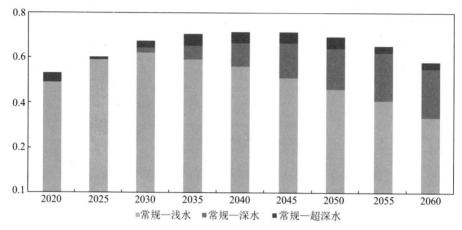

图 5.4.2　中国海洋石油产量(亿吨)与结构预测

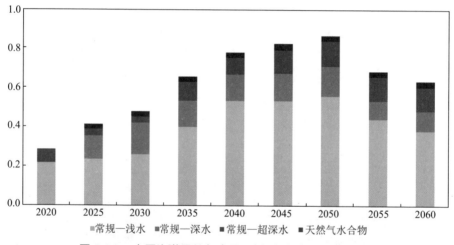

图 5.4.3　中国海洋天然气产量(千亿立方米)与结构预测

近年来,我国海上风电装机容量持续增长,截至 2022 年底海上风电累计装机容量达 30,510 MW,同比增长 15.61%,继续保持海上风电装机容量全球第一,预计 2023 年累计装机容量将达 3,470 亿千瓦时,我国海上风电加速向深远海发展。我国海上风能资源非常丰富,近海风能资源技术开发量为 5 亿千瓦,而我国深远海风能可开发量则是近海的三到四倍以上。深远海风电机主要以漂浮式为主,我国浮式风电起步较晚,目前我国浮式风电装机容量排名全球第四,预计到 2026 年,浮式风电累计装机容量有望突破 500 MW(中能传媒能源安全新战略研究院,2023)。

根据世界银行估计,未来我国海上风电总容量潜力达 2,982 GW,其中近海固定式风电为 1,400 GW,远海漂浮式风电为 1,582 GW。2022 年 1 月 29 日,国家发展改革委、国家能源局印发的《"十四五"现代能源体系规划》中提出：要积极推进东南部沿海地区海上风电集群化开发，重点建设广东、福建、浙江、江苏、山东等海上风电基地（中国石化集团经济技术研究院有限公司，2023）。各省也提出了相应的发展目标（见表 5.4.1）。

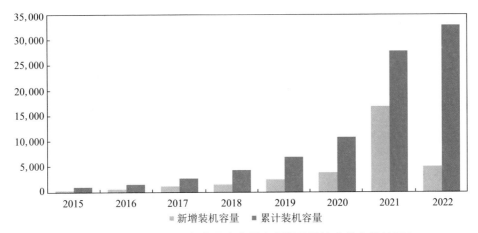

图 5.4.4　2015—2022 年中国海上风电新增及累计装机容量（MW）

海洋可再生能源中潮汐能、潮流能和波浪能发展较为成熟。截至 2018 年底，我国潮汐能电站装机 4.35 MW，累计发电量超 2.32 亿千瓦时；潮流能电站总装机 2.86 MW，累计发电量超 350 万千瓦时。到 2021 年，我国潮流能总装机规模已达 3.82 MW，居全球第二位，仅次于英国。林东 LHD 潮流能装置首期机组在舟山并网发电，连续运行超过 50 个月，累计提供超过 221 万千瓦时清洁电力，实现二氧化碳减排约 2,000 吨，总装机规模达 1.7 MW，连续运行时间和发电量均居世界前列。波浪能作为海上可再生能源的一种，前景广阔，波浪能发电技术随着波浪能的进一步开发和利用日益成熟。2015 年我国波浪能装机容量不足 0.2 MW，到 2022 年国内波浪能装机容量达到了 1.52 MW，在多自由度阵列化发电、多能互补耦合发电、多功能综合平台利用等多个方面都取得了新的突破。

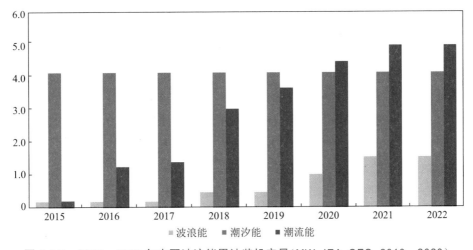

图 5.4.5　2015—2022 年中国波浪能累计装机容量（MW，IEA-OES，2016—2023）

表 5.4.1　我国沿海省份与"十四五"海上风电产业发展规划

省份	累计装机	"十四五"开发目标	信息来源
辽宁	42.5 万千瓦	力争海上风电累计并网装机容量达到 405 万千瓦	《辽宁省"十四五"海洋经济发展规划》
河北	30 万千瓦	计划到 2025 年，海上风电装机容量将达到 350 万千瓦	《河北省"十四五"能源发展规划》
天津	11.7 万千瓦	加快推进远海 90 万千瓦海上风电项目前期工作	《天津市可再生能源发展"十四五"规划》
山东	15 万千瓦	力争开工 1000 万千瓦，投运 500 万千瓦	《山东省可再生能源发展"十四五"规划》
江苏	681.6 万千瓦	规划项目场址共 28 个，规模 909 万千瓦	《江苏省"十四五"海上风电规划环境影响评价第二次公示》
上海	41.7 万千瓦	近海、深远海、陆上分散式风电，力争新增规模 180 万千瓦	《上海市能源发展"十四五"规划》
浙江	40.7 万千瓦	新增海上风电装机 450 万千瓦	《浙江省能海发展"十四五"规划》
福建	101.6 万千瓦	增加并网装机 410 万千瓦，新增开发省管海域海上风电装机规模约 1030 万千瓦，力争推动深远海风电 480 万千瓦	《福建省"十四五"能源发展专项规划》
广东	135.8 万千瓦	新增海上风电装机容量约 1700 万千瓦	《广东省能源发展"十四五"规划》
广西	—	全区核准开工海上风电装机 750 万千瓦，其中力争新增并网装机 300 万千瓦	《广西可再生能深发展"十四五"规划》
海南	—	海上共规划场址 11 个，总容量 1230 万千瓦	《海南省"十四五"海上风电规划》

在 2021 至 2023 年间，清洁能源年度投资远超同期化石燃料投资的增长，其中 90% 以上的清洁能源投资均来自中国和发达经济体（IEA, 2023）。2021 年以来，中国和发达经济体的清洁能源投资增长超过了世界其他地区的清洁能源投资总额，中国对于清洁能源的重视程度可见一斑。2022 年，中国在国内生产总值投资中所占份额居全球首位，可再生能源投资占国内生产总值的 1.5% 以上，其中海上风电及海洋能投资占比较小但增速稳定（World Economic Forum, 2023）。

氢能是未来国家能源体系的重要组成部分，是用能终端实现绿色低碳转型的重要载体，氢能产业是战略性新兴产业和未来产业重点发展方向。海洋是地球上最大的氢矿，向大海要氢是未来氢能发展的重要方向。2023 年 6 月 2 日，全球首次海上风电无淡化海水原位直接电解制氢技术海上中试在福建兴化湾海上风电场获得成功。此次海上中试于 5 月中下旬在福建兴化湾海上风电场开展，使用的是联合研制的全球首套与可再生能源相结合的漂浮式海上制氢平台"东福一号"。在经受了 8 级大风、1 米高海浪、暴雨等海洋环境的考验后，连续稳定运行了超过 240 小时。

除了现有发展较成熟的海上风电为海水制氢提供电能，海洋波浪能、海上光伏、海洋核电等产业也有望成为海水制氢产业未来发展的重要抓手。将海洋能源与海上制氢结合,是深远海海洋能源电力开发的破局关键,是解决海洋能源发电消纳、并网难题的有效路径,有利于拓展能源渠道、推进清洁能源制氢、推动风能等可再生能源与传统能源在电力系统的高质量发展,有利于带动海上制氢产业加速发展,完善氢能产业链,形成巨大经济规模,实现双赢。

各能源的度电成本(LCOE)受技术发展影响,随着技术进步预计 2023 年我国部分可再生能源度电成本将会大幅下降。相较于其他可再生能源,海洋能技术的生命周期处于早期阶段,其 LCOE 仍然处于较高水平。目前,潮汐发电的成本估计在 0.20 ~ 0.45 美元 / 千瓦时之间,波浪发电的成本在 0.30 ~ 0.55 美元 / 千瓦时之间(IRENA,2023)。

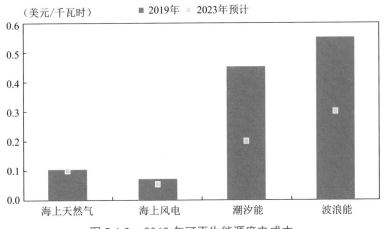

图 5.4.6　2019 年可再生能源度电成本

可再生能源发电等低碳技术在"低成本脱碳"中占据主导地位,受规模效应及资本成本下降的影响,我国可再生能源发电技术成本将会迎来降低。通过海上风电、海洋能等可再生能源直接实现发电脱碳将成为中国脱碳成本曲线上成本最低的技术之一(Bouckaert S et al,2021)。

表 5.4.2　净零排放情景下,部分地区的发电技术成本

	融资利率	资本投入成本(美元 / 千瓦时)			容量系数(%)			燃料、二氧化碳及运维(美元 / 兆瓦时)			平准化电力成本(美元 / 兆瓦时)		
	全部	2020	2030	2050	2020	2030	2050	2020	2030	2050	2020	2030	2050
海上风能	3.5	750	400	280	17	18	19	10	5	5	40	25	15
太阳能光伏	4.3	2,840	1,560	1,000	34	41	43	25	15	10	95	45	30

海洋能源的开发利用不仅能带动我国海洋经济复苏,还能推动我国"双碳"目标的实现。我国海洋油气产量持续增加,海洋传统行业全链条加快绿色转型,海上"绿色油田"建成投产,引入了创新型环保设备实现减排增效。目前,我国已经成为全球第二大海上风电市场,海上风电新增容量连续多年领跑全球。截至 2022 年底,海上风电累计

装机容量达 3,051 万千瓦,同比增长 15.61％,预计 2023 年累计装机容量将达 3,470 亿千瓦时。国际能源署预测,我国海上风电迎来快速增长时期,2040 年中国海上风电装机容量与欧盟相当,海上风电成本持续下降,碳减排能力将进一步提升。经估算,我国全国海上风电的每年累计减排量从 2012 年近 50 万吨增长至 2022 年的 4460 余万吨,可见减排能力得到了可观的提升（IRENA,2023）。

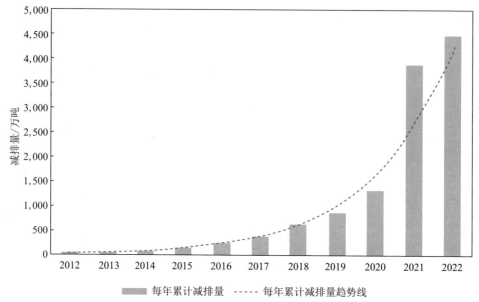

图 5.4.7　2012—2020 年全国海上风电每年累计与新增减排量（万吨）

我国是世界上少数几个掌握规模化潮流能开发利用技术的国家之一。根据估算,2018 年,全国潮流能累计每年减排量约为 4,650 余吨,到 2021 年这一数字增长至 6,210 余吨。在波浪方面,我国波浪能应用领域不断拓展,在深水养殖、远海供电等方面实现成功应用,为推动海洋养殖向深远海、绿色、智能化转型升级。经估算,从 2015 年到 2022 年,全国波浪能发电的每年累计减排量从 190 余吨逐步增长至近 1,500 吨。同时,截至 2020 年,我国已经建成运营的海上光伏装机容量超过 1 GW,位居全球前列,可在 2020 年为全国贡献减排量 88.4 余万吨（生态环境部,2023;生态环境部,2019）。

积极拓展海水制氢、深远海油气开发、海洋可再生能源发展等多个领域的应用,建设多能互补海洋能应用新场景,将海洋能与海水养殖、海水淡化、海洋采矿等场景相结合,实现海洋能技术和产业不断相互促进,形成海洋能应用新技术、新业态和新场景。推进我国海洋能源规模化利用,推动包括海洋能在内的可再生能源融合发展,是助力我国实现"双碳"目标的有效路径。大力发展海洋能不仅可以有效减少我国碳排放,还可以提高海洋经济效益,在碳减排和增汇两端发力,具有巨大碳中和潜力。

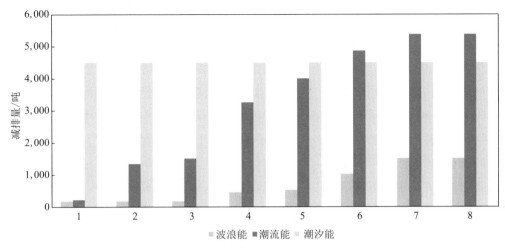

图 5.4.8　2015—2022 年全国波浪能每年累计减排量（吨）

5.5 海洋渔业与蓝碳

海水养殖系统作为一类特殊的海洋生态系统,具有人工干预作用强等特征,其在全球碳循环中的作用值得关注。中国是遥遥领先的世界第一水产养殖大国,2022 年海水养殖产量高达 2,275.7 万吨(中国渔业统计年鉴,2023)。通过发展碳汇渔业,实现渔业碳汇,可引导海洋渔业向环境友好型转变,引领全球气候治理向新的领域发展(唐启升,2011;于梦璇等,2018)。

5.5.1　渔业碳汇的内涵

渔业碳汇也被称为"可移出碳汇""可储存的碳汇""可产业化的蓝碳",2010 年由唐启升院士根据政府间气候变化专门委员会(IPCC)对"碳汇""碳源"的解释提出。2022 年又对该定义进行了修订,渔业碳汇指通过渔业生产活动促进水生生物吸收或利用水体中 CO_2 等温室气体,并通过收获生物产品或生物沉积作用,将这些碳移除水体或沉降于水底的过程和机制。在这个过程中,水域生态系统吸收和储存大气 CO_2 的能力得以提升,进而促进了其碳汇功能发挥(唐启升,2011;唐启升,2022)。

碳汇渔业是指可直接或间接降低水体 CO_2 浓度的渔业生产活动,所有非投饵型的渔业生产活动均具有生物碳汇功能,包括藻类养殖、滤食性贝类和鱼类等养殖、增殖渔业(增殖放流、人工鱼礁)、休闲渔业以及捕捞渔业等(唐启升,2011;唐启升,2022)。

目前国内外关于碳汇渔业的概念仍未达成共识,这与碳汇渔业涉及种类多、相关研究不够系统和深入有关(董双林等,2021),应该进一步加强渔业碳汇过程机制探究。毫无疑问,发展碳汇渔业是我国降碳增汇的重要方式,也是是绿色可持续发展理念在我国海水养殖业领域的具体体现。

5.5.2 渔业碳汇机制

目前关于渔业碳汇方式的研究，可主要归纳为如下三种：

一是近海渔业固碳。在近海渔业生态系统中，水体中的初级生产者，主要包括藻类以及细菌等自养型生物，通过光合作用直接利用水体中的碳元素，将海水中的无机碳转化为生物有机碳，从而降低了海水中溶解 CO_2 的浓度，并促进大气中 CO_2 向海水中溶解（孙军，2011；焦念志，2012；Fourqurean et al.，2012），进行直接碳汇。由自养型生物固定的碳会被其他生物利用，主要包括被滤食性贝类及鱼类摄食，用于自身生长发育或贝壳形成；或被更高营养级的生物通过食物链富集，形成渔业产品，进行间接碳汇。在整个过程中，经渔业生产活动固定的碳，部分通过渔业捕捞移出水体，部分随渔业生物的遗体、粪便沉降，经腐化封存至水底，脱离水体环境可达百万年之久（Tang et al.，2011；张继红等，2005；孙军，2013）。此外，海水养殖活动会影响水体中的微生群落多样性，改变自养与异养微生物的群落结构，导致微生物泵功能变化，影响水体中由微生物产生的溶解有机碳以及惰性溶解有机碳的浓度，改变水体储碳结构，进而影响水体碳汇能力（焦念志，2011）。

二是外海渔业固碳。不同于近海水域面临水体富营养化的威胁，外海海域水体常受到营养元素限制（如铁元素），导致初级生产力不足。科研工作者曾试图通过适量施肥（例如大洋施铁），促进外海海域水体浮游植物增殖，增加水体初级生产力，将相对贫瘠的外海海域变成"蓝色粮仓"，进而提高海洋渔业的固碳能力（王勇和焦念志，2002；林洪瑛和韩舞鹰，2001；郑国侠等，2006）。但是，受外海海域复杂生态环境的影响，相关机制研究还需进一步深入。

三是基于生态系统动力学的碳循环过程研究。渔业生产活动对海洋碳循环过程具有明显影响。海岸带红树林、近海珊瑚礁以及海底草床等生态系统具备复杂的碳流通途径，碳汇潜力巨大（杨宗岱，1982；杨慧荣等，2023；李娇等，2013），根据典型海岸带生态系统碳循环过程及碳汇特征，合理开展渔业生产活动，是人类利用海洋环境增加渔业碳汇的有效途径。

虽然关于渔业碳汇机制的研究逐渐深入，但是仍有诸多疑点亟待解决。例如，不同环境中，低营养级碳利用者（初级生产者）和高营养级碳利用者（渔业生物资源）之间的碳转换效率可能存在差异，这也是在营养盐浓度高的区域，高渔业生产力并不代表高碳汇能力的原因。因此，精确测定不同海域、不同生物的碳参数，深入研究不同生物间的食物关系，对加深理解海洋生物地球碳化学过程、明晰渔业碳汇机制是极其必要的（焦念志，2012；宋金明，2003）。

5.5.3 渔业碳汇能力的计算方法

海水贝类和藻类是最具有碳汇潜力的养殖种类（张继红等，2005；Tang et al.，2011）。根据自然资源部 2022 年发布的《海洋碳汇核算方法》（HY/T 0349—2022）（中华人民共和国自然资源部，2022），海水养殖中大型藻类、贝类碳汇能力的计算方法可归纳为：

1. 大型藻类碳汇能力核算

（1）大型藻类碳汇总能力。

$$C_{\text{macro}} = C_{\text{mas}} + C_{\text{map}} \qquad (5.1)$$

式中，C_{macro} 为大型藻类碳汇总能力（g/a），C_{mas} 为大型藻类沉积物碳汇能力（g/a），C_{map} 为大型藻类植物碳汇能力（g/a）。

（2）大型藻类沉积物碳汇能力。

$$C_{\text{mas}} = \rho_{\text{macro}} \times S_{\text{macro}} \times R_{\text{macro}} \times A_{\text{macro}} \qquad (5.2)$$

式中，ρ_{macro} 为大型藻类沉积物容量（g/cm³），S_{macro} 为大型藻类沉积物有机碳含量（mg/g），R_{macro} 为大型藻类沉积物沉积速率（mm/a），A_{macro} 为大型藻类覆盖面积（m²）。

（3）大型藻类植物碳汇能力。

$$C_{\text{map}} = \sum (P_i^{\text{ma}} \times K_i^{\text{ma}} \times CF_i^{\text{ma}}) \qquad (5.3)$$

式中，P_i^{ma} 为第 i 种大型藻类植物的生物量湿重（g/a）；K_i^{ma} 为第 i 种大型藻类植物湿重与干重之间的转换系数，无量纲，系数参考值见表 5.5.1；CF_i^{ma} 为第 i 种大型藻类植物干质量中含碳比率，无量纲。

2. 贝类碳汇能力核算

（1）贝类碳汇总能力。

$$C_{\text{shell}} = C_{\text{sfs}} + \sum (CB_j^{\text{sh}} + CZ_j^{\text{sh}}) \qquad (5.4)$$

式中，C_{shell} 为贝类碳汇总能力（g/a），C_{sfs} 为贝类沉积物碳汇能力（g/a），CB_j^{sh} 为第 j 种类贝类贝壳碳汇能力（g/a），CZ_j^{sh} 为第 j 种类贝类软体组织碳汇能力（g/a）。

（2）贝类沉积物碳汇能力。

$$C_{\text{sfs}} = \rho_{\text{shell}} \times S_{\text{shell}} \times R_{\text{shell}} \times A_{\text{shell}} \qquad (5.5)$$

式中，ρ_{shell} 为贝类沉积物容量（g/cm³），S_{shell} 为贝类沉积物有机碳含量（mg/g），R_{shell} 为贝类沉积物沉积速率（mm/a），A_{shell} 为贝类覆盖面积（m²）。

（3）贝类贝壳碳汇能力。

$$CB_j^{\text{sh}} = P_j^{\text{sh}} \times K_j^{\text{sh}} \times R_j^{\text{sh1}} \times CF_j^{\text{sh1}} \qquad (5.6)$$

式中，P_j^{sh} 为第 j 种贝类的生物量湿重（g/a）；K_j^{sh} 为第 j 种贝类湿重与干重之间的转换系数，无量纲，系数参考值见表 1；R_j^{sh1} 为第 j 种贝类干重状态下贝壳干质量占比，无量纲；CF_j^{sh1} 为第 j 种贝类贝壳干质量下的含碳比率，无量纲，系数参考值见表 5.14。

（4）贝类软组织碳汇能力。

$$CZ_j^{\text{sh}} = P_j^{\text{sh}} \times K_j^{\text{sh}} \times R_j^{\text{sh2}} \times CF_j^{\text{sh2}} \qquad (5.7)$$

式中，R_j^{sh2} 为第 j 种贝类干重状态下软体组织干质量占比，无量纲；CF_j^{sh2} 为第 j 种贝类软体组织干质量下的含碳比率，无量纲，系数参考值见表 5.5.1。

表 5.5.1　大型藻类碳汇和贝类碳汇能力核算相关系数参考值

种类	湿重干重转换系数 /%	质量分数 /%		含碳率 /%	
		软组织	贝壳	软组织	贝壳
蛤	52.55	1.98	98.02	44.9	11.52
扇贝	63.89	14.35	85.65	42.84	11.40
牡蛎	65.10	6.14	93.86	45.98	12.68
贻贝	75.28	8.47	91.53	44.4	11.76
其他贝类	64.21	11.41	88.59	42.82	11.45
海带	20	1	0	31.2	0
石莼	20	1	0	27.1	0
提克江蓠	20	1	0	28.4	0
条斑紫菜	20	1	0	41.96	0
龙须菜	20	1	0	31.93	0
裙带菜	20	1	0	28.81	0
石花菜	20	1	0	26.37	0
鼠尾藻	20	1	0	30.97	0
其他藻类	20	1	0	30.36	0

注：数据来源于中华人民共和国自然资源部，2022。

杨林等（2022）认为，除通过光合作用固定的碳之外，藻类在经过水体侵蚀、死亡凋落等过程时，会向水体释放大量颗粒有机碳（POC），约占光合作用生产力的19%。此外，藻类会向水体中释放溶解有机碳（DOC），约占光合作用生产力的5%（严立文等，2011）。这些碳部分被海洋生物利用重返大气，部分经过沉降、微生物泵的作用转化为惰性溶解有机碳，形成碳汇。因此，海水养殖藻类（t种）的总碳汇模型可归纳为：

$$TC^{al}=\sum t(C_t^a+C_t^{POC}+C_t^{DOC}) \tag{5.8}$$

$$C_t^a=P_t^{al}\times w_t^a \tag{5.9}$$

$$C_t^{POC}=C_t^a\times\frac{\alpha}{1-\alpha-\beta}\times r^{POC} \tag{5.10}$$

$$C_t^{DOC}=C_t^a\times\frac{\alpha}{1-\alpha-\beta}\times r^{DOC} \tag{5.11}$$

式中，TC^{al}为藻类总碳汇能力，C_t^a为藻体碳汇能力，C_t^{POC}为藻类释放颗粒有机碳形成的碳汇，C_t^{DOC}为藻类释放溶解有机碳形成的碳汇，P_t^{al}为藻类干重产量，w_t^a为藻类碳含量，α为藻类释放的颗粒有机碳占光合生产力的比率（19%），β为藻类释放的溶解有机碳占光合生产力的比率（5%），r^{POC}为释放的颗粒有机碳转化为碳汇的比率（100%），r^{DOC}为释放的溶解有机碳转化为碳汇的比率（100%）。

对贝类而言，虽然贝壳中的碳主要来源于水体中的溶解无机碳（DIC），但约有10%～20%来自水体中的DOC和POC或海洋沉积物，该比例在软体组织中超过97%

（权伟等，2018）。由于贝类对上述三种碳形态的利用不能直接减少水体中的 DIC 浓度或大气中的 CO_2 浓度，故不应被视为碳汇。贝类的粪便及排泄物向水体释放了大量 POC，这部分碳通过沉降作用进入海底沉积物，可视为碳汇。由于排粪碳和排泄碳的总和与生长碳量接近，均约占总摄食碳的 25%，比值可视为 1（何苗等，2017），由此可推算贝类生长过程中释放的 POC。综上所述，海水贝类养殖（z 种）总碳汇可归纳为（杨林等，2022）：

$$TC^{sh} = \sum_z (C_z^s + C_z^{POC}) \tag{5.12}$$

$$C_z^s = P_z^{sh} \times R_z^s \times w_z^s \times (1 - \varepsilon_z) \tag{5.13}$$

$$C_z^{st} = P_z^{sh} \times R_z^{st} \times w_z^{st} \tag{5.14}$$

$$C_z^{POC} = \left(\frac{C_z^s}{1 - \varepsilon_z} + C_z^{st} \right) \times \frac{FC + EC}{GC} \times r^{POC} \tag{5.15}$$

式中，TC^{sh} 为贝类总碳汇能力，C_z^s 为贝壳碳汇能力，C_z^{POC} 为贝类释放的颗粒有机碳形成的碳汇，C_z^{st} 为贝类软体组织碳，P_z^{sh} 为贝类湿重产量，R_z^s 为贝壳干重比，w_z^s 为贝壳碳含量，R_z^{st} 为软体组织干重比，w_z^{st} 为软体组织碳含量，ε_z 为贝壳中源自有机碳或海洋沉积物的碳占总贝壳碳的比率（20%），FC 为排粪碳，EC 为排泄碳，GC 为生长碳。

目前国内外学者正不断进行探索，对现有的渔业碳汇计算模型进行完善和优化，以期建立准确的渔业碳汇计算模型并精确计算渔业碳汇能力。

5.5.4　渔业碳汇情况评估

1. 渔业碳汇容量

我国是世界上最大的海水藻类、贝类养殖国家，2022 年我国贝类养殖产量为 1,569.6 万吨，藻类养殖产量为 271.4 万吨（渔业统计年鉴，2023）。我国海水养殖贝类主要以滤食性双壳贝类为主，如牡蛎、扇贝、贻贝和蛤，合计约占海水贝类养殖产量的 83.7%。藻类养殖以碳汇效率较高的大型藻类为主，如海带、裙带菜、紫菜和江蓠，合计约占海水藻类养殖产量的 90.8%（渔业统计年鉴，2023）。

随着我国海水养殖业的快速发展，近 20 年近海贝藻养殖总碳汇量增长快速，2018—2020 年增长趋于稳定，每年碳汇量达 640 万～659 万吨（唐启升等，2022）。以每公顷人工林每年约吸收 27.45 吨 CO_2 计（李怒云，2007），近海贝藻养殖总碳汇量约合每年义务造林 87 万公顷。

考虑到贝藻呼吸放碳，净碳汇为总碳汇的 75%（唐启升等，2022），2001 至 2020 年，近海贝藻养殖净碳汇量从 255 万吨增长至 430 万吨。2018—2020 年增速趋于平缓，平均 422 万吨（唐启升，2022），约合每年义务造林 56 万公顷。

2. 渔业碳汇经济价值

海洋碳汇经济价值指"通过海洋生物、非生物和其他海洋活动产生的 CO_2 存储增量市场价值"。借鉴人工造林法和碳税法，可通过以下公式将渔业生产活动吸收的 CO_2

计算为渔业碳汇经济价值(孙康等,2020)。

$$V=\frac{Q\times(r+c)}{2} \qquad (5.16)$$

式中,V 为碳汇总价值,Q 为海水吸收的 CO_2 总量,r 为碳税,c 为人工造林吸收单位 CO_2 耗费成本。

根据目前的研究结果,我国各省份碳汇经济价值逐年上升,2017 年全国碳汇总价值为 91,888 万元(孙康等,2020)。原因主要在于,国家"建设海洋强国"战略的全面部署推动了海水养殖业大力发展,贝类、藻类等渔业碳汇生物养殖规模不断扩大,海洋碳汇经济价值快速增长。

5.5.5 渔业碳汇发展建议

中国是世界第一水产养殖大国,养殖产量占世界总产量的约 60% 左右,渔业碳汇发展潜力巨大。但相对于红树林、海草床和盐沼(滨海湿地)等较为成熟的海洋生态系统,海水养殖类的固碳量具有较大的不确定性,这主要是由于其涉及的种类较多,相关的研究还不够系统、深入。在我国经济发展进入"新常态"的大背景下,传统的粗放式渔业发展模式逐步向技术型绿色生态发展模式过渡,更完善的养殖设施、科学高效的养殖管理模式、充分的区域合作,是中国提升渔业碳汇能力,实现"双碳"目标的关键。具体建议如下。

(1)加强海洋渔业碳汇过程机制探究,建立适合中国国情的渔业碳汇计量的数据体系。整合生态学和生物地球化学研究手段,明确不同渔业生态系统碳源/汇特征及其动态变化规律,系统研究综合海水养殖区固碳储碳过程与机理。建立不同渔业系统碳源/汇收支模型,提高碳汇估算的准确性。

(2)加强各海洋经济圈的合作,统筹规划全国海洋渔业碳汇空间和结构布局。构建不同区域水体的养殖容量评估模型,避免出现超负荷养殖以减少水体富营养化等灾害事件的发生。大力推广海水养殖智能化装备与智慧管控平台,对海洋碳汇渔业实行精细管理。

(3)大力发展健康、生态、环境友好型水产养殖。增养渔业碳汇良种,构建绿色生态养殖模式。推广多营养层级生态养殖,通过贝藻或其他多营养级养殖的生物互利机制,优化养殖结构,增加养殖过程中的能量利用效率,增强海洋渔业的碳汇功能。通过制定合理的捕捞政策,提升渔业碳汇的持久性。

(4)遵循循序渐进原则,推动渔业碳汇纳入全国以及国际碳交易市场。首先,在已有的渔业碳汇计量行业标准下,建立渔业碳汇的示范区。此后,争取建立全球性的蓝碳基金,将渔业碳汇纳入国际统一的碳交易市场中,逐步实现渔业碳汇的市场化运作,提高渔业碳汇的国际共识。

>> 参考文献

[1] 曹流芳,仲启铖,刘倩,等.滨海围垦区不同陆生植物配置模式对土壤有机碳储量及土壤呼吸的影响[J].长江流域资源与环境,2014,23(5):668-675.

[2] 陈国平,程珊珊,刘静,等.天津滨海湿地3种典型群落土壤理化性质及碳氮差异性分析[J].植物研究,2015,35(3):406-411.

[3] 陈鹭真,杨盛昌,林光辉.全球变化下的中国红树林[M].厦门:厦门大学出版社,2021.

[4] 董洪芳,于君宝,孙志高,等.黄河口滨岸潮滩湿地植物-土壤系统有机碳空间分布特征[J].环境科学,2010,31(6):1594-1599.

[5] 董双林,田相利,高勤峰.水产养殖生态学(第二版)[M].北京:科学出版社,2021.

[6] 关道明.中国滨海湿地[M].北京:海洋出版社,2012.

[7] 温室气体自愿减排项目方法学并网海上风力发电[S].生态环境部.2023.

[8] 郝翠,李洪远,李姝娟,等.天津滨海湿地土壤有机碳储量及其影响因素分析[J].环境科学研究,2011,24(11):1276-1282.

[9] 何苗,周凯,么宗利,等.饵料浓度、温度对缢蛏能量代谢的影响[J].海洋学报,2017,39(8).

[10] 黄小平,江志坚,张景平,于硕,刘松林,吴云超.全球海草的中文命名[J].海洋学报,2018,40:127-133.

[11] 黄星,梁绍信,陶玉华,等.北部湾大风江口互花米草湿地有机碳储量的分布特征[J].广西植物,2021,41(6):853-861.

[12] 焦念志,刘纪化,石拓,等.实施海洋负排放践行碳中和战略[J].中国科学:地球科学,2021,51,632-643.

[13] 焦念志,骆庭伟,张瑶,等.海洋微型生物碳泵——从微型生物生态过程到碳循环机制效应[J].厦门大学学报(自然科学版),2011,50(2):387-401.

[14] 焦念志.海洋固碳与储碳——并论微型生物在其中的重要作用[J].中国科学,2012,42(10):1473-1486.

[15] 李翠华,蔡榕硕,颜秀花.2010—2018年海南东寨港红树林湿地碳收支的变化分析[J].海洋通报,2020,39(4):488-497.

[16] 李家兵,张秋婷,张丽烟,等.闽江河口春季互花米草入侵过程对短叶茳芏沼泽土壤碳氮分布特征的影响[J].生态学报,2016,36(12):3628-3638.

[17] 李娇,关长涛,公丕海,等.人工鱼礁生态系统碳汇机理及潜能分析[J].渔业科学进展,2013,34(1):65-69.

[18] 李静泰,等.中国滨海湿地碳储量估算[J].土壤学报,2023,60(3):800-814.

[19] 李梦.广西海草床沉积物碳储量研究[D].南宁:广西师范学院,2018.

[20] 李怒云.中国林业碳汇[M].北京:中国林业出版社,2007.

[21] 廖小娟,何东进,王韧,等.闽东滨海湿地土壤有机碳含量分布格局[J].湿地科学,2013,11(2):192-197.

[22] 林洪瑛,韩舞鹰.南沙群岛海域营养盐分布的研究[J].海洋科学,2001,25(10):12-14.

[23] 林鹏.中国红树林生态系[M].北京:科学出版社,1997.

[24] 刘松林，江志坚，吴云超，等.海草床沉积物储碳机制及其对富营养化的响应[J].科学通报，2017，62（Z2）：3309-3320.

[25] 刘钰，李秀珍，闫中正，等.长江口九段沙盐沼湿地芦苇和互花米草生物量及碳储量[J].应用生态学报，2013，24（8）：2129-2134.

[26] 罗红雪，刘松林，江志坚，等.海草床有机碳组成与微生物转化及其对富营养化的响应[J].科学通报，2021，66（36）：4649-4663.

[27] 毛子龙，赖梅东，赵振业，等.薇甘菊入侵对深圳湾红树林生态系统碳储量的影响[J].生态环境学报，2011，20（12）：1813-1818.

[28] 毛子龙，杨小毛，赵振业，等.深圳福田秋茄红树林生态系统碳循环的初步研究[J].生态环境学报，2012，21（7）：1189-1199.

[29] 权伟，应苗苗，周庆澔，等.基于稳定碳同位素技术的养殖贝类碳源分析[J].上海海洋大学学报，2018，27（2）：175-180.

[30] 生态环境部.2019年度减排项目中国区域电网基准线排放因子[S].IEA-OES（2016-2023），Annual Report（2015-2022）.

[31] 宋金明.海洋碳的源与汇[J].海洋环境科学，2003，22（2）：75-80.

[32] 孙军.海洋浮游植物与生物碳汇[J].生态学报，2011，31（18）：5372-5378.

[33] 孙军.海洋浮游植物与渔业碳汇计量[J].渔业科学进展，2013，34（1）：90-96.

[34] 孙康，崔茜茜，苏子晓，等.中国海水养殖碳汇经济价值时空演化及影响因素分析[J].地理研究，2020，39（11）：2508-2520.

[35] 谭海霞，金照光，孙富强，等.滦河口湿地植物-土壤生态化学计量相关性研究[J].水土保持研究，2019，26（2）：68-73.

[36] 唐启升，蒋增杰，毛玉泽.渔业碳汇与碳汇渔业定义及其相关问题的辨析[J].渔业科学进展，2022，43（5）：1-7.

[37] 唐启升.碳汇渔业与又好又快发展现代渔业[J].江西水产科技，2011，（2）：5-7.

[38] 陶玉华，黄星，王薛平，等.广西珍珠湾三种红树林林分土壤碳氮储量的研究[J].广西植物，2020，40（3）：285-292.

[39] 王法明，唐建武，叶思源，刘纪化.中国滨海湿地的蓝色碳汇功能及碳中和对策[J].中国科学院院刊，2021，36（3）：241-251

[40] 王勇，焦念志.胶州湾浮游植物对营养盐添加的响应关系[J].海洋科学，2002，26（4）：8-13.

[41] 王震，鲍春莉.中国海洋能源发展报告.2023[M].石油工业出版社，2023.

[42] 夏志坚，白军红，贾佳，等.黄河三角洲芦苇盐沼土壤碳、氮含量和储量的垂直分布特征[J].湿地科学，2015，13（6）：702-707.

[43] 辛琨，颜葵，李真，等.海南岛红树林湿地土壤有机碳分布规律及影响因素研究[J].土壤学报，2014，51（5）：1078-1086.

[44] 邢文黎，王臣，熊静，等.浦东东滩湿地围垦对土壤碳氮储量及酶活性影响[J].生态环境学报，2018，27（4）：651-657.

[45] 徐耀文，姜仲茂，武锋，等.翠亨湿地无瓣海桑人工林土壤有机碳分布特征及与土壤理化指标相关性[J].林业科学研究，2020，33（1）：62-68.

[46] 徐耀文，廖宝文，姜仲茂，等.珠海淇澳岛红树林、互花米草沼泽和光滩土壤有机碳含

量及其影响因素 [J]. 湿地科学, 2020, 18(1): 85-90.

[47] 严立文, 黄海军, 陈纪涛, 等. 我国近海藻类养殖的碳汇强度估算 [J]. 海洋科学进展, 2011, 29(4): 537-545.

[48] 严燕儿. 基于遥感模型和地面观测的河口湿地碳通量研究 [D]. 复旦大学, 2009.

[49] 杨慧荣, 方畅, 高均超, 等. 红树林沉积物微生物空间分布特征及碳汇能力评估 [J]. 中山大学学报(自然科学版), 2023, 62(2): 28-36.

[50] 杨林, 郝新亚, 沈春蕾, 等. 碳中和目标下中国海洋渔业碳汇能力与潜力评估 [J]. 资源科学, 2022, 44(4): 716-729.

[51] 杨熙, 余威, 何静, 等. 海南黎安港海草床碳储量评估 [J]. 海洋科学, 2022, 46(11): 116-125.

[52] 杨宗岱. 中国海草的生态学研究 [J]. 海洋科学, 1982, 6(2): 31-37.

[53] 叶思源, 赵广明. 滨海盐沼生态系统与碳汇 [J]. 地球, 2021(04): 12-17.

[54] 易思亮. 中国海岸带蓝碳价值评估 [D]. 厦门大学, 2017.

[55] 于梦璇, 田天, 马云瑞. 浅析碳汇渔业所需的碳交易市场规模: 基于海洋渔业生产数据的测算 [J]. 海洋开发与管理, 2018, 35(7): 88-93.

[56] 张继红, 方建光, 唐启升. 中国浅海贝藻养殖对海洋碳循环的贡献 [J]. 地球科学进展, 2005, 20(3): 359-365.

[57] 张祥霖, 石盛莉, 潘根兴, 等. 互花米草入侵下福建漳江口红树林湿地土壤生态化学变化 [J]. 地球科学进展, 2008, 23(9): 974-981.

[58] 张瑶, 赵美训, 崔球, 等. 近海生态系统碳汇过程, 调控机制及增汇模式 [J]. 中国科学: 地球科学, 2017, 47, 438-449.

[59] 郑凤英, 邱广龙, 范航清, 张伟. 中国海草的多样性、分布及保护 [J]. 生物多样性, 2013, 21: 517-526.

[60] 郑国侠, 宋金明, 孙云明, 等. 南海深海盆表层沉积物氮的地球化学特征与生态学功能 [J]. 海洋学报, 2006, 28(6): 44-52.

[61] 中国海油集团能源经济研究所. 2060 能源展望 [R]. 中国海油集团能源经济研究官网, 2023. https://mp.weixin.qq.com/s/kiq8jzdR_31GW8T9dBXRrA.

[62] 中国石化集团经济技术研究院有限公司. 中国能源展望 2060(2024 版)[R]. 中国石化集团经济技术研究院有限公司官网, 2023. http://edri.sinopec.com/edri/news/com_news/20240109/news_20240109_325732006670.shtml.

[63] 渔业渔政管理局. 中国渔业统计年鉴 [M]. 北京: 中国农业出版社, 2023.

[64] 中华人民共和国自然资源部. HY/T 0349—2022 海洋碳汇核算方法 [S]. 北京: 中国标准出版社, 2022.

[65] 中能传媒能源安全新战略研究院. 中国能源大数据报告 2023[R]. 中能传媒能源安全新战略研究院官网, 2023.

[66] 周晨昊, 毛覃愉, 徐晓, 等. 中国海岸带蓝碳生态系统碳汇潜力的初步分析 [J]. 中国科学: 生命科学, 2016, 46(4): 475-486.

[67] 周慧杰, 莫莉萍, 刘云东, 等. 广西钦州湾红树林湿地土壤有机碳密度与土壤理化性质相关性分析 [J]. 安徽农业科学, 2015, 43(17): 120-123, 240.

[68] 周金戈, 覃国铭, 张靖凡, 等. 中国盐沼湿地蓝碳碳汇研究进展 [J]. 热带亚热带植物学

报 2022,30(6):765-781.

[69] 周毅,江志坚,邱广龙,等.中国海草资源分布现状、退化原因与保护对策[J].海洋与湖沼,2023,54(05):1248-1257.

[70] 訾园园,郗敏,孔范龙,等.胶州湾滨海湿地土壤有机碳时空分布及储量[J].应用生态学报,2016,27(7):2075-2083.

[71] 自然资源部.第三次全国国土调查主要数据公报[R].2021.

[72] Agriculture, Fisheries and Conservation Department. Mangrove distribution in Hong Kong[EB/OL].https://www.afcd.gov.hk/english/conservation/con_wet/con_wet_man/con_wet_man_dis/con_wet_man_dis.html.

[73] Alongi D M. Carbon Cycling and Storage in Mangrove Forests[J]. Annual Review of Marine Science, 2014, 6(1), 195-219.

[74] Aubinet M, Vesala T, Papale D. Eddy covariance:a practical guide to measurement and data analysis[M]. Berlin:Springer Atmospheric Sciences, 2012.

[75] Baaij B M, KOOIJMAN J, LIMPENS J, et al. Monitoring impact of salt-marsh vegetation characteristics on sedimentation:An outlook for nature-based flood protection [J]. Wetlands, 2021, 41(6):76.

[76] Bouckaert S, Pales A F, McGlade C, et al. Net zero by 2050:A roadmap for the global energy sector[J]. 2021.

[77] Chen G, Azkab M H, Chmura G L, et al. Mangroves as a major source of soil carbon storage in adjacent seagrass meadows[J]. Scientific Reports, 2017, 7(1):1-10.

[78] Donato D C, Kauffman J B, Murdiyarso D, et al. Mangroves among the most carbon-rich forests in the tropics[J]. Nature Geoscience, 2011, 4(5), 293-297.

[79] Du J, Chen B, Nagelkerken I, et al. Protect seagrass meadows in China's waters[J]. Science, 2023, 379(6631):447-447.

[80] Duarte C M, Chiscano C L. Seagrass biomass and production:a reassessment[J]. Aquat Bot, 1999, 65(1):159-174.

[81] Duarte C M, Chiscano C L. Seagrass biomass and production:a reassessment[J]. Aquatic Botany, 1999, 65(1):159-174.

[82] Elizabeth Mcleod, Gail L Chmura, Steven Bouillon, Rodney Salm, Mats Björk, Carlos M Duarte, Catherine E Lovelock, William H Schlesinger, and Brian R Silliman. A blueprint for blue carbon:toward an improved understanding of the role of vegetated coastal habitats in sequestering CO_2[J]. Front Ecol Environ 2011;9(10):552-560.

[83] Fonseca M, Whitfield P E, Kelly N M, et al. Modeling seagrass landscape pattern and associated ecological attributes[J]. Ecological Applications, 2002, 12(1):218-237.

[84] Fourqurean J W, Duarte C M, Kennedy H, et al. Seagrass ecosystems as a globally significant carbon stock[J]. Nature Geoscience, 2012, 1(7):97-315.

[85] Fourqurean, J, Johnson, B, Kauffman, J B, et al. Intergovernmental Oceanographic Commission. Coastal Blue Carbon:methods for assessing carbon stocks and emissions factors in mangroves, tidal salt marshes, and seagrass meadows[M]. 2019.

[86] Fu C C, LI Y, ZENG L, et al. Stocks and losses of soil organic carbon from Chinese vegetated

coastal habitats [J]. Glob Change Biol, 2021, 27（1）：202-214.

[87] Fu C, Li Y, Zeng L, et al. Stocks and losses of soil organic carbon from Chinese vegetated coastal habitats[J]. Global change biology, 2021, 27（1）：202-214.

[88] Gacia E, Duarte C M, Middelburg J J. Carbon and nutrient deposition in a Mediterranean seagrass（Posidonia oceanica）meadow[J]. Limnol Oceanogr, 2002, 47：23-32.

[89] Gonneea M E, Paytan A, Herrera-Silveira J A. Tracing organic matter sources and carbon burial in mangrove sediments over the past 160 years[J]. Estuar Coast Shelf S, 2004, 61：211-227.

[90] Gu J, Luo M, Zhang X, Christakos G, Agusti S, Duarte, C M, Wu J. Losses of salt marsh in China：Trends, threats and management. Estuar[J]. Coast. Shelf Sci., 2018, 214：98-109.

[91] Hicks C E. Sediment organic carbon pools and sources in a recently constructed mangrove and seagrass ecosystem. Master Dissertation[D]. Gainesville：University of Florida, 2007.

[92] Himes-Cornell A, Pendleton L, Atiyah P. Valuing ecosystem services from blue forests：A systematic review of the valuation of salt marshes, sea grass beds and mangrove forests[J]. Ecosystem services, 2018, 30：36-48.

[93] Hoojoer A, Silvius M, Wosten H, et al. Assessment of CO_2 emissions from drained peatlands in SE Asia[R]. 2006, Wetlands International Netherlands.

[94] Howard J, Hoyt S, Isensee K, et al. 滨海蓝碳：红树林、盐沼、海草床碳储量和碳排放因子评估方法 [M].陈鹭真,卢伟志,林光辉,译.厦门：厦门大学出版社,2018.

[95] Hu Y K, TIAN B, YUAN L, et al. Mapping coastal salt marshes in China using time series of Sentinel-1 SAR[J]. ISPRS J Photogramm, 2021, 173：122-134. doi：10.1016/j.isprsjprs. 2021.01.003.

[96] IEA. World Energy Investment 2023[C]. IEA, Paris. https：//www.iea.org/reports/World Energy Investment 2023.

[97] IRENA. World energy transitions outlook 2023：1.5 ℃ pathway[C]. 2023.

[98] Jiang Z, Liu S, Zhang J, et al. Newly discovered seagrass beds and their potential for blue carbon in the coastal seas of Hainan Island, South China Sea[J]. Marine Pollution Bulletin, 2017, 125（1/2）：513-521.

[99] Kearney W S, FAGHERAZZI S. Salt marsh vegetation promotes efficient tidal channel networks [J]. Nat Commun, 2016, 7：12287. doi：10.1038/ncomms12287.

[100] Kuwae T, Hori M. Blue carbon in shallow coastal ecosystems[J]. Blue Carbon Shallow Coast. Ecosyst, 2019, 1（10）.

[101] Lamlom S H, Savidge R A. A reassessment of carbon content in wood：Variation within and between 41 North American species[J]. Biomass and Bioenergy, 2003, 25（4）：381-388.

[102] Lin C W, Kao Y C, Lin W J, et al. Effects of pneumatophore density on methane emissions in mangroves[J]. Forests, 2021, 12（3）：314.

[103] Lin H J, Chen K Y, Kao Y C, et al. Assessing coastal blue carbon sinks in Taiwan[J]. Marine Research, 2023, 3（2）：1-17. DOI：10.29677/MR.202312_3（2）.0001.

[104] Lin H J, Ho C W, Chen T Y. Surveys on Mangrove Ecosystems[R]. Ocean Conservation Administration, Ocean Affairs Council, 2019.

[105] Liu J E, Zhou H X, Qin P, et al. Effects of Spartina alterniflora salt marshes on organic carbon acquisition in intertidal zones of Jiangsu Province, China[J]. Ecological Engineering, 2007, 30(3):240-249.

[106] Liu Y N, Xi M, Zhang X L, et al. Carbon storage distribution characteristics of wetlands in China and its influencing factors[J]. Chinese Journal of Applied Ecology, 2019, 30(7):2481-2489.

[107] Liu Y N, Xi M, Zhang X L, et al. Carbon storage distribution characteristics of wetlands in China and its influencing factors[J]. Chinese Journal of Applied Ecology, 2019, 30(7):2481-2489.

[108] Liu M, Mao D, Wang Z, Li L, Man W, Jia M, Ren C, Zhang Y. Rapid invasion of Spartina alterniflora in the coastal zone of mainland China:New observations from Landsat OLI images[J]. Remote Sens, 2018,10.

[109] Macreadie P I, Allen K, Kelaher B P, et al. Paleoreconstruction of estuarine sediments reveal human-induced weakening of coastal carbon sinks[J]. Global change biology, 2012, 18:891-901.

[110] Mao R, Ye S Y, Zhang X H. Soil-aggregate-associated organic carbon along vegetation zones in tidal salt marshes in the Liaohe delta[J]. Clean-Soil, Air, Water, 2018, 46(4):1800049.

[111] Mao R, Zhang X H, Meng H N. Effect of Suaeda salsa on soil aggregate-associated organic carbon and nitrogen in tidal salt marshes in the Liaohe Delta, China[J]. Wetlands, 2014, 34(1):189-195.

[112] Martin B C, Middleton J A, Fraser M W, et al. Cutting out the middle clam:lucinid endosymbiotic bacteria are also associated with seagrass roots worldwide[J]. The ISME Journal. 2020, 14(11):2901-2905.

[113] Mateo M, Cebrián J, Dunton K, et al. Carbon flux in seagrass ecosystems[J]. Seagrasses:biology, ecology and conservation, 2006:159-192.

[114] Mateo M, Romero J, Perez M, et al. Dynamics of millenary organic deposits resulting from the growth of the Mediterranean seagrass Posidonia oceanica[J]. Estuar Coast Shelf S, 1997, 44:103-110.

[115] Milton G R, PRENTICE R C, FINLAYSON C M. Wetlands of the world [M]// FINLAYSON C M, MILTON G R, PRENTICE R C, et al. The Wetland Book:II. Distribution, Description, and Conservation. Dordrecht:Springer, 2018:3-16.

[116] Miyajima T, Hori M, Hamaguchi M, et al. Geographic variability in organic carbon stock and accumulation rate in sediments of East and Southeast Asian seagrass meadows[J]. Glob Biogeochem Cycle, 2015, 29:397-415.

[117] Miyajima T, Hori M, Hamaguchi M, et al. Geographic variability in organic carbon stock and accumulation rate in sediments of East and Southeast Asian seagrass meadows[J]. Glob Biogeochem Cycle, 2015, 29:397-415.

[118] Miyajima T, Koike I, Yamano H, et al. Accumulation and transport of seagrass-derived organic matter in reef flat sediment of Green Island, Great Barrier Reef[J]. Mar Ecol Prog

Ser, 1998, 175:251-259.

[119] Nellemann C, Corcoran E, Durate C M, et al. Blue carbon: The role of healthy ocean in binding carbon[M]. United Nations Environment Programme, GRID-Arendal, 2009.

[120] Norris J G, Wyllie-Echeverria S, Mumford T, et al. Estimating basal area coverage of subtidal seagrass beds using underwater videography[J]. Aquatic Botany, 1997, 58(3-4): 269-287.

[121] Oreska M P J, Wilkinson G M, Mcglathery K J, et al. Non-seagrass carbon contributions to seagrass sediment blue carbon[J]. Limnology and Oceanography, 2018, 63(S1): 3-18.

[122] Ouyang X G, Guo F, Lee S Y. The impact of super-typhoon Mangkhut on sediment nutrient density and fluxes in a mangrove forest in Hong Kong[J]. Science of the Total Environment, 2021, 766:142637.

[123] Pan Y, Birdsey R A, Fang J, et al. A large and persistent carbon sink in the world's forests[J]. Science, 2011, 333(6045): 988-993.

[124] Paul M, Lefebvre A, Manca E, et al. An acoustic method for the remote measurement of seagrass metrics[J]. Estuarine, Coastal and Shelf Science, 2011, 93(1): 68-79.

[125] Pendleton L, Donato D C, Murray B C, et al. Estimating global "blue carbon" emissions from conversion and degradation of vegetated coastal ecosystems[J]. 2012, 7: e43542.

[126] Procaccini G, Olsen J L, Reusch T B H. Contribution of genetics and genomics to seagrass biology and conservation[J]. Journal of Experimental Marine Biology and Ecology, 2007, 350:234-259.

[127] Qian L W, Yan J F, Hu Y, et al. Spatial distribution patterns of annual soil carbon accumulation and carbon storage in the Jiuduansha wetland of the Yangtze River estuary[J]. Environmental Monitoring and Assessment, 2019, 191(12): 1-11.

[128] Radabaugh KR, Moyer RP, Chappel AR, Powell CE, Bociu I, Clark BC, Smoak JM. Coastal blue carbon assessment of mangroves, salt marshes, and salt barrens in Tampa Bay, Florida, USA[J]. Estuaries and Coasts, 2018, 41:1496-1510.

[129] Reef R, Atwood T B, Samper-villarreal J, et al. Using eDNA to determine the source of organic carbon in seagrass meadows [J]. Limnology and Oceanography, 2017, 62(3): 1254-1265.

[130] Reich S, Di Martino E, Todd J A, et al. Indirect paleo-seagrass indicators (IPSIs): a review[J]. Earth-Sci Rev, 2015, 143:161-186.

[131] Sanderman J, HENGL T, FISKE G J. Soil carbon debt of 12, 000 years of human land use [J]. Proc Natl Acad Sci USA, 2017, 114 (36):9575-9580.

[132] Schuerch M, SPENCER T, TEMMERMAN S, et al. Future response of global coastal wetlands to sea-level rise [J]. Nature, 2018, 561(7722):231-234.

[133] Serrano O, Lavery P S, Rozaimi M, et al. Influence of water depth on the carbon sequestration capacity of seagrasses[J]. Glob Biogeochem Cycle, 2014, 28:950-961.

[134] Shao X X, Yang W Y, Wu M, et al. Soil organic carbon content and its distribution pattern in Hangzhou Bay coastal wetlands[J]. Chinese Journal of Applied Ecology, 2011, 22(3): 658-664.

［135］ Shao X X, Yang W Y, Wu M. Seasonal dynamics of soil labile organic carbon and enzyme activities in relation to vegetation types in Hangzhou Bay tidal flat wetland［J］. PLoS One, 2015, 10（11）: e0142677.

［136］ Short F T, Carruthers T, Dennison W, et al. Global seagrass distribution and diversity: A bioregional model［J］. Journal of Experimental Marine Biology and Ecology, 2007, 350: 3-20.

［137］ Short F T, Polidoro B, Livingstone S R, et al. Extinction risk assessment of the world's seagrass species［J］. Biological Conservation, 2011, 144: 1961-1971.

［138］ Spencer T, SCHUERCH M, NICHOLLS R J, et al. Global coastal wetland change under sea-level rise and related stresses: The DIVA wetland change model ［J］. Glob Planet Change, 2016, 139: 15-30. doi: 10.1016/j.gloplacha.2015.12.018.

［139］ Tagulao KA. Macao's mangroves［EB/OL］.［2018-03-15］. https://macaomagazine.net/macaos-mangroves/#: ~: text=Macao % 2C % 20despite % 20its % 20small % 20size % 20and % 20 highly % 20urbanised, in % 20Cotai % 20managed % 20by % 20the % 20Environmental % 20Protection % 20Bureau.

［140］ Tang Q S, Zhang J H, Fang J G. Shellfish and seaweed mariculture increase atmospheric CO_2 absorption by coastal ecosystems［J］. Marine Ecology Progress Series, 2011, 424: 97-105.

［141］ Tokoro T, Hosokawa S, Miyoshi E et al. Net uptake of atmospheric CO_2 by coastal submerged aquatic vegetation［J］. Glob Chang Biol, 2014, 20: 1873-1884.

［142］ Tokoro T, Watanabe K, Tada K, et al. Air-water CO2 flux in shallow coastal waters: theoretical background, measurement methods, and mechanisms. In: Kuwae T, Hori M（eds）Blue carbon in shallow coastal ecosystems: carbon dynamics, policy, and implementation［J］. Springer, Singapore, 2018: 153-184.

［143］ Tokoro T, Watanabe K, Tada K, et al. Guideline of blue carbon（CO_2 absorption and carbon sequestration）measurement methodology in port areas［J］. Technical note of the port and airport research institute, 2105, 1309.

［144］ Tomasko D, Lapointe B. Productivity and biomass of Thalassia testudinum as related to water column nutrient availability and epiphyte levels: field observations and experimental studies［J］. Marine Ecology Progress Series, 1991, 75: 9-17.

［145］ Wang F M, LU X L, SANDERS C J, et al. Tidal wetland resilience to sea level rise increases their carbon sequestration capacity in United States ［J］. Nat Commun, 2019, 10（1）: 5434. doi: 10.1038/s41467-019-13294-z.

［146］ Wang F M, SANDERS C J, SANTOS R I, et al. Global blue carbon accumulation in tidal wetlands increases with climate change ［J］. Natl Sci Rev, 2021, 8（9）: 140-150. doi: 10.1093/nsr/nwaa296.

［147］ WANG Faming, TANG Jianwu, YE Siyuan, LIU Jihua. Blue Carbon Sink Function of Chinese Coastal Wetlands and Carbon Neutrality Strategy ［J］. Bulletin of Chinese Academy of Sciences, 2021（3）: 241-251.

［148］ Wang S Q, Xu J, Zhou C H. The effect of land cover change on carbon cycle: A case study in the estuary of Yellow River Delta[J]. Journal of Remote Sensing, 2001, 5 - (2):142-148, 162.

[149] World Economic Forum. In collaboration with Accenture Fostering Effective Energy Transition 2023 Edition INSIGHT REPORT[C], 2023.

[150] Xiong Y M, Liao B W, Proffitt E, et al. Soil carbon storage in mangroves is primarily controlled by soil properties: A study at Dongzhai Bay, China[J]. Science of the Total Environment, 2018, 619/620:1226-1235.

[151] Yang W, An S Q, Zhao H, et al. Labile and recalcitrant soil carbon and nitrogen pools in tidal salt marshes of the eastern Chinese Coast as affected by short-term C4 plant Spartina alterniflora invasion[J]. Clean-Soil, Air, Water, 2015, 43(6):872-880.

[152] Ye S Y, Xie L J, He L. Wetlands: the kidney of the earth & a boat of life [M]. Beijing: Science Press, 2021.

[153] Zhang G L, Bai J H, Zhao Q Q, et al. Soil carbon storage and carbon sources under different Spartina alterniflora invasion periods in a salt marsh ecosystem[J]. Catena, 2021, 196: 104831.

[154] Zhang H B, Luo Y M, Wong M H, et al. Soil organic carbon storage and changes with reduction in agricultural activities in Hong Kong[J]. Geoderma, 2007, 139(3/4):412-419.

[155] Zhao G, Ye S, Li G, et al. Soil organic carbon storage changes in coastal wetlands of the Liaohe Delta, China, based on landscape patterns[J]. Estuaries and Coasts, 2017, 40(4): 967-976.

[25] Zhou H X, Liu J E, Zhou J, et al. Effect of an alien species Spartina alterniflora Loisel on biogeochemical processes of intertidal ecosystem in the Jiangsu coastal region, China[J]. Pedosphere, 2008, 18(1):77-85.

第6章 政策法规篇

▌摘　要:蓝碳政策法规是蓝碳保护和发展的规范性和指导性文件,本章从国际和国内两个层面介绍蓝碳政策法规的相关内容。国际蓝碳政策法规方面,介绍了蓝碳相关国际公约、各国政策制度与规划,以及国际标准与方法学。国内蓝碳政策法规方面,介绍了国内蓝碳法律、国家级与省级政策制度,以及国内标准与方法学。

▌关键词:法律法规;政策制度;标准;方法学

6.1 国际蓝碳政策法规

6.1.1 蓝碳相关国际公约

当前,国际法领域尚未出台专门针对海洋碳汇保护的立法,但已有海洋环境和资源保护的专门国际公约和软法规范(表6.1.1)。蓝碳作为海洋生态系统的有机组成部分,虽在海洋环境保护的立法中有所涉及,但未架构权威的法律制度体系,相关政策法规尚不完善,无法为蓝碳行为提供切实可行的法律保障。

表6.1.1　蓝碳相关国际公约(本表为笔者综合相关国际条约网站自制)

文件名称	颁布组织/机构	生效时间	相关内容
《联合国海洋法公约》	联合国海洋法会议	1994年11月	第十二部分,各国有"保护和维护海洋环境"的一般义务,以及涉及"倾倒""污染"的定义等。 第十三部分,海洋科学研究的定义以及进行研究活动应遵守的一般原则。
《联合国气候变化框架公约》	联合国气候变化大会	1994年3月	序言指出,意识到陆地和海洋生态系统中温室气体汇和库的作用和重要性。 第1条关于"汇"的定义包括"从大气中清除温室气体、气溶胶或温室气体前体的任何过程、活动或机制"。这一宽泛的定义似包括海水碱化等人为干预的蓝碳技术。 第4.1款d项强调,维护和加强包括生物质、森林、海洋以及其他陆地、沿海和海洋生态系统在内的所有温室气体的汇和库。 2023年5月发布的一份关于"第6.4条机制下的清除活动"的有争议的情况说明将海水碱化列为"基于工程的清除活动",并简要介绍了海水碱化的成本、潜力、风险和影响、共同惠益以及权衡和溢出效应。

续表

文件名称	颁布组织 / 机构	生效时间	相关内容
《巴黎协定》	联合国气候变化大会	2016 年 11 月	强调必须确保包括海洋在内的所有生态系统的完整性。蓝碳作为沿海和海洋生态系统的一部分,属于温室气体的汇和库。 在某些情况下,蓝碳技术项目或活动可能构成《巴黎协定》下的减缓行动。
《生物多样性公约》	联合国环境规划署	1993 年 12 月	第 3、7、14 条。 2008 年的决定建议各国禁止"海洋肥化"和其他"与气候有关的地球工程活动",确保在有充分的科学依据证明海洋肥化活动的合理性之前,不进行这种活动。并为这些活动建立了一个全球性的、透明和有效的控制和监管机制。 2010 年的决定中,对海洋地球工程进行了定义。
《伦敦公约》和《伦敦议定书》	国际海事组织	1975 年 8 月、1996 年 11 月	目标:保护和维护海洋环境免受所有污染源的影响,以及"防止、减少并在可行的情况下消除由倾倒"废物或其他物质造成的污染。 关于"废物或其他物质"的定义,禁止倾倒的物质清单。 2008 年的决议对海洋肥化的研究和部署进行了区分和界定。 2010 年的决议为海洋肥化制定了评估框架。 2013 年《伦敦议定书》关于海洋 CDR 的修正案。
《保护野生动物迁徙物种公约》	超过 128 个缔约方	1983 年 11 月	蓝碳技术项目需要确保不会威胁到该公约所规定的物种的栖息地。
《关于保护世界文化和自然遗产公约》	联合国教科文组织	1975 年 12 月	缔约方必须确定其境内的重要文化和自然遗产地,并"尽其所能"保护和保存这些遗产地,可能会影响到在文化或自然遗产地附近或的蓝碳技术项目的批准和实施。
《南极条约》	南极条约协商国组织	1961 年 6 月	要求缔约国对拟议的研究项目进行环境审查,项目的规划和实施必须"限制对南极环境和相关生态系统的不利影响"。这些要求将适用于缔约方在南极地区进行的蓝碳技术研究项目。
《BBNJ 协定》	联合国大会	尚未生效	该协定关于环境影响评估及能力建设的内容适用于在国家管辖范围以外海域开展的开放式海洋学实验研究活动。

1.《联合国海洋法公约》

《联合国海洋法公约》(以下简称《公约》)作为"海洋领域的宪法",规定了海上、海中、海底和海洋上空几乎所有可能的活动。蓝碳活动本身作为利用海洋空间进行科学活动以达到减缓气候变化目的的一种活动类型,在《公约》中并没有明确的定义条款。其中与海洋蓝碳的规制最相关的部分是第十三部分的"海洋科学研究"和第十二部分的"海洋环境保护"。

虽然《公约》并没有就"海洋科学研究"一词的确切含义给予明确的术语定义,但由于《公约》第十三部分的规制内容也涉及对"与自然资源的勘探和开发"有关的研究,因此在通常情况下,《公约》所规定的"海洋科学研究"既包括为增加人类知识而对海洋环境及其资源进行的研究(即所谓的纯粹或基础研究),也包括为随后开发资源而进行的研究(即所谓的应用研究)。"海洋科学研究"一词包括"与海洋环境有关的任何形式的基础或应用科学调查,即以海洋环境为对象的科学调查。"(Patricia Birnie,1995)由于基于海洋的蓝碳研究的最终目标是开发能够大规模清除大气中二氧化碳的方法,实现这一目标的前景将极大程度地取决于对海洋环境的了解,以及对这种方法的应用;因此有关海洋蓝碳的研究应被视为为《公约》"海洋科学研究"的概念所容纳。

《公约》第一部分序言就"海洋环境的污染"做出了明确的定义,即指"人类直接或间接把物质或能量引入海洋环境,其中包括河口湾,以致造成或可能造成损害生物资源和海洋生物、危害人类健康、妨碍包括捕鱼和海洋的其他正当用途在内的各种海洋活动、损坏海水使用质量和减损环境优美等有害影响。"蓝碳活动可能受到《公约》"海洋环境保护"部分规制的原因在于,蓝碳活动所涉及的从人工上升流中抽取海洋营养物质或下沉实验,以及为提高海水碱度而引入铁或矿物质等技术和手段,可能被解释为或构成向海洋环境中引入能量或物质。如果违反本部分所规定的义务,有可能产生对海洋环境的有害影响而触发赔偿责任,引起承担国家责任的风险。此外,海洋蓝碳涉及在海洋环境中放置铁或矿物质等以提高监督还有可能触发公约中的"倾倒"条款。《公约》规定的"倾倒"是指,从船只、飞机、平台或其他人造海上结构故意处置废物或其他物质的行为,故意处置船只、飞机平台或其他人造海上结构的行为。但《公约》还规定了"倾倒"例外条款,即"并非为了单纯处置物质而放置物质"不构成倾倒,"只要这种放置不违背本公约的宗旨"。常理可知,蓝碳活动的目的是减缓气候变化,而为实现此目的所进行的科学实验和手段并不是以处置物质为目的,因此,并不构成对于《公约》倾倒条款的违背。

由于"海洋环境污染"的定义一直在受到缔约各方不断演变的解释的影响,有关蓝碳活动的国际司法判例和国际诉讼尚未出现。有关蓝碳的习惯国际法并未生成;因此关于蓝碳活动所触发"海洋环境污染"条款的阈值和内容尚不明确。随着蓝碳活动定义的完善和标准的确定性不断加强,其触发《公约》中"海洋环境污染"部分中相应条款的门槛将会逐渐清晰和明确。

2.《〈联合国海洋法公约〉下国家管辖范围以外区域海洋生物多样性的养护和可持续利用协定》

根据联合国大会第 72/249 号决议,《公约》的缔约方自 2018 年 4 月起正式进入政府间会议阶段,拟订一项关于养护和可持续利用国家管辖范围以外区域海洋生物多样性的具有法律约束力的国际文书。在 2018 年至 2022 年期间召开了五届政府间会议之后,第五届政府间会议于 2023 年 2 月和 6 月再次召开两次续会。2023 年 6 月 19 日,缔约方会议以协商一致方式通过了《〈联合国海洋法公约〉下国家管辖范围以外区域海洋生物多样性的养护和可持续利用协定》，以下简称《协定》。

《协定》中的一些条款可能与蓝碳活动有关。例如，第三部分"包括海洋保护区在内的划区管理工具等措施"第十七条关于本部分的目标是，"通过建立划区管理工具综合系统等，包括具有生态代表性和良好连通性的海洋保护区网络，养护和可持续利用需要保护的区域"，"保护、保全、恢复和维持生物多样性和生态系统，目的包括增强其生产力和健康；加强其抵御压力的韧性，包括抵御与气候变化、海洋酸化和海洋污染有关的压力；"。因此，是否可以在保护区内开展基于海洋的蓝碳活动，取决于其是否会提升海洋抵御压力的韧性，达到"保护、保全、恢复和维持生物多样性和生态系统"的目标。如果蓝碳活动有助于实现《协定》中海洋保护区部分的目的，并不违反其他条款，则应被允许。

《协定》还要求就可能影响公海海洋环境的活动进行环境影响评价，并设置了比当前《公约》和现行习惯国际法所规定更为精确和实质性的开展环评的门槛和的参数性要素。不同类型的蓝碳活动可能涉及目前环评部分中的累积影响、国家管辖范围以内和以外区域的影响、战略环评，以及有关计划活动的信息交换和监测等条款内容。从现行已开展的蓝碳活动实践来看，《协定》的门槛要求可能会使得许多小规模的蓝碳活动免受环境影响评价的要求，因为它们可能达不到潜在危害的程度，无需进行全面的环境影响评价。但鉴于蓝碳活动仍处于动态发展的过程中及其高度的不确定性，《协定》中的环评条款依然应在蓝碳活动实施之前予以考察和比照。

3.《伦敦公约》

1972 年《防止倾倒废物及其他物质污染海洋的公约》（即《伦敦公约》）被视为《公约》倾倒条款的具体化，也包含了有关"倾倒例外"的措辞。《伦敦公约》及其 1996 年《议定书》的缔约方曾讨论过"海洋铁肥化"（ocean iron fertilization）活动是否可以由《伦敦公约》及其议定书监管，以及在何种条件下允许施行海洋铁肥化活动的问题。2008 年，缔约方通过了一项决议，指出"海洋铁肥化"活动可以属于倾倒例外情况，作为"单纯处置以外的目的而放置物质"（IMO，2008）。但这种活动仅限于合法的科学研究，并需接受逐案风险评估。公约缔约方随后制定了风险评估协议（IMO，2010），用于审查有关"海洋铁肥化"的提案。决议的重点虽然是"海洋铁肥化"，但《伦敦公约》及其《议定书》的缔约方很可能会以相应的方式对待其他海洋除碳选项。

4.各国蓝碳相关法律

美国、澳大利亚、加拿大等部分国家颁布的法律中有涉及蓝碳的内容（表 6.1.2）。其中，澳大利亚已出现了关于碳捕获技术的立法文书和法案，但是对于各种技术的实施标准等问题并没有专门细致的规定。

表 6.1.2　各国蓝碳相关法案（本表为笔者综合相关网站和法律数据库自制）

国家	法案名称	生效时间	颁布机构	蓝碳相关内容
美国	海洋保护、研究和保护区法案（MPRSA）	1972年10月	环境保护局	部分蓝碳项目如海洋施肥可能会涉及"倾倒"内容。该法规对在美国海岸12海里内的区域里"向海洋水域倾倒所有类型的材料"的行为进行了规定。
	国家海洋保护区法案（NMSA）	1972年	国家海洋和大气管理局	该法规定，在海洋保护区的活动必须得到国家海洋和大气管理局的许可，并且不得"破坏、导致损失或伤害"任何有助于保护区的保护、娱乐、历史、生态、考古、文化、教育或美学价值的生物或非生物资源。可能适用于发生在海洋保护区内的蓝碳项目。
	联邦外大陆架土地法案（OCS）		国土安全部海岸警卫队	宣布"外大陆架"的底土和海床属于美国，并受其管辖。因此，发生在外大陆架上的蓝碳项目活动必须得到联邦政府通过租赁、路权或类似文书的许可。
	濒危物种法（ESA）	1973年12月	鱼类和野生动物管理局	根据该法规定，若蓝碳项目活动可能影响已被列为受威胁危的或陆地或波水物种时，需要与野生动物管理局（FWS）协商。
	河流与港口法（RHA）	1996年10月	陆军工程兵部队	在距离海岸三英里范围内进行某些受管制的活动，包括安置或拆除结构和修改通航水道，都需要许可。
加拿大	加拿大环境保护法（CEPA）	1999年	卫生部	该法规定，每个项目必须按照《加拿大环境评估法》进行环境审查，包括蓝碳项目。第7部分的第3分部制定了海上处置计划，旨在管制海上"处置"行为来"保护海环境"。蓝碳技术项目在实施时有可能会利用该法条规定的平台或类似结构。
	加拿大石油资源法 t（CPRA）	1986年11月	自然资源部	该法规授权加拿大自然资源部部长向第三方授予使用大陆架的权益，并不涉及其用于其他目的，其中没有有明确规定授予使用大陆架进行蓝碳项目活动，导致蓝碳项目权益的不确定性。
	加拿大海洋法（COA）	1996年12月	渔业和海洋部	第35条，授权总督委员会根据渔业和海洋部长的建议，指定因其生态或生物重要性而需要特别保护的近海区域。一旦指定了一个区域，就可以通过法规来禁止或限制其中的活动。
	加拿大能源监管法（CERA）	2019年8月	能源监管部	第5部分，在加拿大领海或专属经济区内执行了规定。第3部分对"管道"的建设、运营和废弃进行了规定，蓝碳项目应先获得监管部批准。

续表

国家	法案名称	生效时间	颁布机构	蓝碳相关内容
澳大利亚	工业研究与发展（碳捕获技术计划）仪器（立法文书）	2023 年 11 月 10 日－2034 年 3 月 31 日	澳大利亚	该立法文书是针对碳捕获技术所规定的一系列程序、资格标准等。
	环境保护(海洋倾倒)修正案(利用新技术应对气候变化)法	2023 年 11 月 27 日	气候变化、能源、环境和水资源部	针对使用新技术应对气候变化的专门规制。
	环境保护及生物多样性保护修正案	2013 年 6 月 21 日	气候变化、能源、环境和水资源部	要求部长批准对可能对重要国家环境资产产生重大环境影响的活动进行环境影响评估(EIA)。
	大堡礁海洋公园修正(当局管理及其他事项)法案	2021 年 9 月 1 日	大堡礁海洋公园管理局	针对澳大利亚大堡礁国家公园内实施的蓝碳技术工程的专门监管规定。
韩国	应对气候危机碳中和绿色发展基本法	2022 年 3 月 25 日	国民议会通过	第 33 条，全面考虑了扩大碳汇及达成温室气体减排目标的种种方案。第 1 点是建设、扩充碳吸收源，改善温室气体吸收能力的目标和基本方向。第 3 点则强调在开展碳吸收源等的建设时，要制定"保护生物多样性等生态系统健康性的方案"。第 5 条"研究开发专业人才培养、教育宣传等碳吸收源建设利扩"。第 34 条，提出要开展"碳捕捉、利用、储存技术"，有助于推动温室气体减排方面建设。第 35 条，强调推进国际减排项目，以加强国际合作应对气候变化。这一举措有助于提高全球碳汇建设和减排技术的水平。
日本	全球变暖对策推进法	2021 年	国会参议院正式通过	2050 年实现碳中和。地方政府将有义务设定利用可再生能源的具体目标，制定可再生能源相关鼓励制度。

6.1.2 政策制度与规划

1.国际组织政策制度

2009年，联合国环境规划署（UNEP）、联合国粮农组织（FAO）和联合国教科文组织政府间海洋学委员会（IOC/UNESCO）发布《蓝碳：健康海洋固碳作用的评估报告》（IOC/UNESCO，2009）。该报告首次提出蓝碳概念，主要关注红树林、滨海沼泽、海创草三大海岸带蓝碳生态系统，指出蓝碳生态系统具有固碳量巨大、固碳效率高、碳存储周期长等特点。

2010年，保护国际基金会（Conservation Internation，CI）和IOC/UNESCO发布"蓝碳倡议"计划，提出成立碳汇政策工作组和科学工作组，旨在支撑全球蓝碳的科学研究、项目实施和政策制定等，推进沿海和海洋生态系统的保护、恢复与可持续利用以应对气候变化。同年，COP16发布《气候变化的蓝色碳解决方案》（COP，2010），提供了蓝碳的基础知识，包括其临界值和主要威胁。

2011年，联合国气候变化框架公约缔约方发布《海洋及沿海地区可持续发展蓝图》，规划了蓝碳保护和发展的路径（UNESCO，IMO，FAO，UNDP，2011）。

2013年，《2006年IPCC国家温室气体清单指南的2013年补充版：湿地》第四章中，涉及滨海湿地部分包括红树林、滨海沼泽和海草床三大海岸带蓝碳生态系统的温室气体清单编制方法。这标志着海岸带蓝碳生态系统被正式纳入《联合国气候变化框架公约》的相关机制（IPCC，2013）。

2014年，CI、IUCN等组织制定的《海岸带蓝碳：红树林、盐沼和海草床碳储量与释放因子评估方法》为全球海岸带三种蓝碳生态系统的碳汇评估方法的业务化应用开展提供了操作指南（CI、IUC，2014）。

2018年，《拉姆萨尔湿地公约》第十三次缔约方会议上通过了澳大利亚提出的"关于沿海蓝碳生态系统养护、恢复和可持续管理的决议"。该决议重点强调对沿海蓝碳生态系统的保护和恢复，并且开发对相关效益量化的方法，以及同国际上其他的关于碳核算的相关政策法规接轨。该决议还为生态系统的保护、修复提供了一个投资平台，为各国对于蓝碳相关信息的交流提供了便利。

2021年，世界自然保护联盟发布《欧洲和地中海蓝碳项目创建手册》，为欧洲地区的蓝碳资源管理政策、蓝碳项目实施与认证、碳储量估算以及蓝碳生态系统恢复等领域提供了实用工具与建议。手册还探讨了通过自愿碳补偿机制激发企业等多元主体参与蓝碳资源保护的途径（IUCN，2021）。

2022年，《联合国气候变化框架公约》缔约方大会第27次会议发布《高质量蓝碳原则与指南》，通过整合现有知识和最佳实践提炼出高质量蓝碳的定义，提出高质量蓝碳项目开发原则和指南，用于指导高质量蓝碳项目和碳信用的开发和投资，对高质量碳汇项目涉及的利益相关方提出针对性建议（COP，2022）。

2.各国蓝碳政策制度

现阶段,各国蓝色碳汇的政策制定主要围绕着《联合国气候变化框架公约》和《巴黎协定》,结合各国国情积极探索实践,按照各国发展路线进行详细的制定。大部分国家仍然围绕着界定蓝色碳汇、监测评估蓝色碳汇、保护和恢复海洋生态系统、建立监管和治理体制等展开。部分国家已经制定了专门的政策和法规,包括设立海洋保护区、推动海洋生态系统的恢复和保护,以及设定碳排放减少目标等。

(1)欧盟。

欧盟在蓝色碳汇法律和政策制定方面走在前列,其中比较有代表性的政策方案见表 6.1.3。

表 6.1.3　欧盟蓝碳相关政策制度

发布时间	文件名称	发布单位	蓝碳相关内容
2022 年	为可持续蓝色地球制定路线—关于欧盟国际海洋治理议程的联合公报	欧盟委员会和欧盟外交与安全政策高级代表	采取行动以实现安全、清洁和可持续管理海洋。重点内容之一是推动海洋可持续发展,计划将海碳定价扩展到海事部门,将海洋生态系统恢复目标纳入法律,加紧维护蓝碳功能。
2022 年	关于碳去除、回收及可持续储存的倡议	欧盟委员会	通过推动蓝碳倡议、强化对海洋生态脆弱区域的风险评估、加大对沿海生态环境及生物多样性保护的投资力度、提升沿海湿地中海藻类植物和软体动物的养殖培育等措施,积极发展蓝碳经济,实现碳吸收、碳固定与粮食安全、扩大就业的有机融合。

作为欧盟的前成员国,英国早在 2009 年颁布《低碳转换计划》,正式成为首个以立法形式确立"碳预算"并将其纳入国家预算体系中的国家,通过制定和实施一系列政策,积极推动企业研发和应用高效节能的低碳技术,从而促进蓝色碳汇战略性产业的可持续发展(UK,2009)。

(2)美国。

2010 年,美国制定了首个国家海洋政策,2012 年颁布了《国家海洋政策执行计划》,此后颁布了《沿海和海洋酸化的压力与威胁研究法案》《海洋气候行动计划》《通胀削减法案》等,都直接或间接促进蓝碳的发展。其中,2021 年颁布的《蓝色地球法案》和 2023 年颁布的《海洋气候行动计划(OCAP)》与蓝碳息息相关。相关具体情况见表 6.1.4。

表 6.1.4　美国蓝碳相关政策制度

发布时间	文件名称	蓝碳相关内容
2021 年	加强对五大湖、海洋、海湾和河口的长期理解和探索法案(蓝色地球法案)	加强联邦对蓝碳的研究; 建立沿海蓝碳源及其封存潜力的国家清单; 加强对现有蓝碳生态系统的保护; 恢复和扩大退化的沿海蓝碳生态系统; 评估深海海底环境中二氧化碳的潜在遏制; 提供沿海蓝碳数据的长期管理和标准化。

发布时间	文件名称	蓝碳相关内容
2023 年	海洋气候行动计划（OCAP）	评估协调整个海洋空间地质构造海底二氧化碳封存监管框架的机会。 海底下的先进研究、监测、适应性管理和开发。 全程透明的二氧化碳封存。为海洋 CDR 研究和实施制定政策和监管标准。 为有前景的海洋 CDR 方法实施全面的联邦研究、规模测试和监测计划。 为海洋 CDR 方法制定碳核算标准。 评估海洋 CDR 方法的环境和社会影响。 保留沿海蓝碳，并将碳封存和储存作为"美丽美国"倡议的优先事项，该倡议旨在到 2030 年保护至少 30% 的美国土地和水域。 支持对已知蓝碳栖息地倡议的研究和开发。 进行研究、勘探和测绘，以确定沿海和海洋生态系统的蓝碳潜力。 为不同的沿海和海洋栖息地制定蓝碳管理标准。 优先保护、保护和增强现有沿海蓝碳湿地栖息地，并恢复退化或潜在的蓝碳栖息地。 对恢复后的沿海蓝碳栖息地进行区域到国家的研究和监测计划。 探索创新方法，以阻止蓝碳生态系统的丧失并加快其保护和恢复。

（3）澳大利亚。

澳大利亚从 2000 年开始就认识到海洋生态系统在吸收和储存碳方面的重要性。随着对海洋生态系统认识加深，澳大利亚政府、相关部门和研究机构也在不断加强对蓝碳生态系统的关注和研究，从不同角度制定和完善相关政策法规。澳大利亚还着眼于投资、开发本国或国际的项目，积极推动国际蓝碳生态系统的建设，在经济、组织项目、创造机会等方面为国际海洋生态系统和蓝碳生态系统的保护与恢复提供了有力支持。相关具体情况见表 6.1.5。

表 6.1.5　澳大利亚蓝碳相关政策制度

时间	文件名	蓝碳相关内容
2022 年	气候变化法案	明确提出到 2030 年将澳大利亚的温室气体净排放量减少到比 2005 年水平低 43%；到 2050 年将澳大利亚的温室气体净排放量降至零。
2022—2027	新南威尔士战略	旨在保护和养护蓝碳生态系统，恢复沿海生物多样性和生态系统。该战略提出要保护蓝碳生态系统，支持其适宜性迁移。具体行动： （1）促进和支持社区和组织在公共和私人土地上保护、适应和迁移蓝碳生态系统。 （2）为土地所有者和初级生产者提供建议、指导和支持。意味着非政府组织或其他部分和个人能够积极地参与到蓝碳生态系统保护建设中，提高了蓝碳生态系统的重视程度。 （3）通过简化审批，将蓝碳项目纳入沿海管理计划。 （4）推进蓝碳研究。 （5）推动蓝碳投资。
2019—2022 年	印度尼西亚蓝碳计划	承诺在 2019 年至 2022 年间投入两百万澳元，用于与印度尼西亚合作，解决沿海蓝碳资源可持续管理的政策和技术优先事项。资金将用于加强印度尼西亚的蓝碳研究能力，建立工具为决策提供信息，并支持生态系统管理政策制定的协调。
2019—2022 年	斯里兰卡蓝碳减缓气候变化和可持续生计	为斯里兰卡科学家提供培训，并收集必要的基础数据，为循证政策提供信息，以支持使用蓝碳生态系统作为基于自然的气候减缓工具。

（4）韩国。

韩国 2023 年发布了《蓝碳推进战略》，以利用海洋资源加强碳吸收能力以应对气候变化，从多个方面提出了扩大碳汇、提高温室气体吸收能力的措施，旨在积极应对气候危机，促进绿色增长，减缓气候变化的影响（Korea，2023）。相关具体情况见表 6.1.6。

表 6.1.6　韩国蓝碳相关政策制度

时间	文件名	颁发机构	蓝碳相关内容
2023	蓝碳推进战略	海洋和渔业部	包括三个方面： （1）加强海洋吸收碳和应对气候灾害的能力，以减少碳排放和应对气候变化的影响。 （2）扩大民间、地区和国际合作对蓝碳建设的参与，促进技术创新和知识共享，实现蓝碳的可持续利用和管理。 （3）建立新的蓝碳认证机制，确保蓝碳项目的可靠性和可持续性，为蓝碳产业的长期推广奠定基础。

（5）日本。

2011 年日本政府和研究机构就已经合作推动了阜野河河口及潮滩蓝碳计划，并在 2012 年继续开展了福冈市蓝碳计划。相关项目仍在继续开展，并不断引入企业、渔业合作社、环境保护协会等相关社会力量参与蓝色经济建设。

2020 年日本颁布了《2050 年碳中和绿色增长战略》，结合 2021 年通过的《全球变暖对策推进法》，将继续促进可持续发展及在应对气候变化方面发挥积极作用（Japan，2020）。相关具体情况见表 6.1.7。

表 6.1.7　日本蓝碳相关政策制度

时间	文件名	蓝碳相关内容
2020 年	2050 年碳中和绿色成长战略	政府将通过动员超过 240 万亿日元（约合 13.5 万亿人民币）的私营领域绿色投资，通过一揽子政策工具大力发展绿色产业； 2020—2030 年短期着力提高能效和发展可再生能源。2030—2050 年中长期积极探索氢能、碳捕捉、碳循环等高阶减排技术。

（6）肯尼亚。

肯尼亚正积极开展蓝碳相关活动，其重点是生态系统的保护，包括红树林、珊瑚礁和海草床等，并为此制定了专门的保护战略和管理计划，如依托《森林法》（2005 年）制定的"2017—2027 年国家红树林管理计划"（Ocean Panel，2019）。该计划主要为通过自然资源治理协作的方式，对肯尼亚的红树林生态系统起到保护的作用。肯尼亚制定了"国家珊瑚礁和海草保护管理战略（2015—2019 年）"，新版正在修订，其目标之一是确保、恢复和维持健康和有复原力的珊瑚礁和海草生态系统。

总体来说，国际上对于蓝碳政策法规的制定具有一定的相似性，但同时因各国、各地区的国情、发展阶段、技术水平存在着不一致，所需要优先解决的问题不同，对政策法规的制定也存在着不同的侧重点。例如美国侧重通过推动可再生能源领域的转变实现减排的目标,从而为蓝碳发展提供支持;澳大利亚侧重进行基金、项目的支持,以及通过对沿海红树林的保护来加强蓝碳生态系统的保护;肯尼亚则依据环境特性,侧重关注红树林、海草床等方面的保护和恢复;韩国和日本则更多聚焦在应对气候变化的方面。

6.1.3 标准与方法学

1. 国际组织提供的方法学

当前,清洁发展机制(Clean Development Mechanism, CDM)和核证碳标准(Verified Carbon Standard, VCS)都已开发了可用于蓝碳碳汇项目的方法学,但仅限于特定区域或适用条件使用。如 CDM 机制下的《在湿地上开展的小规模造林和再造林项目活动》和《退化红树林生境的造林和再造林》两个方法学为红树林等湿地生态修复的碳汇项目开发提供了依据。VCS 机制下的《REDD + 方法框架》《潮汐湿地和海草恢复的方法学》和《滨海湿地构建的方法学》等涉及红树林等湿地的方法学(表 6.1.8)。整体而言,红树林碳汇项目可采用的方法学数量比盐沼和海草床多。

表 6.1.8　与蓝碳相关的 CDM 和 VCS 方法学(陈光程, 2022)

类别	方法学(编号)	主要适用条件
CDM	退化红树林生境的造林和再造林(AR-AM0014)	在退化的红树林地块开展红树林造林和再造林。
	在湿地开展造林和再造林项目活动(AR-AMS0003)	仅适用于在湿地上开展年碳汇量小于 1.6 万吨的造林和再造林项目,湿地类型包括红树林等潮间带湿地。
	使用不可再生生物质供热的节能措施(AMS-II.G)	单个项目的总节能量每年不得超过 60 GWh 或是每年 180 GWh 热能的燃料投入。
VCS	避免在泥炭沼泽森林中开展计划的土地利用转变活动的保护项目方法学(VM0004)	适用于东南亚地区避免热带泥炭沼泽森林(未排干)的土地利用变化(完全转化为其他土地利用类型),不适用于退化森林。
	REDD + 方法学框架(VM0007)	适用于计划和非计划的森林砍伐(包括红树林)、森林退化、造林、再造林和植被复植、计划和非计划的湿地退化、湿地修复活动,但不包括加强森林管理,以及减缓非法砍伐引起的退化。
	构建滨海湿地的方法学(VM0024)	该方法仅适用美国境内开展的通过底质环境改造、植被恢复(包括草本和红树林等木本植被),或者综合采用两种措施来构建湿地的项目。
	潮汐湿地和海草恢复方法学(VM0033)	通过实施湿地构建、恢复,或者水文条件、沉积物补充、盐度条件、水质或乡土植被恢复等活动恢复红树林、盐沼和海草床等潮汐湿地,从而产生的温室气体净减排或去除。
	排干的热带泥炭地还湿的方法学(VM0027)	适用于热带东南亚等地区(限于马来西亚、印度尼西亚、文莱和巴布亚新几内亚)通过修建永久性或临时性的构筑物截水使已被排干的泥炭土还湿。
	排干的温带泥炭地还湿的方法学(VM0036)	温带地区实施排干的泥炭地还湿活动产生的温室气体净减排量的估算,以及泥炭碳库以外的碳储量变化。

2. 国际蓝碳标准

国际标准化组织（ISO）体系下，共有 4 个标准类别与蓝碳相关（表 6.1.9）。然而，目前与蓝碳相关的国际标准数量极少，仍待开发。

表 6.1.9　ISO 体系与蓝碳相关的标准类别

类别	名称
TC 8	船舶和海洋技术
TC 234	渔业和水产养殖
TC 265	二氧化碳捕集、运输和地质封存
PC 343	可持续发展目标管理

2023 年 6 月，美国提出的首个蓝碳领域国际标准 ISO 21205《潮汐湿地蓝碳增量的要求》在 ISO/TC8/SC13 下立项成功，目前正在编制中。该标准使用地表高程监测仪（SETs）来确定潮汐湿地沉积物中蓝碳储量变化的方法、碳增量计算，以及在时间尺度上考虑标准温室气体（GHG）评估所需的要求等。

ISO 22948：《海产品碳足迹 有鳍鱼类产品分类规则（CFP-PCR）》。该标准于 2020 年发布，规定了计算特定于有鳍鱼类产品类别规则（CFP-PCR）的碳足迹的要求。标准中概述的方法是基于 ISO 标准对生命周期评估和产品碳足迹的要求，能够计算和传播有鳍鱼类从捕捞和／或养殖到消费全流程的碳足迹，并与渔业和水产养殖价值链的产品相关。

6.2　国内蓝碳政策法规

6.2.1　国内法律

目前，在我国现有法律体系中，针对保护和发展蓝碳并没有直接的法律规定，现行法律体系中与蓝碳有关的法律法规主要是从资源保护的角度，将海洋资源保护和生态修复的重要性提升到法律层面。《海洋环境保护法》《中华人民共和国湿地保护法》《中华人民共和国渔业法》等相关法律法规中，对滨海湿地和渔业资源养护的规定（表6.2.1），一方面为蓝碳资源项目的开发划定了边界（潘晓滨，2018），另一方面也为蓝碳资源保护提供了依据。其中，《海洋环境保护法》在 1986 年颁布后又经两次修正，在划定海洋特别保护区的基础上增加了划定生态保护红线和保护红树林等海洋生态系统的规定。《中华人民共和国渔业法》在 1986 年颁布之后，分别在 2000 年、2004 年、2009 年、2013 年、2020 年历经数次修改，由于并未明确提出渔业碳汇的概念，且在增殖养护方面内容差别不大，故仅列举了 1986 年颁布的《中华人民共和国渔业法》相关内容。未来，随着《国土空间开发保护法》《海洋基本法》等法律规范的制定和实施，将从空间规划和海洋基本法的角度，逐步构建有利于固碳增汇的海洋可持续发展格局，提高蓝色碳汇对维护健康海洋的贡献。

表 6.2.1　我国蓝碳相关法律

序号	文件名称	颁布时间	颁布单位	相关内容
1	《海洋环境保护法》	1982 年颁布	第五届全国人大常委会第二十四次会议审议通过	国务院有关部门和沿海省、自治区、直辖市人民政府，可以根据海洋环境保护的需要，划出海洋特别保护区、海上自然保护区和海滨风景游览区，并采取相应的保护措施(第 4 条)。
2	《海洋环境保护法》	2016 年 11 月修正	第十二届全国人大常委会第二十四次会议审议通过	国家在重点海洋生态功能区、生态环境敏感区和脆弱区等海域划定生态保护红线，实行严格保护(第 3 条)。开发利用海洋资源，应当根据海洋功能区划合理布局，严格遵守生态保护红线，不得造成海洋生态环境破坏(第 24 条)引进海洋动植物物种，应当进行科学论证，避免对海洋生态系统造成危害(第 25 条)。
3	《海洋环境保护法》	2017 年 11 月修正	第十二届全国人大常委会第三十次会议审议通过	国务院和沿海地方各级人民政府应当采取有效措施，保护红树林、珊瑚礁、滨海湿地、海岛、海湾、入海河口、重要渔业水域等具有典型性、代表性的海洋生态系统(第 20 条)。造成珊瑚礁、红树林等海洋生态系统及海洋水产资源、海洋保护区破坏的，由依照本法规定行使海洋环境监督管理权的部门责令限期改正和采取补救措施，并处一万元以上十万元以下的罚款；有违法所得的，没收其违法所得(第 76 条)。
4	《中华人民共和国湿地保护法》	2021 年 12 月颁布	第十三届全国人民代表大会常务委员会第三十二次会议通过	红树林湿地所在地县级以上地方人民政府应当组织编制红树林湿地保护专项规划，采取有效措施保护红树林湿地(第 34 条)。
5	《中华人民共和国渔业法》	1986 年 1 月颁布	第六届全国人民代表大会常务委员会第十四次会议通过	县级以上人民政府渔业行政主管部门应当对其管理的渔业水域统一规划，采取措施，增殖渔业资源(第 19 条)。沿海滩涂未经县级以上人民政府批准，不得围垦；重要的苗种基地和养殖场所不得围垦(第 24 条)。各级人民政府应当依照《海洋环境保护法》和《水污染防治法》的规定，采取措施，保护和改善渔业水域的生态环境，防治污染，并追究污染渔业水域的单位和个人的责任(第 26 条)。
6	《中华人民共和国海域使用管理法》	2001 年 10 月颁布	第九届全国人民代表大会常务委员会第二十四次会议通过	养殖、盐业、交通、旅游等行业规划涉及海域使用的，应当符合海洋功能区划(第 15 条)。县级以上人民政府海洋行政主管部门应当加强对海域使用的监督检查(第 37 条)。
7	《海岛保护法》	2009 年 12 月颁布	第十一届全国人民代表大会常务委员会第十二次会议通过	采挖、破坏珊瑚、珊瑚礁，或者砍伐海岛周边海域红树林的，依照《中华人民共和国海洋环境保护法》的规定处罚(第 46 条)。

6.2.2 政策制度

1. 国家级政策制度

与蓝碳相关的国家级政策制度主要分为对外和对内两类。对外通过发布国家信息通报和提交国家自主贡献报告,汇报中国参与全球气候变化的行动和计划。对内颁布各类工作方案和规划,促进对蓝碳的认识和研究,加强蓝碳监测评估,推动蓝碳市场交易。

在参与全球气候变化行动方面,中国高度重视气候变化问题,主要体现在两个方面。首先是积极提交本国的国家信息通报,根据《联合国气候变化框架公约》第 4 条及第 12 条规定,每一个缔约方都有义务提交本国的国家信息通报,包括温室气体源与汇国家清单。我国已分别于 2004 年、2013 年、2018 年、2023 年提交了《中华人民共和国气候变化初始国家信息通报》《中华人民共和国气候变化第二次国家信息通报》《中华人民共和国气候变化第三次国家信息通报》《中华人民共和国气候变化第四次国家信息通报》,并于 2016 年、2018 年、2023 年分别提交《中华人民共和国气候变化第一次两年更新报告》《中华人民共和国气候变化第二次两年更新报告》《中华人民共和国气候变化第三次两年更新报告》,全面阐述了中国应对气候变化的各项政策与行动,以及国家温室气体清单,其中与蓝碳有关的内容可见表 6.2.2。

其次,中国政府积极提交国家自主贡献报告。中国《联合国气候变化框架公约》国家联络人于 2015 年、2021 年和 2022 年向《公约》秘书处正式提交了《强化应对气候变化行动—中国国家自主贡献》《中国落实国家自主贡献成效和新目标新举措》《中国本世纪中叶长期温室气体低排放发展战略》以及《中国落实国家自主贡献目标进展报告(2022)》(表 6.2.1)。值得注意的是,虽然在历次国家信息通报和国家自主贡献报告中,逐渐明确了蓝碳的作用和重要性,然而当前蓝碳并未纳入我国的国家温室气体清单,在清单编制中并不包括蓝碳温室气体核算。

表 6.2.2 我国蓝碳对外报告

序号	文件名称	颁布时间	颁布单位	相关内容
1	《中华人民共和国气候变化初始国家信息通报》	2004 年 10 月	中华人民共和国中央人民政府	提出中国在海平面与海岸带等领域对气候变化比较敏感和脆弱。
2	《中华人民共和国气候变化第二次国家信息通报》	2013 年 2 月	中华人民共和国中央人民政府	加强湿地生态系统的保护与管理等,加强海岸带和沿海地区适应海平面上升的基础防护能力建设。
3	《中华人民共和国气候变化第三次国家信息通报》	2018 年 12 月	中华人民共和国中央人民政府	明确要稳定和增加碳汇,总结了海岸带和沿海生态系统方面适应气候变化的政策和行动。
4	《中华人民共和国气候变化第四次国家信息通报》	2023 年 12 月	中华人民共和国中央人民政府	制定蓝碳标准体系,开展海洋生态系统碳汇试点,支持鼓励江苏、山东、浙江等地方探索开展蓝碳规划、研究、交易和试点等工作。在黄河口盐沼湿地、长岛海草床等典型生态系统区域开展蓝碳储量调查与评估试点。

序号	文件名称	颁布时间	颁布单位	相关内容
5	《中华人民共和国气候变化第一次两年更新报告》	2016年12月	中华人民共和国中央人民政府	总结了我国在"十二五"期间关于发展海洋蓝色碳汇方面的已有工作，包括开展固碳相关技术研究和示范以及开展生态系统监测等方面的进展。
6	《中华人民共和国气候变化第二次两年更新报告》	2018年12月	中华人民共和国中央人民政府	提出发展海洋蓝色碳汇，总结中国蓝碳工作，包括实施了"南红北柳"湿地修复工程、"生态岛礁"工程、"蓝色海湾"整治工程，提出逐步推进蓝碳试点工作，加强海洋碳汇管理。
7	《中华人民共和国气候变化第三次两年更新报告》	2023年12月	中华人民共和国中央人民政府	巩固提升湿地、海洋等生态系统碳汇能力。
8	《中国应对气候变化国家方案》	2007年6月	中华人民共和国中央人民政府	加强海洋生态系统的保护和恢复技术研发，主要包括沿海红树林的栽培、移种和恢复技术，近海珊瑚礁生态系统以及沿海湿地的保护和恢复技术，降低海岸带生态系统的脆弱性。
9	《强化应对气候变化行动—中国国家自主贡献》	2015年6月	中华人民共和国中央人民政府	努力增加碳汇，加大湿地保护与恢复，提高湿地储碳功能。
10	《中国落实国家自主贡献成效和新目标新举措》	2021年10月	中华人民共和国中央人民政府	稳定现有湿地、海洋等固碳作用。系统调查全国海洋碳汇（蓝碳）生态系统分布状况，保护修复现有蓝碳生态系统，综合开展各类蓝碳试点项目和海洋生态保护修复工程建设，充分发挥蓝碳在减缓气候变化方面的作用。提升红树林、海草床、盐沼等固碳能力。
11	《中国本世纪中叶长期温室气体低排放发展战略》	2021年10月	中华人民共和国中央人民政府	提升生态系统碳汇能力，整体推进海洋生态系统保护修复，探索水产养殖业碳汇、贝藻类渔业碳汇、微型生物碳汇等增汇技术研究和实践。
12	《中国落实国家自主贡献目标进展报告（2022）》	2022年11月	中华人民共和国中央人民政府	强化湿地、海洋碳汇技术支撑，在重点海域开展"蓝色海湾"整治、海岸带保护修复、红树林保护修复专项行动。组织实施海洋缺氧酸化和海—气二氧化碳通量业务化监测，探索开展海洋碳汇交易。

在国内，我国颁布了各类工作方案和规划，促进对蓝碳在增加碳汇、缓解气候变化影响方面的作用的认识和研究，并加强蓝碳监测评估，推动蓝碳市场交易。具体来说，在《中共中央 国务院关于加快推进生态文明建设的意见》《"十二五"控制温室气体排放工作方案》"十三五"规划《纲要》《"十三五"控制温室气体排放工作方案》《"十三五"应对气候变化科技创新专项规划》《"十四五"生态保护监管规划》《国家应对气候变化规划（2014—2020年）》等多份重要文件中对发展蓝碳做出了战略部署（表6.2.3）。在蓝碳监测和交易方面，《生态系统碳汇能力巩固提升实施方案》《关于完善主体功能区战略和制度的若干意见》中明确提出"开展全国—区域—工程区不同尺度生态保护修复碳汇成效监测评估，为科学评价生态系统碳汇能力、促进生态系统碳汇参

与碳市场交易提供支撑",探索建立蓝碳标准体系及交易机制。

除此之外,我国的温室气体清单工作已步入常态化,已建立温室气体清单数据库,发布《省级温室气体排放清单编制指南(试行)》,启动省级温室气体清单编制工作。并以"一带一路"建设为牵引,发布《"一带一路"建设海上合作设想》,在应对气候变化、保护海洋生态环境等领域与其他国家开展务实合作,深度参与全球海洋治理,为国际海洋秩序向公平公正合理方向发展贡献中国智慧、中国方案。

表 6.2.3 蓝碳国家级政策制度

序号	文件名称	颁布时间	颁布单位	相关内容
1	《中共中央 国务院关于加快推进生态文明建设的意见》	2015 年 5 月	中共中央、国务院	提出增加森林、草原、湿地、海洋碳汇等手段,有效控制二氧化碳、甲烷、氢氟碳化物、全氟化碳、六氟化硫等温室气体排放。
2	《生态文明体制改革总体方案》	2015 年 9 月	中共中央、国务院	明确要求建立增加海洋碳汇的有效机制。
3	《关于完善主体功能区战略和制度的若干意见》	2017 年 10 月	中共中央、国务院	提出要探索建立蓝碳标准体系及交易机制。
4	《中共中央 国务院关于完整准确全面贯彻新发展理念做好碳达峰碳中和工作的意见》	2021 年 9 月	中共中央、国务院	巩固生态系统碳汇能力。强化国土空间规划和用途管控,严守生态保护红线,严控生态空间占用,稳定现有湿地、海洋等固碳作用。整体推进海洋生态系统保护和修复,提升红树林、海草床、盐沼等固碳能力。
5	《生态文明体制改革总体方案》	2015 年 9 月	中共中央、国务院	明确要求建立增加海洋碳汇的有效机制。
6	《关于完善主体功能区战略和制度的若干意见》	2017 年 10 月	中共中央、国务院	提出要探索建立蓝碳标准体系及交易机制。
7	《国家生态文明试验区(海南)实施方案》	2019 年 5 月	中共中央办公厅、国务院办公厅	提出开展海洋生态系统碳汇试点,开展蓝碳标准体系和交易机制研究,依法合规探索设立国际碳排放权交易场所。
8	《山东半岛蓝色经济区发展规划》	2011 年 1 月	国务院	提出发展海洋碳汇的省际海洋领域发展规划。
8	《"十二五"控制温室气体排放工作方案》	2012 年 1 月	国务院	加强滨海湿地修复恢复,结合海洋经济发展和海岸带保护,积极探索利用藻类、贝类、珊瑚等海洋生物进行固碳,根据自然条件开展试点项目。
9	"十三五"规划《纲要》	2016 年 3 月	国务院	加强海岸带保护与修复,实施"南红北柳"湿地修复工程、"生态岛礁"工程、实施"蓝色海湾"整治工程。
10	《"十三五"控制温室气体排放工作方案》	2016 年 11 月	国务院	探索开展海洋等生态系统碳汇试点。
11	《2030 年前碳达峰行动方案》	2021 年 10 月	国务院	整体推进海洋生态系统保护和修复,提升红树林、海草床、盐沼等固碳能力。

序号	文件名称	颁布时间	颁布单位	相关内容
12	《"十三五"应对气候变化科技创新专项规划》	2017年4月	科技部、环境保护部、气象局	将开展海洋渔业增汇技术与管理模式的实验示范、研究开发我国近海蓝色碳汇功能及海陆统筹的增汇技术和碳汇渔业发展模式列为我国减缓气候变化技术研发和应用示范的重要任务。
13	《关于统筹和加强应对气候变化与生态环境保护相关工作的指导意见》	2021年1月	生态环境部	要求积极推进海洋及海岸带等生态保护修复与适应气候变化协同增效，实质指向了大力发展海洋碳汇。
14	《碳监测评估试点工作方案》。	2021年9月	生态环境部	选取盘锦、南通、深圳和湛江作为海洋试点城市，在盐沼、红树林、海草床、海藻养殖等试点内容中选取一种或多种类型开展监测评估。
15	《"十四五"生态保护监管规划》	2022年3月	生态环境部	稳定现有湿地、海洋溶等固碳作用，积极推进海洋及海岸带等生态保护修复与适应气候变化协同增效。
16	《国家应对气候变化规划（2014—2020年）》	2014年9月	国家发展改革委	提出了我国应对气候变化工作的指导思想、目标要求、政策导向、重点任务及保障措施，将减缓和适应气候变化要求融入经济社会发展各方面和全过程，加快构建中国特色的绿色低碳发展模式。
17	《省级温室气体排放清单编制指南（试行）》	2011年5月	国家发展改革委	明确省级温室气体排放清单的编制方法、数据分类和编制格式。
18	《全国海洋主体功能区划》	2015年8月	国家发展改革委	积极开发利用海洋可再生能源，增强海洋碳汇功能。
19	《"一带一路"建设海上合作设想》	2017年11月	国家发展改革委、原国家海洋局	与沿线国共同开展海洋和海岸带蓝碳生态系统监测、标准规范与碳汇研究。
20	《科技支撑碳达峰碳中和实施方案（2022—2030年）》	2022年6月	科技部、发展改革委工业和信息化部、生态环境部、住房城乡建设部、交通运输部、中国科学院、工程院、能源局	要求对盐藻、蓝藻固碳增强技术以及海洋微生物碳泵增汇技术等予以研究。
21	《红树林保护修复专项行动计划（2020—2025年）》	2020年8月	自然资源部、国家林业和草原局	到2025年将营造和修复红树林面积18,800公顷，其中，营造红树林9,050公顷，修复现有红树林9,740公顷。
22	《生态系统碳汇能力巩固提升实施方案》	2023年4月	自然资源部、国家发展改革委、财政部、国家林草局	明确提出"开展全国—区域—工程区不同尺度生态保护修复碳汇成效监测评估，为科学评价生态系统碳汇能力、促进生态系统碳汇参与碳市场交易提供支撑"的要求。
23	《关于建立健全海洋生态预警监测体系的通知》	2021年7月	自然资源部办公厅	提出实施海洋碳汇监测评估。

2. 省级政策制度

与蓝碳相关的省级政策制度主要体现在沿海省、自治区、直辖市主管部门颁布的各类海洋经济发展规划、海洋生态环境保护规划以及应对气候变化规划等(表 6.2.4)。

表 6.2.4　蓝碳省级政策制度

序号	文件名称	颁布时间	颁布单位	相关内容
1	《浙江省"十四五"海洋经济发展规划》	2021 年 6 月	浙江省人民政府	积极参与海上丝绸之路蓝碳计划。
2	《浙江省"蓝碳"科技创新专项行动方案》	2021 年 6 月	中共浙江省委、浙江省人民政府	系统部署生态碳汇技术。研究海洋、森林、湿地、农业、渔业等生态碳汇的关键影响因素和演化规律,重点开展海洋蓝碳、森林绿碳、生态保护与修复等稳碳增汇技术攻关,建立生态碳储量核算、碳汇能力提升潜力评估等方法,挖掘生态系统碳汇潜力。
3	《浙江省海洋碳汇能力提升指导意见》	2023 年 3 月	浙江省发展改革委、浙江省自然资源厅	提出到 2025 年海洋碳汇水平应有巩固提升。
4	《浙江省海洋生态环境保护"十四五"规划》	2021 年 6 月	浙江省发展和改革委员会、浙江省生态环境厅	加快发展海洋碳汇,调查研究全省海洋碳汇生态系统的分布、状况和增汇潜力,开展典型海岸带生态系统碳储量监测与评估技术研究,加强滨海湿地生态系统的保护和修复工作。
5	《海南省海洋经济发展"十四五"规划》	2021 年 6 月	海南省自然资源和规划厅	持续推动海口蓝碳试点工作,积极开展蓝碳标准体系及交易机制研究,试点研究生态渔业、大型藻类和贝类养殖的固碳机制、增汇途径和评估方法,建立并完善蓝碳统计调查及监测体系,建设蓝碳交易示范基地。
6	《海南省"十四五"生态环境保护规划》	2021 年 7 月	海南省人民政府办公厅	制定蓝碳行动计划,推动蓝碳方法学研究与利用,建立健全蓝碳统计调查与监测体系,开展红树林、海草床、珊瑚礁、海洋牧场等典型蓝碳生态系统碳储量及碳汇动态的科学监测和分析。
7	《海南海洋生态系统碳汇试点工作方案(2022—2024 年)》	2022 年 8 月	海南省自然资源和规划厅	要求围绕海洋生态系统碳汇资源的调查、评估、保护和修复,以试点项目为抓手,切实巩固和提升海洋生态系统碳汇,探索海洋自然资源生态价值实现路径,创新海洋生态系统碳汇发展模式和途径。
8	《辽宁省"十四五"海洋经济发展规划》	2022 年 5 月	辽宁省人民政府办公厅	促进碳汇渔业发展,有效发挥海洋固碳作用,提升海洋生态系统碳汇增量。
9	《辽宁省"十四五"生态环境保护规划》	2022 年 1 月	辽宁省人民政府办公厅	促进海洋蓝碳增汇,加强海洋碳汇基础研究、统计调查和监测评估,提升海草床、沿海盐沼湿地等重要海洋碳汇资源的固碳增汇能力。

续表

序号	文件名称	颁布时间	颁布单位	相关内容
10	《辽宁省碳达峰实施方案》	2022年9月	辽宁省人民政府	加强生态系统碳汇基础支撑。落实生态系统碳汇核算体系，开展森林、草原、湿地、海洋、土壤、岩溶等碳汇本底调查、碳储量评估、潜力分析，实施生态保护修复碳汇成效监测评估。加强生态系统碳汇基础研究，完善区域主要造林树种、湿地等碳汇量计量模型，适时推广实施。
11	《河北省海洋经济发展"十四五"规划》	2022年1月	河北省自然资源厅	构建海洋牧场碳汇能力评估体系，突出渔业碳汇功能。聚焦海洋蓝色碳汇等领域，开展蓝碳增汇等关键技术研究。
12	《河北省生态环境保护"十四五"规划》	2022年1月	河北省人民政府	加强海洋碳汇等相关政策体系建设。
13	《河北省碳达峰实施方案》	2022年6月	河北省人民政府	加强生态系统碳汇基础支撑。充分利用国家自然资源调查和林草生态综合监测评价成果，建立生态系统碳汇监测核算体系，开展森林、草原、湿地、海洋、土壤等碳汇本底调查、碳储量评估、潜力分析，实施生态保护修复碳汇成效监测评估。
14	《河北省减污降碳协同增效实施方案》	2023年2月	河北省生态环境厅、河北省发展和改革委员会、河北省工业和信息化厅、河北省住房和城乡建设厅、河北省交通运输厅、河北省农业农村厅	沿海区域协同加强海洋环境治理和风险防控，严格用海管控，加大岸线、沿海湿地修复保护力度，增强海洋碳汇能力。
15	《上海市海洋"十四五"规划》	2021年12月	上海市海洋局	加强海洋生态保护，发展海洋碳汇，构建海洋碳汇调查监测评估业务化体系，定期开展海洋碳汇本底调查和碳储量评估，掌握海域碳源碳汇格局；加强海洋固碳机制、增汇途径等碳汇技术研究；识别和划定蓝碳生态系统增汇适宜区，以海洋生态保护修复等为载体提升海洋固碳能力，推进蓝碳增汇，开展海洋生态修复碳汇关键技术示范应用和成效监测评估；协同构建海洋碳汇计量核算体系，研究开展蓝色碳汇交易试点。
16	《上海市生态环境保护"十四五"规划》	2021年8月	上海市人民政府	加强湿地等碳汇体系建设。
17	《上海市碳达峰实施方案》	2022年8月	上海市人民政府	加强生态系统碳汇基础支撑。建立生态系统碳汇监测核算体系，开展森林、海洋、湿地等碳汇本底调查和储量评估，实施生态保护修复碳汇成效监测评估。加强陆地和海洋生态系统碳汇基础理论、基础方法、前沿颠覆性技术研究。建立健全能够体现碳汇价值的生态保护补偿机制，积极推动碳汇项目参与温室气体自愿减排交易。

序号	文件名称	颁布时间	颁布单位	相关内容
18	《福建省"十四五"海洋强省建设专项规划》	2021 年 11 月	福建省人民政府办公厅	布局建设海洋碳汇等重大科技工程,抢占海洋碳汇制高点,深入开展海洋碳汇科学研究。提高海洋固碳增汇能力,探索制定海洋碳汇监测系统、核算标准,探索开展海洋碳汇交易试点,参与制定海洋碳交易规则,推动海洋碳汇交易基础能力建设,开展海水贝藻类养殖区碳中和示范应用。
19	《福建省"十四五"海洋生态环境保护规划》	2022 年 2 月	福建省生态环境厅、福建省发展和改革委员会、福建省自然资源厅、福建省海洋与渔业局、福建海警局	积极探索以增强气候韧性和增加蓝色碳汇为导向的海洋生态保护修复新模式,强化滨海湿地保护修复,开展红树林保护修复专项行动。
20	《关于完整准确全面贯彻新发展理念做好碳达峰碳中和工作的实施意见》	2022 年 8 月	中共福建省委、福建省人民政府	加强二氧化碳排放统计核算能力建设,建立覆盖陆地和海洋生态系统的碳汇监测核算体系,开展森林、湿地、海洋、土壤等碳汇本底调查和碳储量评估,实施生态保护修复碳汇成效监测评估。
21	《加快建设"海上福建"推进海洋经济高质量发展三年行动方案(2021—2023 年)的通知》	2021 年 5 月	福建省人民政府	实施滨海湿地生态修复工程。开展红树林生态保护与修复,在宜林滩涂上规划新造红树林面积 628 公顷,修复红树林面积 413 公顷。完成滨海湿地修复 2200 公顷,加强护花米草等外来物种入侵防治。
22	《山东省海洋强省建设行动计划》	2022 年 3 月	中共山东省委、山东省人民政府	积极发展海洋碳汇,深入开展海洋碳汇研究,发挥浮游植物、藻类和贝类等生物固碳功能,开展海藻养殖区增汇评估等工作。开展盐沼、海草床等蓝碳生态系统监测。
23	《山东省"十四五"应对气候变化规划》	2022 年 4 月	山东省人民政府	加快发展海洋碳汇,提高滨海湿地、海草床等海洋生态系统的碳汇能力。
24	《山东省"十四五"海洋经济发展规划》	2021 年 12 月	山东省人民政府办公厅	在"海洋碳汇"等领域牵头实施国家重大科技项目,抢占全球海洋科技制高点,积极推进渔业碳汇、海草床碳汇等蓝碳资源参与国家自主减排交易。
25	《山东省碳达峰实施方案》	2022 年 12 月	中共山东省委、山东省人民政府	实施滨海湿地固碳增汇行动,推进"蓝色海湾"整治行动和海岸带保护修复,加快海草床、盐沼等海洋生态恢复,不断提升海洋固碳能力。
26	《山东省科技支撑碳达峰工作方案》	2023 年 6 月	山东省科学技术厅、山东省发展和改革委员会、山东省工业和信息化厅、山东省财政厅、山东省自然资源厅、山东省生态环境厅、山东省住房和城乡建设厅、山东省交通运输厅、山东省农业农村厅、山东省能源局	开展负碳技术创新能力提升。发展基于林地、草地、农田、湿地等的生态碳汇提升技术,开展以海草床、盐沼等为代表的海洋蓝碳技术研究。

序号	文件名称	颁布时间	颁布单位	相关内容
27	《江苏省海洋产业发展行动方案》	2023年8月	江苏省人民政府	加快推进近岸海域海洋生态环境在线监测预警网络建设。加快滨海湿地蓝碳大数据平台建设，支持连云港建设蓝碳实验室。
28	《江苏省"十四五"海洋生态环境保护规划》	2022年2月	江苏省生态环境厅	增强海洋生态系统"碳汇"能力，推动海洋减污与应对气候变化协同增效，加快沿海湿地和海洋生态系统修复，提升蓝色碳汇增量，提升海洋碳汇监测与科技创新能力。
29	《江苏省"十四五"海洋经济发展规划》	2021年8月	江苏省自然资源厅	统筹部署实施滩涂湿地碳汇能力提升工程，提高渔业碳汇能力，积极参与"海上丝绸之路"蓝碳合作。
30	《关于推动高质量发展做好碳达峰碳中和工作实施意见》	2022年1月	中共江苏省委、江苏省人民政府	巩固生态系统碳汇能力。强化国土空间规划和用途管控，严守生态保护红线，稳定现有森林、湿地、海洋、土壤等固碳作用。严格控制新增建设用地规模，推动城乡存量建设用地盘活利用。严格执行土地使用标准，加强节约集约用地评价，推广节地技术和节地模式。
31	《广东省碳达峰实施方案》	2022年6月	广东省人民政府	大力发掘海洋碳汇潜力，加强海洋碳汇基础理论和方法研究，构建海洋碳汇计量标准体系，完善海洋碳汇监测系统，开展海洋碳汇摸底调查。严格保护和修复红树林、海草床、珊瑚礁、盐沼等海洋生态系统，积极推动海洋碳汇开发利用。
32	《广东省海洋经济发展"十四五"规划》	2021年9月	广东省人民政府办公厅	探索培育蓝碳产业，积极建设蓝碳生态系统，提升海洋固碳能力。
33	《广东省海洋生态环境保护"十四五"规划》	2022年4月	广东省生态环境厅	加强具有碳汇功能的湿地保护，增强海洋碳汇能力，鼓励有条件的城市开展蓝碳估算和策略研究。
34	《中共广东省委 广东省人民政府关于全面推进自然资源高水平保护高效率利用的意见》	2022年6月	广东省人民政府	开展红树林、盐沼、海草床碳储量调查监测，加强海洋碳汇基础理论和增汇技术研究，拓展蓝色碳汇空间。全面推进碳汇市场化交易。
35	《广西生态环境保护"十四五"规划》	2022年1月	广西壮族自治区人民政府办公厅	加大对红树林、珊瑚礁、海草床等滨海湿地保护力度，探索海洋生态系统碳汇能力建设新模式。
36	广西海洋经济发展"十四五"规划	2021年9月	广西壮族自治区海洋局、广西壮族自治区发展和改革委员会	开展红树林保护修复行动：通过实施宜林滩涂造林和宜林养殖塘退塘还林，新造红树林1000公顷；采用自然恢复和适度人工修复相结合的方式，修复现有红树林3500公顷。创新开展蓝碳市场建设和生态经济核算。培育蓝碳技术服务和碳交易等蓝色经济新业态，实施广西海洋标准化碳汇监测，建设广西海洋碳汇野外观测平台，建设广西海洋碳汇数据。

序号	文件名称	颁布时间	颁布单位	相关内容
37	《广西壮族自治区碳达峰实施方案》	2022年12月	广西壮族自治区人民政府	提升生态系统碳汇能力。开展红树林保护修复专项行动，加强湿地生态保护修复。加大蓝碳生态系统修复力度，整体推进"蓝色海湾"整治行动、海岸带保护和修复工程，提升海洋生态碳汇能力。

6.2.3 标准与方法学

1. 国家标准和行业标准

目前，已发布的蓝碳国家和行业标准13项。其中国家标准5项，分别为海洋生态修复2项、海洋牧场3项；行业标准8项，分别为海水和海气二氧化碳监测6项、碳汇核算计量方法2项。具体情况见表6.2.5。

表6.2.5 已发布的蓝碳国家标准与行业标准

序号	标准编号	标准名称	级别	阶段
1	GB/T 41339.1—2022	海洋生态修复技术指南第1部分:总则	GB/T	已发布
2	GB/T 41339.2—2022	海洋生态修复技术指南第2部分:珊瑚礁生态修复	GB/T	已发布
3	GB/T 42779—2023	海洋牧场基本术语	GB/T	已发布
4	GB/T 40946—2021	海洋牧场建设技术指南	GB/T	已发布
5	GB/T 35614—2017	海洋牧场休闲服务规范	GB/T	已发布
6	HY/T 262—2018	海水中溶解甲烷的测定顶空平衡—气相色谱法	HY/T	已发布
7	HY/T 263—2018	海水中溶解氧化亚氮的测定顶空平衡—气相色谱法	HY/T	已发布
8	HY/T 150—2013	海水中有机碳的测定非色散红外吸收法	HY/T	已发布
9	HY/T 0343.3—2022	海—气二氧化碳交换通量监测与评估技术规程第3部分:浮标监测	HY/T	已发布
10	HY/T 0343.4—2022	海—气二氧化碳交换通量监测与评估技术规程第4部分:基于分压差的通量评估	HY/T	已发布
11	HY/T 0343.7—2022	海—气二氧化碳交换通量监测与评估技术规程第7部分:现场监测二氧化碳分压数据处理	HY/T	已发布
12	HY/T 0349—2022	海洋碳汇核算方法	HY/T	已发布
13	HY/T0305—2021	养殖大型藻类和双壳贝类碳汇计量方法碳储量变化法	HY/T	已发布

正在制定的蓝碳国家标准和行业标准20项。其中，国家标准3项、海洋行业标准17项，主要涉及海洋生态修复、基础通用、碳库监测评估、碳汇计量监测、海产品碳足迹核算、蓝碳生态系统增汇适宜区识别、生态补偿标准测算等多个方面。具体情况见表6.2.6。

表 6.2.6 正在制定的蓝碳国家标准与行业标准

序号	标准编号或计划项目编号	标准名称	级别	阶段
1	20184584-T-418	海洋生态修复技术指南第 4 部分：海草床生态修复	GB/T	制定中
2	20213634-T-418	海洋生态修复技术指南 6 部分：海滩部分修复	GB/T	制定中
3	20232568-T-418	蓝碳生态系统碳储量调查与评估技术规范	GB/T	制定中
4	201923002	海洋生态保护综合术语	HY/T	制定中
5	201710082-T	蓝碳生态系统碳库规模调查与评估技术规程 红树林	HY/T	制定中
6	201710087-T	蓝碳生态系统碳库规模调查与评估技术规程 海草床	HY/T	制定中
7	2018100138-T	海草床生态系统碳库动态监测与评估技术规程	HY/T	制定中
8	2018100133-T	蓝碳生态系统碳库规模调查与评估技术规程 盐沼	HY/T	制定中
9	2018100134-T	海洋资源生物碳库贡献调查与评估技术规程 大型藻类（筏式养殖）	HY/T	制定中
10	2018100136-T	海洋资源生物碳库贡献调查与评估技术规程 紫菜	HY/T	制定中
11	2018100135-T	海洋资源生物碳库贡献调查与评估技术规程 贝类（筏式养殖）	HY/T	制定中
12	2018100137-T	海洋资源生物碳库贡献调查与评估技术规程 贝类（底播增殖）	HY/T	制定中
13	201710092-T	微型生物碳库贡献调查与评估技术规程 海洋细菌	HY/T	制定中
14	202220012	蓝碳生态系统碳汇计量监测技术规程	HY/T	制定中
15	201710090-T	海洋生物资源碳增汇计量和监测技术规范 大型藻类（筏式养殖）	HY/T	制定中
16	202120020	养殖海带碳足迹核算技术规范 生命周期评价法	HY/T	制定中
17	202220013	蓝碳生态系统增汇适宜区识别技术导则	HY/T	制定中
18	201810016-T	海洋开发利用活动生态补偿标准测算方法	HY/T	制定中
19	202123008	红树林生物量遥感估算技术标准	HY/T	制定中
20	202320016	海洋碳汇分类与代码	HY/T	制定中

申报尚未批准的蓝碳国家和行业标准有 4 项。其中，国家标准 3 项、海洋行业标准 1 项，主要涉及基础通用、碳库与碳增量调查监测、碳减排计算等几个方面。具体情况见表 6.2.7。

表 6.2.7　已申报尚未批准的蓝碳国家标准与行业标准

序号	标准名称	级别	阶段
1	蓝碳术语	GB/T	2022 年申报
2	泥质海岸生态系统碳库调查与评估技术规范	GB/T	2023 年申报
3	滨海蓝碳碳库增量监测与评估技术规程第 1 部分:总则	GB/T	2023 年申报
4	潮流能、波浪能发电装置碳减排计算指南	HY/T	2023 年申报

已列入规划尚未申报的蓝碳国家标准和行业标准有 5 项,其中国标 1 项、行标 4 项,主要包括生态修复、海洋二氧化碳通量监测等几个方面。具体情况见表 6.2.8。

表 6.2.8　已列入规划尚未申报的蓝碳国家标准与行业标准

序号	标准名称	级别	阶段
1	海洋生态修复技术指南 第 3 部分:红树林	GB/T	待制定,已有规划
2	海—气二氧化碳交换通量监测与评估技术规程第 1 部分:断面监测	HY/T	待制定,已有规划
3	海—气二氧化碳交换通量监测与评估技术规程第 2 部分:浮标选址	HY/T	待制定,已有规划
4	海—气二氧化碳交换通量监测与评估技术规程第 6 部分:二氧化碳分压测定 非色散红外法	HY/T	待制定,已有规划
5	微型生物碳库贡献调查与评估技术规程 超微型浮游植物	HY/T	待制定,已有规划

2.地方标准和团体标准

地方标准和团体标准 14 项,具体包括:

山东省发布的蓝碳地方标准 1 项、正在制定的 6 项,主要包括生态系统监测、碳库储量调查、海洋生态系统修复等几个方面;

深圳市发布的蓝碳地方标准 1 项,为深圳市碳汇核算指南;

由威海市蓝色经济研究院有限公司编制,中国太平洋学会发布的团体标准 1 项,为海带栽培项目碳汇计量监测标准;

中国海洋工程咨询协会发布的团体标准 5 项,为蓝碳碳库增量监测标准。上述具体情况见表 6.2.9。

表 6.2.9　蓝碳地方标准和团体标准

序号	计划项目编号	标准名称	级别	标准承担单位	阶段
1	DB37/T 4341—2021	鳗草床生态监测技术规范	DB37/T	–	已发布
2	2022-T-094	海洋碳库储量调查与评估技术规程第 1 部分:海草床生态系统	DB37/T	山东省海洋资源与环境研究院	正在制定
3	2022-T-095	海洋碳库储量调查与评估技术规程 第 2 部分:盐沼湿地生态系统	DB37/T	中国科学院烟台海岸带研究所	正在制定
4	2022-T-096	海洋碳库储量调查与评估技术规程第 3 部分:海藻场生态系统	DB37/T	山东省海洋资源与环境研究院	正在制定
5	2022-T-088	潮间带大型海藻混生生态系统修复技术规程	DB37/T	–	正在制定

序号	计划项目编号	标准名称	级别	标准承担单位	阶段
6	2022-T-092	基于种子法的日本鳗草海草床人工恢复技术规范	DB37/T	—	正在制定
7	2022-T-093	马尾藻海藻场生态修复技术规程	DB37/T	—	正在制定
8	—	深圳市海洋碳汇核算指南	DB44/T	深圳市生态环境局	正在制定
9	PSC-JH-24	海带栽培项目碳汇计量和监测技术规程	团标	威海市蓝色经济研究院有限公司	正在制定
10	T/CAOE 64-2023	基于储量差值法的滨海蓝碳碳库增量监测技术规程 第1部分：总则	T/CAOE	中国海洋工程咨询协会	已发布
11	T/CAOE 65-2023	基于储量差值法的滨海蓝碳碳库增量监测技术规程 第2部分：地表高程监测	T/CAOE	中国海洋工程咨询协会	已发布
12	T/CAOE 66-2023	基于储量差值法的滨海蓝碳碳库增量监测技术规程 第3部分：红树林	T/CAOE	中国海洋工程咨询协会	已发布
13	T/CAOE 67-2023	基于储量差值法的滨海蓝碳碳库增量监测技术规程 第4部分：盐沼	T/CAOE	中国海洋工程咨询协会	已发布
14	T/CAOE 68-2023	基于储量差值法的滨海蓝碳碳库增量监测技术规程 第5部分：海草床	T/CAOE	中国海洋工程咨询协会	已发布

3. 方法学

目前已经发布或待发布的蓝碳方法学见表 6.2.10：

表 6.2.10　蓝碳方法学

序号	方法学编号	方法学名称	颁布单位	阶段
1	2023001-V01	广东省红树林碳普惠方法学（2023年版）	广东省生态环境厅	已发布
2	CCER-14-002-V01	温室气体自愿减排项目方法学 红树林营造	生态环境部	已发布
3	—	红树林保护项目碳汇方法学（试行）	深圳市规划和自然资源局	已发布
4	版本号 V01	福建省修复红树林碳汇项目方法学	厦门大学	已发布
5	ST001-V01	红树林恢复碳汇计量与监测方法	大自然保护协会（TNC）、北京市企业家环保基金会、广东省珠水云山自然保护基金会	已发布
6	ST003-V01	滨海盐沼生态修复项目碳汇计量与监测方法	厦门大学	已发布
7	—	海草床碳汇项目方法学	山东省海洋资源与环境研究院、中国海洋大学	待发布
8	—	海带养殖碳汇方法学	海洋生态经济国际论坛	已发布
9	HN2023001—V01	海南红树林造林／再造林碳汇项目方法学	海南省生态环境厅	待发布

》参考文献

[1] 陈光程,王静,许方宏,等.滨海蓝碳碳汇项目开发现状及推动我国蓝碳碳汇项目开发的建议[J].应用海洋学学报,2022,41(02):177-184.

[2] 联合国气候变化框架公约.情况说明:第6.4条机制下的清除活动 A6.4-SB005-AA-A09[EB/OL]. https://unfccc.int/sites/default/files/resource/a64-sb005-aa-a09.pdf.[2023-6-10].

[3] 潘晓滨.中国蓝碳市场建设的理论同构与法律路径[J].湖南大学学报(社会科学版),2018,32(01):155-160.

[4] CI, IUCN. Coastal blue carbon:methods for assessing carbon stocks and release factors in mangrove, salt marsh and seagrass beds[R]. 2014.

[5] COP. The Blue Carbon solution to climate change[R]. 2010.

[6] COP. United Nations Framework Convention on Climate Change[R]. 2022.

[7] IMO. Assessment Framework for Scientific Research Involving Ocean Fertilization, LC 32/15[R]. 2010.

[8] IMO. Resolution LC-LP.1(2008)on the Regulation of Ocean Fertilization, at 2, LC 30/16[R]. 2008.

[9] IOC/UNESCO. Blue carbon:An assessment of carbon sequestration in healthy oceans[R]. 2009.

[10] IPCC. 2013 Supplement to the 2006 IPCC Guidelines for National Greenhouse Gas Inventories:Wetlands[R]. 2013.

[11] IUCN. European and Mediterranean Blue Carbon Project creation manual[R]. 2021.

[12] Japan. Carbon Neutral Green Growth Strategy for 2050[R]. 2020.

[13] Korea. Blue Carbon Propulsion Strategy[R]. 2023.

[14] Ocean Panel. The Ocean as a Solution to Climate Change - Five Opportunities for Action[R]. 2019.

[15] Patricia Birnie. Law of the Sea and Ocean Resources:10 INT'L J. MARINE & COASTAL L.[R]. 1995:229, 242.

[16] UK. Low carbon conversion program[R]. 2009.

[17] UNESCO, IMO, FAO, UNDP. Blueprint for Sustainable Development of Marine and Coastal Areas[R]. 2011.

第7章

国际借鉴篇

▎摘　要：本篇主要以美国、欧洲、日韩、澳大利亚以及东盟国家为例，介绍了国际上蓝碳项目的发展状况、主要进展、发展重点、国际合作和成功案例，期望对国内蓝碳相关政策制定、项目规划和实践提供国际借鉴。美国模式以市场机制为主，推动蓝碳市场发展；欧洲通过海洋生态修复和碳抵消项目推进蓝碳建设；日韩的蓝碳发展模式侧重于"政府引导＋大企业主导"；澳大利亚致力于建设蓝碳基金，确保蓝碳项目的资金投入；东盟各国则主要由本国政府牵头，并积极与国际组织合作，推动蓝碳项目的发展。

▎关键词：蓝碳国际发展历程　蓝碳发展模式　蓝碳国际典型案例

7.1 美国蓝碳发展

7.1.1 蓝碳在美国的发展历程与现状

1.发展历程

2009年之前，蓝碳仅在美国学界有一定探索，包括伍兹霍尔海洋研究所和夏威夷大学对海洋生物吸收温室气体的相关研究。2009年，"蓝碳"概念正式提出，美国对蓝碳的研究与利用也开始逐渐形成体系。

首先，美国于2010年成立全国蓝碳小组，探索沿海湿地恢复与碳市场的关系，随后于2011年建设了"将湿地推向市场"项目，这是美国首个将蓝碳市场化的项目（NOAA Office for Coastal Management，2022）。

其次，2015年美国发布全球首个有关蓝碳的温室气体核算方法，允许盐沼、红树林和其他有关项目获得碳排放额并进入碳市场（Standard V C，2015）；同年召开了蓝碳国家工作组首次全会，提出了诸多发展蓝碳的建议。2017年，美国成为全球首批将蓝碳纳入国家温室气体排放清单的国家（Brodeur et al.，2022）。2021年美国启动蓝碳清单项目（NOAA Blue Carbon Inventory Project），其是首批联合国"海洋十年"行动之一，旨在推动沿海蓝碳的可持续管理，支持世界各国将蓝碳纳入温室气体清单，助力滨海湿地的保护以应对气候变化（Scott & Lindsey，2022）。同年4月，美国众议院审议通过《我们的星球—蓝碳法案》,将绘制美国蓝碳地图并确认其储碳潜力(Bonamici & Suzanne,2021);同时,美国总统拜登签署法案,计划向美国国家海洋和大气管理局(NOAA)拨款共计近65亿美元,用于"蓝碳"相关项目建设发展(Siri Hedreen,2022).2022年1月,NOAA发布《蓝碳白皮书》(NOAA Blue Carbon White Paper),系统阐述了美国蓝碳的发展历程、NOAA在蓝碳发展中的作用,以及美国蓝碳未来的发展方向等内容,是美国蓝碳发展史上的重要文件(Brodeur et al.,2022)。

2. 发展现状

据统计,截至2021年,美国沿海蓝色碳栖息地每年净固存480万吨二氧化碳,不到美国每年5000万吨二氧化碳排放总量的0.1%(Brodeur et al.,2022),蓝碳发展及可利用潜力巨大。

在蓝碳工作的管理和部署上,美国国家海洋和大气管理局(NOAA)是美国蓝碳研发和利用的官方领导机构,通过其建立的国家河口研究保护区开展蓝碳相关工作(Brodeur et al.,2022)。

资金来源方面,美国蓝碳的发展资金以政府拨款为主,其蓝碳政策的重点一直放在保护上(Scott & Lindsey,2022)。同时,美国碳市场以地方合规市场为主,并未形成一个统一的、强势的全国合规碳市场,蓝碳市场化程度依然不高(Restore America's Estuaries,n.d.)。

在推行保护政策的同时,NOAA利用美国政府拨款设立玛格丽特·A.戴维森研究生奖学金,帮助研究生在国家河口研究保护区进行研究,以根据实际提出创新性的问题和可持续发展策略,为美国蓝碳发展培育青年研究人才(National Estuarine Research Reserves,2018)。

7.1.2　美国蓝碳的典型案例

1. 马萨诸塞州"将湿地推向市场"项目

2011年,美国国家海洋和大气管理局(NOAA)与非营利组织"修复美国河口(REA)"等机构合作,在马萨诸塞州瓦基特湾研究保护区(The Waquoit Bay Research Reserve,Massachusetts)建设了"将湿地推向市场"项目(Bringing Wetlands to Market),是美国首个将蓝碳市场化的项目。

该项目分为两个阶段,第一阶段为2011年至2015年,主题为"氮和海岸蓝碳"(Nitrogen & Coastal Blue Carbon),旨在研究盐沼、气候变化和氮污染之间的关系(Waquoit Bay National Estuarine Research Reserve,2016)。多学科研究团队通过实地调查,量化该区域不同条件下的温室气体排放通量和碳汇数据,开发了美国首个蓝碳市场化的工具—滨海湿地温室气体模型1.0,能够预测温室气体通量和潜在碳储量在未来不同的环境条件下将如何变化;模型中包括使沿海湿地恢复符合碳市场要求的协议,帮助决策者利用蓝碳,以实现可持续的湿地管理、恢复和保护目标(Abdul-Aziz et al.,

2018）；研究表明，将潮汐流恢复到该地区退化的沼泽湿地，40年间能吸收约30万吨的甲烷、二氧化碳等温室气体排放（NOAA Office for Coastal Management，2022）；项目为高中教师开发了关于蓝碳和碳固存的STEM课程，允许学生进行湿地"认养"，以提高公众的沿海湿地保护意识（Waquoit Bay National Estuarine Research Reserve，2016）。

第二阶段为2016年至2019年，主题为"扩展蓝碳"（Expanding Blue Carbon），研究团队在项目第一阶段的基础上，不断完善已取得的成果（Waquoit Bay National Estuarine Research Reserve，2020）。团队开发了滨海湿地温室气体模型2.0，完善了输入输出要素指标：输入要素包括有效辐射、土壤温度、盐度、沼泽水深、生长期的净侧向通量等指标，输出要素包括预测的 CO_2、CH_4 排放通量、生长期总 CO_2、CH_4 排放量、生长期净生态系统碳平衡等指标（Abdul-Aziz et al.，2018）；研究证实，滨海湿地对碳的捕获和储存速率是森林的3至5倍；同时，来自化粪池系统、雨水径流和空气污染的氮污染会显著降低湿地的碳储存能力（Murray et al.，2011）。

2. 西北太平洋蓝色碳金融项目可行性规划项目

2018年至2019年，美国西北太平洋蓝碳工作组（the Pacific Northwest Blue Carbon Working Group）在西北太平洋河口区域开展了"西北太平洋蓝色碳金融项目可行性规划"项目（Feasibility Planning for Pacific Northwest Blue Carbon Finance Projects），证明了将碳金融纳入保护和恢复西北太平洋潮汐湿地、鳗草和沿海低地的融资战略的可行性（Crooks et al.，2020）。西北太平洋蓝碳工作组于2014年成立，致力于填补区域蓝碳数据空白，探索碳市场金融项目开发，促进蓝碳在西北太平洋潮汐湿地保护和恢复中的应用（Pacific Northwest Blue Carbon Working Group，n.d.，2024）。

首先，研究团队于预先选定的3个河口，在客户的支持下进行蓝碳可行性评估，以挖掘该区域的碳金融潜力，并决定是否进行蓝碳项目开发和碳核定标准的注册。该评估注重该区域的潮汐湿地保护程度，并对蓝碳项目开发进行技术和财务分析，包括绘制在土地利用变化和海平面上升情景（50年和100年）下的"基准"土地利用图，评估其潜在气候减缓效益。在完成可行性评估后，项目组将与客户一起选择项目实施地点，并制定大纲。最后，项目团队将向客户介绍评估结果，并讨论对项目设计、融资和实施的影响。项目参与者将收到一份路线图，其中概述了建立蓝碳项目的具体步骤和需要弥补的信息缺口（Crooks et al.，2020）。

项目涉及广泛的利益相关者和客户，包括西北太平洋蓝碳工作组的成员和当地的合作伙伴等。可行性评估还将有助于两个潜在的碳补偿购买者，即气候信托（the Climate Trust）和凉爽效应（Cool Effect），确定是否将其投资扩大到碳市场的湿地部门（Crooks et al.，2020）。项目的开展将推动西北太平洋地区蓝碳数据的公开，增强项目客户和利益相关者对蓝碳投资的理解和参与；辅助华盛顿州立法机构进行决策，早日将碳税作为该州管理蓝碳生态系统的财政机制；还将提高碳市场投资者对投资西北太平洋蓝碳项目的兴趣（Pacific Northwest Blue Carbon Working Group，n.d.2024）。

7.2 欧洲蓝碳项目

7.2.1 近期欧洲蓝碳的发展

目前,欧洲开发利用碳融资的主要指引是 2021 年发布的《欧洲和地中海蓝碳项目创建手册》。在碳核算和监测批准的方法上,欧洲主要采取两种自愿碳标准(VCS)方法,包括 VM0024 沿海湿地创建方法以及潮汐湿地和海草恢复 VM00033(Hamerkop,2021)。2023 年 10 月 11 日 EMB(European Marine Board)在专门会议上发布了第 11 号政策简报《蓝碳:缓解气候和生物多样性危机的挑战和机遇》。该报告强调了海洋在碳循环中的作用,同时介绍了欧洲蓝碳生态系统保护和恢复作为气候变化解决方案的不确定性和问题(EMB,2023)。

7.2.2 欧洲海草的碳抵消项目

覆盖全球海洋面积仅 0.18% 的海草草甸是众多海洋物种的栖息地,并且为这些水域中的多达 18% 的生物提供了庇护所(United Nations Environment Programme,2020)。海草在调节气候和保护全球生物多样性方面发挥着至关重要的作用。因此可以利用海草实现减缓气候的变化,欧洲目前已经开展了多个针对海草的蓝碳项目。

1. 英国最大规模的海草恢复项目

天海救援(Sky Ocean Rescue)、世界自然基金会(World Wide Fund for Nature)和英国斯旺西大学(Swansea University)在英国开展了最大规模的海草恢复项目,取得了里程碑式进展(WWF-UK,2020)。

该项目于 2020 年 3 月在彭布罗克郡的戴尔湾种植了超过 75 万颗海草种子。待海草种子成熟后,海草草甸就会有能力支撑起一个丰富的生态系统:能够供养 16 万条鱼和 2 亿个无脊椎动物。海草栖息地中的生物多样性是在裸露海床上观察到的生物多样性的 30 到 40 倍。因此通过保护和恢复这些生态系统,不仅可以保护生物多样性,而且还可以继续为人类生命提供重要支持,除此之外还能够减轻与气候相关的风险。该项目会在夏季收集健康的种子,并将其存放在具有极低温度和盐度水的育苗园中,以防止发芽,直到秋季具有最佳潮汐窗口和有利的天气条件,再将收集到的健康种子通过各种方法种植在生态适宜的场所。该项目的种植方法多种多样,比如利用放置在水下装满沙子的袋子、直接注射种子混合物到沉积物中或者从供体草地移植健康的幼苗到种植场地等等。

2. 法国首个用于保护海草床的碳核算方法

生态法案团队(EcoAct)、Digital Realty France、Schneider Electric France 和卡兰克国家公园(Calanques National Park)于 2023 年 4 月宣布创建欧洲第一个专门用于保护海

草床的碳核算方法。该方法是一个名为"Prométhée-Med"的研究项目的结果（Carbon Credits，2023）。这个方法是在"Prométhée-Med"经过广泛研究的基础上开发出来的。"Prométhée-Med"为有效保护关键的碳储库和保护地中海地区宝贵的自然栖息地，也就是海底草甸，开辟了一条新的道路。值得注意的是，该方法已经得到法国生态转型部能源和气候总局（DGEC）的官方认可。

这个项目覆盖了普罗旺斯—阿尔卑斯—蓝色海岸、奥克西塔尼和科西嘉南部超过80,000公顷的广阔区域。项目旨在抵消波西多尼亚（Posidonia）草甸目前每年约0.29%的退化速率。要保存的碳库保守估计为每公顷327吨碳，估计每年可减少24,000吨CO_2的碳排放。在30年的时间里，预计将实现总共70万吨的碳减排效益。此外，因为海草床作为天然屏障，可以有效地减轻了沿海侵蚀，该项目还提供了沿海保护的额外的好处。

3. 西班牙和葡萄牙的海草恢复项目

海树（SeaTrees by Sustainable Surf）和地中海非营利组织 The Cleanwave Foundation 合作发起了 MedGardens 海草和大型藻类恢复项目（SeaTrees by Sustainable Surf，2020）。这个海草和大型藻类恢复项目是为了整体恢复西班牙巴利阿里群岛的著名旅游目的地马略卡岛（Formentor Bay Mallorca）周围的海洋生态系统。该项目覆盖了一个广阔的区域，该区域占地面积为3,820平方英尺。目前该项目正在马略卡岛的3个不同地点开发3个试点项目，以恢复海草（Posidonia oceanica）和形成树冠的海藻森林（Cystoseira s.l.）。将在站点从不同的主动恢复技术的小规模实验设计开始，比较和验证出最为有效的方法，然后在三年内扩大规模。

此外，海树（SeaTrees by Sustainable Surf）还与项目合作伙伴 SeaForester 公司一起在葡萄牙实施创新的海洋造林技术。SeaForester 公司目前正在升级基础设施（苗圃容器），用于生产修复材料（例如种子石）。这个项目中使用的海洋造林技术包括用海藻孢子播种种子石，也就是在陆地上的专门苗圃中种植海藻孢子，然后将种子石头部署在海中。该方法提供低成本和可以扩展的海洋造林解决方案，因为种子石可以从船上散落，无需潜水员或技术设备（SeaTrees by Sustainable Surf，2019）。

4. 欧洲大陆未出现红树林碳抵消项目

纵观全球，红树林的蓝碳项目多集中在热带国家或地区，如哥伦比亚（Conservation International，2021）、墨西哥、肯尼亚等（The Fish Site，2022）、并且目前在履约碳市场和自愿碳市场注册的所有蓝碳项目都是热带国家的红树林项目。欧洲并没有正在开发的红树林碳抵消项目。因此针对红树林的蓝碳项目，欧洲的国家不作为开发者而是购买方。而由于目前的行业运行惯例，各大交易平台对于蓝碳项目的购买者信息进行保护，也就无从得知欧洲购买的红树林蓝碳项目具体的金额或数量。

7.3 日韩蓝碳案例

7.3.1 日本

1. 蓝碳相关法规政策

日本国会参议院于 2021 年 5 月 26 日正式通过修订后的《全球变暖对策推进法》,以立法的形式明确了日本政府提出的到 2050 年实现碳中和的目标。该法案于 2022 年 4 月施行,这是日本首次将温室气体减排目标写进法律。

为实现 2050 年碳中和目标,日本政府于 2020 年末发布了"绿色增长战略",将在海上风力发电、电动汽车、氢能源、航运、航空、住宅建筑等 14 个重点领域推进温室气体减排。

在 2023 年 12 月召开的 COP28 部长级会议上,日本政府宣称将在向联合国提交的 2022 年温室气体排放和吸收报告中纳入蓝碳量(即海藻和海草吸收的二氧化碳量),作为温室气体排放的减排量。这样,日本成为世界上首个将蓝碳纳入减排量的国家。日本的目标是到 2030 年将温室气体排放量比 2013 年减少 46%,并到 2050 年将其减少到几乎为零。为了实现这一目标,日本正在考虑建立一套减排体系,将树木、海藻和其他物质的碳吸收量计算为减排量。

2. 政府施策

红树林、盐碱湿地、海草(藻)床和珊瑚礁这四类海洋生态系统在蓝碳中发挥重要作用,日本尤其是特别重视海草(藻)的蓝碳作用。日本拥有漫长的海岸线,多样的岩礁易于海藻的生长。特别是日本拥有适合生长海带和鳗草的广阔海藻床,这为利用蓝碳提供了非常理想的环境,人们对利用蓝碳的期望也越来越高。根据日本环境省的资料,日本现有海藻床 20 万公顷、滩涂 5 万公顷。另外红树林在冲绳和鹿儿岛约有 900 万公顷。25 万公顷的沿海湿地面积相当于日本森林面积 2,500 万公顷的百分之一,海藻床的蓝碳潜力巨大。

利用蓝碳生态系统作为负排放的相关技术开发,日本政府主要由国土交通省和农林水产省(水产厅)牵头的跨部委机构负责。自 2017 年以来,国土交通省一直为由私营企业牵头,国土交通省、水产厅和环境省是观察员的《蓝碳研究会》提供支持;2019 年,由国土交通省港务局担任秘书处,政府牵头成立了《蓝碳在防止全球变暖中的作用研究专家委员会》;2020 年,国土交通省授权批准设立《日本蓝色经济技术研究协会(Japan Blue Economy Technology Research Association, JBE)》,开展蓝碳技术和碳补偿研究。JBE 负责为该国建立蓝碳信用标准,推行"蓝碳抵消制度",把从大气中吸收的二氧化碳量认证为"J Blue Credits"(J-信用),并出售给企业。该制度允许企业在经过第三方委员会认证后,可以通过海藻床和滩涂保护活动吸收的二氧化碳量进行信用交易。通过 JBE，2020 财政年度有一个项目获得认证，2021 财政年度，有四个项目获得认证，并公开发售购买每个项目的信用额度。

另外，农林水产省（水产厅）将开发利用海藻床和滩涂等蓝碳生态系统的固碳技术，作为重点研发创新技术立项研究以实现低碳化社会的目标。

3. 地方政府蓝碳行动

日本地方政府很早就开始关注蓝碳，并正在推动独特的蓝碳行动。例如，2014 年，横滨市成为日本第一个推出把自身的蓝碳排放也作为对象的信用认证体系的城市。福冈市于 2020 年启动了"福冈市博多湾蓝碳抵消制度"，将蓝碳信用交易的销售额、企业捐款和部分港口入境费用于市民、渔民和企业等多方参与的海藻床保护活动。此外，大阪府阪南市利用大阪湾的原生鳗草床，并将鳗草恢复和保护活动纳入当地小学的学习计划。由此可见，地方政府立足当地，从制度体系、碳交易、教育等各个层面推动蓝碳行动。

4. 企业蓝碳案例

企业对蓝碳感兴趣的主要原因之一是碳补偿交易制度。碳抵消是指通过植树造林、森林保护、清洁能源项目等方式，补偿人类经济活动和人类生活中排放的二氧化碳和其他温室气体的全部或部分排放量（购买排放额度）。据估计，海洋比陆地吸收更多的碳，因此利用蓝碳进行抵消额度交易的潜力巨大。

案例 1

在日本进行发电和输电的日本电源开发（J-POWER）公司，在自己的发电基地附近海域建立海草床的项目已开始由私营部门独立实施。J-Power 公司在位于北九州若松的总公司厂房内努力利用蓝碳，使用大量工业废物制成的低碳材料制作消浪块，并建立了由附着在消浪块上的海藻吸收二氧化碳的机制，该功能效果已持续获得 J-Blue Credits（J-信用）的认证。

2023 年 11 月 29 日，J-POWER 与北九州市合作，宣布在当天举行的"北九州港去碳化推进协议会特别演讲会"实现了"零碳会议"。这次会议产生的二氧化碳（9.1 吨）被 J-POWER 的 J-信用抵消，从而实现了零碳会议。这是日本首次在海洋相关主题的会议上使用从海洋中产生的 J-信用进行抵消。

案例 2

Urchinomics 是日本一家开创性的水产养殖企业，旨在将对生态环境造成破坏的海胆变成高价值的海产品。海胆以海带为食，高密度的海胆会蚕食海带床，给海洋生态系统造成破坏。Urchinomics 通过向商业潜水员支付费用，让他们捕捞对生态环境造成破坏、过度放流的海胆，并通过养殖将其变成优质海鲜。以上举措减少了位于国崎和长门的商业地点附近的海胆数量，而使海带森林开始恢复。该方法有助于恢复海带床，这反过来又支持更高的海洋生物量、生物多样性和封存大气中的二氧化碳的能力，同时为世界各地的农村和沿海社区创造有意义的就业机会。

Urchinomics 在投资方之一,日本 ENEOS 控股公司积极支持和资助下开展了相关科学研究,以量化 Urchinomics 业务产生的积极的生态效应,并估计了恢复海带场所产生的碳量。JBE 在 2022 年公布量化海带碳封存的方法时,来自 Urchinomics 的野生海带恢复的自愿性蓝碳信用在日本首次得到认可。JBE 宣称,将自愿蓝色碳信用额度纳入国家碳信用交易市场,即 J-信用额度的过程将于 2023 年开始。2021 年,经 JBE 认证的自愿蓝碳信用额度的平均销售价格为 72400 日元 / 吨(500 欧元 / 吨),远远高于世界上任何地方的所有类型的碳信用额度,这主要是由于其共同效益。

2022 年 11 月 21 日,Urchinomics 这个开创性的海带恢复和海胆养殖企业,其成果得到联合国海洋十年项目的认可,他们在日本的生态恢复行动中获得了世界上第一个自愿蓝碳信用。Urchinomics 的首席执行官武田说,"我们很自豪地终于为海带打上了分数,并且让海带与红树林、盐沼湿地和海草场一起成为合法的蓝碳对象,至少在日本是这样"。武田希望支持海带生产的其他国家可参考日本的先例,加快采用海带作为蓝碳的机会。武田进一步指出,"虽然它被称为蓝碳,但不要搞错,恢复海带森林的真正价值在于生物多样性。海带森林是我们这个星球上生物多样性最丰富的生态系统之一,只有在生物多样性得到支持的情况下,才会出现有意义的碳封存"。

7.3.2　韩国

韩国政府于 2020 年 10 月宣布"2050 年实现碳中和",确定了 2030 年国家温室气体减排目标(Nationally Determined Contribution,下称"NDC")以及 2050 年碳中和实施方案。韩国的 2030NDC 把 2030 年温室气体排放量较 2018 年缩减 40% 定为目标。韩国政府在 2020 年 12 月提交给《联合国气候变化框架公约》(UNFCCC)的《长期温室气体排放发展战略》(LEDS)中,提出了能源供给、工业、交通、建筑、废物处理、农业、畜牧业和渔业等各个产业的 2050 愿景,提出了每个部门应考虑的技术发展和措施及其方向。2030NDC 把 2020 年 8 月 31 日在国会通过的《为应对气候危机之碳中和与绿色增长基本法》(下称《碳中和基本法》)中所提出的中长期减排目标进一步具体化,由此可见韩国政府为实现碳中和所做的努力正在逐步走上正轨。

在以上法律背景下,为实现 2030 年的国家温室气体排放削减目标(NDC)和 2050 碳中和路线目标,韩国政府于 2023 年 5 月公布了《2050 碳中和推进战略》(以下简称"战略")。该战略主要内容包括:一是强化海洋的碳吸收能力及气候灾害应对能力;二是扩大民间、地区和国际社会对蓝碳活动的参与;三是推动新的蓝碳认证,并为长期发展蓝碳奠定基础。目前,海草、盐沼湿地和红树林已获得蓝碳认证。韩国海洋水产部负责人表示,相对于陆地碳汇而言,蓝碳的科学研究与政策尚处于起步阶段,但国际社会正在关注蓝碳在实现碳中和、应对气候危机方面的潜力,韩国政府对此也高度重视。

通过蓝碳战略,韩国政府的目标是将碳吸收量从 2022 年的 1.1 万吨增加到 2030 年的 106.6 万吨和 2050 年的 136.2 万吨。为了加强海洋的碳吸收能力,到 2050 年,将在滩涂总面积的27%（2482平方千米）上种植盐生植物。此外，在2030年之前，还将通过种植海藻的方式将海中森林面积增加85%（540平方千米）。

在韩国，以起亚汽车公司为代表，KB、晓星集团和其他公司目前正在通过"海中森林"开展蓝碳扩展项目，政府还设计了"蓝碳ESG投资协会"，以吸引更多私营企业参与。

韩国政府未来将为渔业从业者推出"海洋生态系统服务补偿制度"。海洋生态系统服务补偿制度规定，政府和地方政府与拥有海藻养殖技术的渔民签订保护生态系统的合同，并在认可渔民创造的海洋森林的面积和功能后支付合同的款项。韩国的海藻产量位居世界第三，这一制度有望为加强韩国的碳吸收能力做出重要贡献。

韩国计划通过与东南亚国家和太平洋岛国的国际合作推进碳减排项目，同时在国内各海域建立研究基地，开展蓝碳研究，开发新蓝碳。

蓝碳研究是一个尚未开发的领域，成功的可能性无法确定，但毫无疑问，这是一片蓝海。如果在韩国推广蓝碳取得成功，将为实现碳中和和减少气候变化造成的灾害等世界共同面临的问题做出重大贡献。

7.4 澳大利亚蓝碳案例

7.4.1 澳大利亚蓝碳概述

澳大利亚被视为全球"蓝碳热点"，拥有全球约12%的蓝碳生态系统，其蓝碳储量约占全球蓝碳储量的5%～11%。据估计，仅大堡礁周围的海草草甸就拥有全球11%的海草蓝碳。澳大利亚蓝碳生态系统对全球气候变化具有重要意义，每年能够吸收约12亿吨CO_2，占全球海洋蓝碳生态系统吸收CO_2总量的四分之一（Filbee-Dexter & Wernberg，2020）。然而，澳大利亚蓝碳生态系统面临气候变化和人类活动的影响，如海洋酸化、海平面上升、过度捕捞、污染等，这些因素可能导致生态系统退化，进而影响其碳捕获和储存能力。

澳大利亚蓝碳资源丰富，政府认识到蓝碳生态系统对于减缓和适应气候变化、保护生物多样性和受威胁物种、减少灾害风险以及沿海社区生计的重要性，并采取了一系列措施来推动蓝碳的保护和恢复工作。同时，澳大利亚的科研机构、非政府组织和社区也积极参与到蓝碳的保护和研究中，通过实施各种项目来保护和恢复蓝碳生态系统，探索如何提高澳大利亚蓝碳生态系统的碳吸收能力。

澳大利亚蓝碳项目是一项旨在保护和恢复该国海洋及海岸线生态环境的大型环保计划。各类海洋生态系统在澳大利亚沿海的分布情况及其对沿海有机碳储量和固碳率的贡献如图7.4.1所示（Filbee-Dexter & Wernberg，2020）。可以看到，这些生态系统分布较广且种类较多，固碳率和对有机碳的储存量比较理想，不仅能够帮助减少大气中的温室气体,还能提供其他重要的环境服务,如维持生物多样性、保护海岸线和提供生态系统服务。研究结果表明,蓝碳生态系统对基于自然的气候变化缓解至关重要,了解碳储存的变化及其驱动因素将有助于更好地管理这些生态系统,并为国家碳库存和环境政策提供信息和决策支持(Walden et al., 2023)。

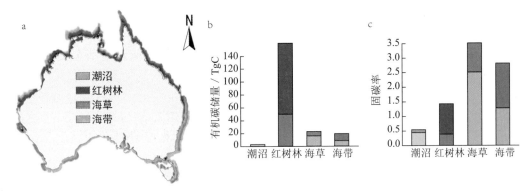

图 7.4.1　各类海洋生态系统在澳大利亚沿海地区的分布(a)
及其对海岸生态系统有机碳储量(b)和固碳率(c)的贡献

7.4.2　澳大利亚代表性蓝碳项目

1. 在减排基金中纳入蓝碳项目

为了支持澳大利亚应对气候变化的行动以及更广泛的环境效益,澳大利亚政府正在探索将蓝碳活动纳入减排基金(Emission Reduction Fund, ERF)的机会。在减排基金下注册的项目每减少一吨的碳排放量,就可获得澳大利亚政府提供的碳信用单位,这些信用单位可出售给澳大利亚政府或其他能够抵消其排放量的机构(DCCEEW, n.d.)。

蓝碳生态系统在减少澳大利亚温室气体排放量中发挥着重要作用,该系统能够有效量化减排量并实现澳大利亚气候变化、能源、环境和水务部年度减排报告中预期的减排幅度。自 2016 年以来,该部一直致力于将扩大蓝碳生态系统的覆盖范围纳入澳大利亚国家温室气体计划中。由于应急准备基金的减排量也需要计入澳大利亚的国际气候变化承诺计划中,而澳大利亚政府的一系列举措能够对一些需要应急准备的基金活动提供有效的安全保障。

在对澳大利亚政府清单中的蓝碳进行核算的同时,该部还委托澳大利亚联邦科学与工业研究组织对应急准备框架下的蓝碳减排机会进行了技术审查和评估,并联合碳项目开发商、州政府和其他相关机构共同确定了以下五项值得进一步探索的蓝碳活动:

(1)重新引入潮汐流以恢复红树林和潮汐沼泽生态系统;

(2)海平面上升背景下的土地利用规划,允许红树林和潮汐沼泽向内陆迁移;

(3)避免因直接物理干扰而造成的海草损失;

(4)重建或创造新的海草生态系统;

(5)避免开荒(红树林)和土壤扰动(红树林和潮汐沼泽)。

2. 蓝碳加速基金

澳大利亚正与世界自然保护联盟合作实施蓝碳加速基金（Blue Carbon Accelerator Fund，BCAF），旨在支持澳大利亚以外的国家开展蓝碳实地恢复和保护项目，且有助于帮助私营部门融资。该基金建立在蓝色自然资本融资机制成功运行的基础之上，将与蓝色自然资本融资机制并行管理。蓝碳加速基金提供资金用于支持和帮助项目开发者开展活动，同时为项目的实施所需要的资金和未来的私营部门融资活动做好准备（BCAF，n.d.）。在 2022 年的联合国海洋大会上宣布了第一批蓝碳加速基金支持项目，基本信息如表 7.4.1 所示。

表 7.4.1　蓝色加速基金第一批支持项目

项目建议者	项目摘要	BCAF 将实现的目标
Benin Eco-Benin	该项目旨在利用碳信用来帮助资助联合国教科文组织人与生物圈计划（Man and Biosphere Program，MAB）生物圈保护区内 Bouche du Roy 红树林的保护。	在 BCAF 的支持下，该项目将经历一个广泛的可行性评估过程，以确定其是否能够满足认证要求，这也是为该项目能够吸引到更多的投资并最终自由地在市场上出售碳信用额度的关键一步。
马达加斯加 世界自然基金会	该项目计划保护和恢复马达加斯加西北海岸三个地点的 2,000 公顷红树林。2000—2018 年间，马达加斯加红树林总体净损失近 60,000 公顷，相当于损失了 20% 的红树林面积。	除了保护和恢复红树林以及开发新的碳信用额收入来源外，该项目还将有助于增加鱼类种群、保护淡水和增加生物多样性栖息地，包括受威胁物种（已列入世界自然保护联盟红色名录）。红树林还将为螃蟹养殖奠定基础，为当地社区提供更多创收机会。
秘鲁 Consorcio Manglares del Noroeste del Perú （秘鲁西北部红树林联合会）	在秘鲁，由六个个体渔民组织组成的伙伴关系自 2018 年起负责管理国家保护区 Manglares de Tumbes。该保护区保护着秘鲁面积最大的红树林，该红树林片区也被《拉姆萨尔公约》列为"国际重要湿地"。	在生物多样性和生态系统服务基金的资金支持下，该项目能够检验该地区的碳汇能力并进行认证，这将使项目能够自由地在交易市场上换取资金收入。此外，生物多样性和生态系统服务基金还将为该地区的总体管理计划和商业计划提供资金，以确保该地区的财务可持续管理。
菲律宾 伦敦动物学会和 Coast4C 企业	在菲律宾，伦敦动物学会及其下属的 Coast4C 企业正努力将其行之有效的保护和恢复方法结合起来，利用辅助自然再生方法保护和恢复大片红树林。	在 BCAF 的支持下，该项目将进行详细的可行性评估，以确定扩大蓝碳项目规模并将其商业化的财务可行性。评估办法包括技术绘图和碳模型以及商业分析部分，这也是一些项目获得碳汇能力认证的关键一步。

第一批成功实施的 BCAF 项目为实地蓝碳生态系统恢复或保护项目提供了实际案例支持，能够展示出该项目为气候变化、生物多样性的丰富和人类经济社会发展带来的益处，同时也成为促进私营部门扩大对沿海蓝碳生态系统投资的成功商业案例。

2023 年，另有四个项目获得蓝色加速基金支持（表 7.4.2）。这些项目均采用社区主导的方法来解决实地蓝碳生态系统恢复和保护问题。

表 7.4.2　2023 年蓝色加速基金支持项目列表

项目建议者	项目摘要	BCAF 将实现的目标
印度尼西亚 Rekam Nusantara 基金会	项目旨在恢复印度尼西亚群岛地区三个岛屿周围的红树林和海草。通过诊断现有生态系统的状况,制定恢复、保护和复原红树林和海草的计划。	生物多样性和生态系统服务基金将支持项目的长期实施并制定财务模式,同时为建立蓝碳信用机制提供指导,并与地方政府和旅游部门协同合作。
巴布亚新几内亚 Infinity Blue	该项目由 Infinity Blue 领导,与当地社区、研究机构和政府部门合作,制定一项由社区主导的沿海地区管理计划,在蓝碳信用额的支持下保护红树林。该项目将通过当地主导的监测活动评估红树林生态系统的覆盖范围和恢复能力,确定现有红树林的碳减排潜力,并支持当地社区积极加入蓝碳项目。	该基金将支持项目在巴布亚新几内亚首次应用蓝碳信用额。此外,《巴塞尔公约》和《巴塞尔行动框架》还将通过明确将要实施的蓝碳信用标准,帮助建立健全的财务模式,并促进加强发展项目的长期可行性。
印度尼西亚 Konservasi Indonesia	印度尼西亚 Konservasi 公司领导的这一项目正在采取海洋保护区混合管理解决方案,将渔业管理、保护区管理和海洋保护区的可持续融资结合起来。作为该项目的一部分,当地社区和管理部门将参与保护、恢复和监测活动,积极推进对当地社区的进行培训,提高相关知识储备。	BCAF 基金将帮助印尼政府加大目前在渔业管理方面的投资,该项措施有助于在蓝色光环－S 计划内利用蓝碳。
印度尼西亚 Blue You	该项目由 BlueYou 领导,正在开发一种管理可投资再生水产养殖场的方法,将对虾养殖与红树林固碳作用产生的蓝碳信用额结合起来。其目标是到 2030 年开发 5,000 公顷的鱼塘,其中红树林覆盖率至少达到 50%。	BCAF 将大力支持该项目并评估资金模式的长期可行性,同时建立适当的碳信用认证制度,以更好地推广该项目。

7.4.3　蓝碳国际合作伙伴关系

国际蓝碳伙伴关系(International Partnership for Blue Carbon,IPBC)将世界各地的政府机构与非政府组织、政府间组织和研究机构联系起来,促进知识交流,建立蓝碳方面的全球合作。该伙伴关系由包括澳大利亚在内的九个创始合作伙伴于 2015 年在巴黎举行的《联合国气候变化框架公约》缔约方大会上发起,目前已发展有 50 多个成员。合作伙伴的共同愿景是保护、恢复和可持续管理全球蓝碳生态系统(红树林、潮汐沼泽和海草),为减缓和适应气候变化以及维护生物多样性、促进海洋经济和沿海社区生计健康发展做出贡献(IPBC,n.d.)。

澳大利亚气候变化、能源、环境和水务部作为政府角色积极参与到 IPBC 中并发挥着重要作用。IPBC 采用协调小组制来推进合作,协调员与协调小组密切合作,负责伙伴关系的日常管理,包括为伙伴关系活动提供后勤支持以及与合作伙伴和其他利益相关者的沟通。澳大利亚作为协调员负责协调小组内成员,该小组成员目前包括:澳大利亚(协调员)、保护国际组织、国际林业研究中心、全球资源信息数据库—阿伦达尔(Global Resource Information Database—Arendal)和太平洋区域环境计划秘书处。同时,澳大利亚拥有大量的红树林等蓝碳生态系统并取得了良好的治理效果,能够与小组成员分享丰富的治理经验并合作制定新的解决方案,持续采取行动,加快蓝碳养护、保护和恢复活动的实地实施。

此外,世界自然基金会也正在帮助澳大利亚各地恢复和重新造林,旨在带来重要的碳固存和生物多样性效益。总之,澳大利亚政府正在通过各种举措支持蓝碳相关政策立法、科学研究、人才培养、实地恢复项目、奖励和激励机制、宣传教育、能力建设和全球伙伴关系等,以期为应对全球气候变化的挑战提供更多的解决方案。

7.5 东盟国家蓝碳案例

本节概述了东南亚诸国在红树林、珊瑚礁及海草床等蓝碳生态系统的保护与恢复工作中取得的进展与成效,在保持生物多样性、海岸线防护以及减少温室气体排放方面扮演着关键角色。以印度尼西亚为例,该国是全球红树林面积最广的国家,通过实施多个国际合作项目加强了红树林的恢复和保护工作,彰显其在蓝碳领域的领导地位。新加坡则通过城市规划和政策加强对蓝碳生态系统的保护,并利用金融机制推动区域蓝碳项目的发展。泰国和马来西亚等国加强了对蓝碳生态系统的管理,采取国家法规和专项项目保护蓝碳生态系统;而缅甸、文莱、菲律宾等国家则专注于红树林的恢复与保护,以提高其碳储存能力。柬埔寨和越南重视海草床和红树林的恢复,目的是减轻气候变化的影响。上述国家的集体努力再次印证了蓝碳生态系统在全球碳减排和生物多样性保护中的重要性,也凸显了国际合作在解决全球环境问题中的核心作用。

7.5.1 印度尼西亚

印度尼西亚是一个由上万个岛屿组成的国家,拥有丰富的海洋生态系统,包括红树林、珊瑚礁和海草床等。这些都是重要的蓝碳生态系统,不仅对维持生物多样性和保护海岸线免受侵蚀至关重要,而且在全球应对气候变化的蓝碳计划中扮演着重要角色。蓝碳项目旨在通过保护和恢复这些生态系统来减少温室气体排放,同时也为当地社区带来经济、社会和环境上的益处。本节将按照不同主要生态系统,分类对印度尼西亚已有典型蓝碳案例进行梳理。

1. 红树林生态系统

印度尼西亚的红树林面积占全球的大约 23%,是世界上最大的红树林覆盖区之一。红树林在储存碳、减少温室气体排放方面发挥着关键作用。据研究,红树林的碳储存能力是热带雨林的 3～5。然而,由于过度的伐木、水产养殖和土地开发,这些宝贵的红树林遭受了严重的破坏。为应对这一问题,印度尼西亚政府与多个国际组织合作,实施了红树林恢复和保护项目,例如,印度尼西亚于 2012 年实施了《红树林生态系统国家战略》(SNPEM),协同生态、社会经济和法律法规部门确保红树林生态系统整体性修复工作（Cameron 等，2018）。

在西苏拉威西省，红树林恢复项目通过不同的修复活动，对红树林的植被结构和多样性进行了显著的改善。这些活动涉及种植单一树种和混合树种，以及对照参考森林的比较。研究发现，在进行单一栽培重新造林的地块中，尽管红树林多样性和结构主要反映了原始的修复行动，但在混合物种再生地块中，与参考地块相比，树径和冠层覆盖度更为相似。长远来看，这表明混合物种再生地块与参考林地的相似性可能会随时间增加。此外，研究还表明，通过在恢复的森林管理中实施频繁的小规模干扰，可以提高林分结构和多样性，加速更自然、更功能性和更具韧性的森林的建立（李雪威等，2022）。

此外，由世界银行资助的"红树林与沿海抗灾"项目于 2022 年启动，支持印度尼西亚政府在 2024 年前恢复 6,000 km² 的红树林，这是迄今为止世界上最大的红树林恢复计划。该项目旨在制定红树林保护和恢复的综合模型，改善沿海社区的生计，并可在全国范围内复制。印度尼西亚政府还在实施一项关于红树林管理的全面政策，加强了国家和地方层面的跨部门协调，并探索了红树林的蓝碳支付潜力（中国绿发会，2023）。

目前，印度尼西亚政府正积极实施措施，保护和恢复其丰富的红树林生态系统。这些生态系统对沿海生计、国家海岸线保护和碳储存至关重要。然而，由于土地用于水产养殖、农业和基础设施建设，红树林遭受严重破坏。政府的举措包括实施"红树林一图"计划和发布《红树林管理》官方指南。此外还着力于结合景观管理、水文工程和当地社区参与，增强沿海社区的韧性，促进这些关键生态系统的可持续管理（中国绿发会，2023）。

2. 珊瑚礁生态系统

印度尼西亚的珊瑚礁被称为"珊瑚三角"，拥有全球最丰富的珊瑚物种。珊瑚礁不仅是许多海洋物种的家园，也是保护沿海地区免受风暴和侵蚀的天然屏障。此外，珊瑚礁也在蓝碳储存中扮演角色，尽管其直接作用不如红树林和海草床显著。但是，由于气候变化导致的海水温度上升、海洋酸化以及人类活动，印度尼西亚的珊瑚礁正面临严重威胁。为此，印度尼西亚政府和非政府组织正在进行珊瑚礁的修复工作。

为实现自然资源可持续利用，印尼政府于 1998 年启动了珊瑚礁保护与修复计划（COREMAP），由印尼海洋渔业部与印尼科学院联合实施。COREMAP 计划围绕修复和管理沿海生态系统特别是珊瑚礁系统，提供了大量科学数据和信息，包括珊瑚礁和海草生态系统的规模、健康状况等。最新的监测和测量活动显示，印尼海域珊瑚礁面积为 2500 km²，约占世界珊瑚礁总面积的 10%。作为世界珊瑚大三角的中心，印尼拥有最多的珊瑚物种，其中 5 个是特有物种（中国水产科学研究院，2019）。

TNC（The Nature Conservancy）致力于保持海洋及海岸带栖息地的健康，与合作伙伴在世界各地进行珊瑚礁实地修复与保护工作，针对每个地区的威胁制定行动策略，并进行监测与评估。其中，TNC 在印度尼西亚与当地社区建设珊瑚礁保护区，帮助其有效进行珊瑚礁修复与保护工作（大自然保护协会，2011）。

此外，珊瑚三角倡议（CTI）是一个涉及六个国家的多边合作伙伴关系，包括印度尼西亚、马来西亚、菲律宾、巴布亚新几内亚、所罗门群岛和东帝汶。它致力于通过解决食品安全、气候变化和海洋生物多样性问题，来维持海洋和沿海资源。珊瑚三角倡议旨在保护和管理珊瑚礁生态系统。印度尼西亚在此框架下实施了多个项目，包括建立海洋保护区、开展珊瑚礁修复和人工繁殖活动。项目注重与当地社区合作，提高他们对珊瑚礁保护的参与和认识。

3. 海草床生态系统

海草床是印度尼西亚蓝碳生态系统中的另一个重要组成部分。它们对于维持海洋生态平衡、提供鱼类和其他海洋生物的栖息地以及碳储存都至关重要。研究显示，海草床每公顷可以储存约两倍于热带雨林的碳。然而，海草床正受到围填海、水污染、渔业活动等威胁。为了保护和恢复这些珍贵的生态系统，印度尼西亚参与了多个国际合作项目。例如，印度尼西亚与世界自然基金会（WWF）合作，开展了海草床保护和恢复项目，旨在通过科学研究和社区参与来增强这些生态系统的韧性。

目前，印度尼西亚政府推出了一系列法规和项目，例如对应 SNPEM 的部长级法规、印尼蓝碳战略框架（IBCSF），以及包括蓝碳在内的 RPJMN 2020—2024 发展计划。尽管取得了显著进展，但资金不足和对以海草床为代表的生态系统了解有限等挑战仍然存在，需要更全面的方法来可持续管理蓝碳资源（WRI INDONESI，2019）。

4. 其他蓝碳项目和计划

除上述外，印度尼西亚在蓝碳领域仍有多个值得关注的项目和计划，这些项目涵盖了碳捕集、利用与封存（CCUS）技术等诸多方面，举例如下。

2023 年，世界经济论坛与印度尼西亚政府签署了合作伙伴关系，以支持扩大蓝碳恢复和海洋保护工作。这标志着双方对于利用海洋生态系统（如红树林、海草和盐沼）捕获和封存碳的重视，这些生态系统对保护海岸线和提供重要的食物来源和就业机会具有至关重要的作用（世界经济论坛，2023）。

2023 年 11 月，印度尼西亚总统佐科在西巴布亚省启动了首个由 BP 公司投资的 CCUS 项目。这个项目标志着印度尼西亚在碳封存技术领域的一个重要步骤，有潜力储存高达 18 亿吨的二氧化碳。该项目是印度尼西亚多个 CCUS 项目的一部分，显示了国家在碳减排技术上的雄心（Reccessary，2023）。同时，BlueINDO 项目是一个注目的举措，专注于印尼境内的蓝碳项目，强调了该国对全球沿海碳储存的重要贡献。该项目包括全面的红树林和泥炭林保护项目，旨在减少二氧化碳排放并促进生态系统的可持续管理（BlueINDO，2023）。

在学术研究方面，印度尼西亚也有部分学者关注本国的蓝碳发展战略。例如，维迪南德·罗伯图亚（Verdinand Robertua）在研究印度尼西亚蓝碳外交时认为需要发挥印度尼西亚地方政府、生态企业与民间组织的作用（Verdinand，2019）。伊内斯·阿约斯蒂纳

（Ines Ayostina）结合定量方法研究印度尼西亚国内蓝碳治理网络的层次分布，分析多元化参与主体对于蓝碳合作网络的必要性（Ines et al，2022）。也有学者以公共治理、环境保护、经济利用为视角研究印度尼西亚国内的蓝碳发展现状。

上述项目和计划显示了印度尼西亚在利用其海洋资源应对气候变化方面的积极作为，同时也展现了国际社会在蓝碳领域合作的潜力。随着这些项目的进一步发展，印度尼西亚有望在全球碳减排和气候行动中发挥更重要的作用。

7.5.2　新加坡

1. 与蓝碳相关的城市规划和政策

据估计，新加坡红树林的总碳储量相当于储存了 1,652,096 吨的二氧化碳，相当于 2010 年新加坡全国二氧化碳排放量的 3.7%（NEA，2014），按年人均排放量计算，约为 621,089 人，占常住人口的 16.2%。新加坡的城市发展轨迹受到一系列战略和土地使用规划的指导。新加坡在将环境问题纳入城市规划方面有着悠久的历史，如今的环境管理方法以绿色计划 2030（SGP 2030）为指导，其中一个关键目标是加强对《巴黎协定》的承诺，并使新加坡能够实现温室气体净零排放的目标（SG GREEN PLAN，2023）。

SGP 2030 促成了一系列与蓝碳栖息地相关的举措，例如，新加坡于 2020 年 4 月发起的“One Million Trees”运动（TreesSG，2020）。到 2030 年，该计划将在新加坡各地种植 100 万棵树，迄今为止种植的树木中有很大一部分是红树林。SGP 2030 还要求到 2030 年为自然公园预留的土地增加 50%，到 2035 年增加 10 km² 的绿地。为实现这一目标，一些新宣布规划的公园已经纳入了蓝碳生态系统。2018 年，新加坡海洋倡导团体启动了最新的蓝色计划，该计划提议保护新加坡大陆和近海岛屿上的几个关键海洋区域，其中许多包含红树林、海草、滩涂和大型藻床。自该报告发布以来，一些潮间带地区已被政府指定为自然公园或具有其他保护地位的地区，以保护新加坡的红树林、短暂的海草和一些最广阔的滩涂。

2. 蓝碳融资中心的区域贡献

像新加坡这样的城市可以在促进城市蓝碳保护方面发挥关键的经济作用。新加坡已经建立和参与了多项绿色金融倡议，例如亚洲可持续金融倡议，以支持机构实施环境、社会和公司治理。现在所有在新加坡证券交易所上市的公司都必须报告其可持续发展目标（Durrani 等，2020）和与气候相关的披露。

新加坡利用其作为大宗商品贸易中心的经验和声誉，成立了一个名为“气候影响 X”的区域碳交易所（S&P Global，2021）。该交易所由几家银行、投资组合和新加坡证券交易所创立。全球对蓝碳信用项目产生了浓厚的兴趣，仅红树林项目就有可能每年产生 12 亿美元的碳信用额销售额（Zeng et al，2021）。蓝碳项目预计将成为在“气候影响 X”上交易的重要碳信用类别，从而加强整个东南亚蓝碳生态系统的保护和恢复。

新加坡还参与了自愿碳市场诚信委员会（ICVCM），该委员会理事会、专家小组和杰出咨询小组都有代表。ICVCM 的使命是建立一套核心碳原则,为全球高质量碳信用额设定新的门槛标准。

3. 与蓝碳有关的国际政策

虽然国际碳政策通常是国家间的事情,但关于地区行为者如何为更大范围的温室气体减排做出贡献的讨论越来越多,许多城市也制定了城市气候减缓计划。

在这方面,蓝碳得到了大量讨论。在新加坡向《联合国气候变化框架公约》提交的温室气体两年期报告中,红树林的排放量和清除量已作为土地利用类别"林地"的一部分列入其中。虽然新加坡在过去两份两年期报告中报告了其土地利用、土地利用变化和林业(LULUCF)部门的净碳源,但该部门的净排放量不到 0.5%。尽管如此,新加坡仍有具体计划加强绿化工作进一步减少排放,包括积极保护和恢复红树林,如万礼红树林和泥滩自然公园。新加坡的《长期低排放发展战略》(NCCS, 2020)同样体现了新加坡利用碳封存提高气候适应能力的努力。

7.5.3 泰国

1. 泰国蓝碳概况

泰国有 24 个沿海省份,总面积 101,678 km²,海岸线长度 3,151.02 km。海洋总领土 321,247 km²,包括内水 61,023 km²、领海 52,216 km²、毗连区 37,185 km²、专属经济区 163,644 km² 和泰马联合开发区 7,179 km²。泰国海洋和海岸带资源包括 2,779 km² 的红树林、256 km² 的海草场、238 km² 的珊瑚礁、971 个岛屿和 609 个海滩(United Nations Climate Change, 2022)。2021 年 11 月 1 日,泰国总理巴育出席在英国格拉斯哥举行的第 26 届联合国气候变化大会(COP26)世界领导人峰会,泰国宣布了到 2050 年的碳中和目标,并在 2065 年或之前实现温室气体净零排放目标。泰国在《第十二个国家经济和社会发展规划(2017—2022 年)》《气候变化总体规划(2015—2030 年)》等规划中将支持温室气体减排和促进低碳增长作为优先事项,鼓励各界联合起来解决问题。尽管泰国尚未将蓝碳生态系统纳入其气候变化应对战略,但近年来泰国在蓝碳生态系统的保护与修复方面取得了一定成果(Stankovic et al, 2023)。根据 2022 年 8 月的《泰国第四次国家信息通报》,2017 年到 2020 年期间,泰国保护和恢复七个省份海草场共计 0.096 km²;2018 年泰国红树林面积相较于 2014 年增长 86.37%。

2. 主要蓝碳项目

2020 年,陶氏泰国公司与泰国海洋和沿海资源部(DMCR)、自然资源与环境部(MNRE)和国际自然保护联盟(IUCN)合作成立了"陶氏与泰国红树林联盟",旨在促进泰国沿海红树林的保护,以可持续地减少全球变暖和海洋垃圾的影响。陶氏与泰国红树林联盟将在罗勇府开展试点项目,此后根据 5 年计划(2020—2024 年)扩展到其他省份。该项目让公共和私营部门以及周边社区参与到了红树林保护,并建立红树林恢复和保护网络,以确保环境、经济和社会之间的利益平衡。此次合作还标志着泰国首次建立红树林碳信用机制（DOW Thailand，2020）。

　　DMCR 作为负责管理红树林资源的牵头机构，设立了"种植红树林，获取碳信誉额"项目，并颁布了《红树林种植和维护条例 B.E. 2564》（2021）以及《红树林碳信用额分享条例 B.E. 2565》（2022），为私营部门和社区参与该项目提供了机会。该项目的目标期限为 10 年（2022—2031 年），在 23 个沿海省份的 48 km² 的土地上实施，泰国温室气体管理组织（TGO）组织负责该项目实施期间的碳信用评估，参与者由 DMCR 批准加入该项目后，必须在 TGO 注册。该项目预计将在短时间内恢复土壤肥沃地区的红树林，每年为政府预算节省高达 6 亿～7 亿泰铢，并为项目区域内的居民创收。根据项目的实施时间表，参与者必须至少在 10 年内持续种植和维护红树林，这些举措可以有效地恢复退化的红树林，促进红树林可持续利用（IUCN，2022）。

7.5.4　马来西亚

　　2015 年，国家自主贡献机制在巴黎气候变化大会上确立，要求各缔约方自行提出应对气候变化的目标。气候变化目标自主贡献内容包括减缓贡献，减缓贡献内容包含减缓目标。马来西亚也提交了自己的国家自主贡献减缓目标和全球环境治理方案，计划到 2030 年将温室气体排放强度与 2005 年的水平相比减少 45%。

1. 国家法律法规及相关管理政策

　　马来西亚拥有约 5,600 km² 的红树林，在第 12 个马来西亚计划（2021—2025）中，就有许多关于红树林以及沿海地区环境保护的政策。马来西亚半岛林业部（Forestry Department Peninsular Malaysia，FDPM）也有针对红树林保护的相关法律法规，包括《1984 年国家林业法》（1993 年修订）、1960 年《土地保护法》《野生动物保护法》《国家公园法》《1974 年环境质量法》和《1935 年水法》（kamaruzaman et al.，2009）。

　　作为 1992 年里约热内卢地球首脑会议的后续行动，马来西亚制定了国家生物多样性政策（National Biodiversity Policy，NBP）。NBP 旨在保护国家的动植物生命，并创造一个安全、健康的环境。此外，马来西亚还制定了一系列涉及生物多样性的部门政策，如国家环境政策、第三次国家农业政策和国家湿地政策。NPE 以八项相互关联和相互支持的原则为基础，这些原则将经济发展目标与环境需求相协调。它的制定是为了补充和加强其他现有国家政策的在环境方面的规定，如林业和工业政策，并考虑到相关的全球关切的国际公约（kamaruzaman et al.，2009）。

　　马来西亚的红树林管理做法因州而异。一般来说，它属于各自的州林业部门的管辖范围。在柔佛、沙巴和砂拉越，这些州拥有自己的国家公园管理局，并通过各自的法令管理其公园。针对马来西亚国内最大的红树林生态系统，马来西亚制定了霹雳州马塘红树林保护区的工作计划。在 1990—1999 年工作计划第二轮的第二个 10 年期间，制定并实施了一项基于生态的森林管理计划。它将管理体系从纯粹基于经济目标转变为包含更广泛的基于生态的目标。这一转变将马塘红树林保护区（The Matang

Mangrove Forest Reserve，MMFR）的功能作用扩展到生产木材的传统作用之外，包括生态旅游、教育和研究活动。修订后的管理目标还包括增加受保护的河流和海岸线区域的面积，保护独特的地点，保护生物多样性，以及保护野生动物繁殖的充足栖息地。总体目标是在生态可持续的框架内，创造持续供应的高产绿木材，作为生产电线杆和木炭的原材料（Aziz 等，2016）。为了保护红树林，马来西亚丹绒比艾国家公园内建立起红树育苗基地，计划每年育苗 1 万株（新华社客户端，2022）。

2. 新型管理手段

减少森林砍伐和退化的排放（Reducing Emissions from Deforestation and Forest Degradation Plus，REDD+）原本是为了减少陆地森林生态系统温室气体排放，最近，由于人们越来越认识到红树林在全球碳循环中作为碳汇的重要性，马来西亚相关研究人员已经开始研究如何将 REDD+ 应用于红树林和其他沿海蓝碳生态系统，包括潮汐盐沼和海草草甸（Aziz et al.，2016）。

3. 国际合作

作为东南亚国家联盟（the Association of Southeast Asian Nations，ASEAN）国家之一的马来西亚已承诺通过新成立的东盟红树林网络（ASEAN Mangrove Network，AMNET）进行合作管理，该网络反映了国际海洋和海洋管理中心的其他举措，如东亚海洋环境管理伙伴关系，旨在建立国家间的区域伙伴关系，促进国家内部的合作管理（Friess，2016）。

7.5.5 缅甸

世界视野国际基金会（Worldview International Foundation，WIF）在其 48 年的历史中开创了许多可持续发展项目。最新的一项是 2018 年对其在缅甸的 22 km² 红树林恢复项目的核证碳标准（the Verified Carbon Standard，VCS）核实，该项目共减少了 350 万吨二氧化碳，这是缅甸红树林／蓝碳项目首次获得里程碑式的成功（Ecofriend World，2018）。

该项目于 2012 年开始为期 3 年的研究，目标为预计 2020—2023 年在缅甸伊洛瓦底江地区的 Chaungta、Magyizin、Bawmi、Kyunhlargyi 和 Thitphyu 村重新种植 5 km² 严重退化的红树林（Vlinder，2020）。项目具体实施进程安排见表 7.5.1。此后该项目发展成为支持《巴黎气候协定》和联合国可持续发展目标的高质量项目，第一阶段种植了 600 万棵树。其 86% 的植物存活成功率远高于平均 50% 与 WIF 合作的 Vlinder 组织在 20 年的整个项目期间持续进行种植园维护、保护和监测（Ecofriend World，2018）。

该项目与沿海社区密切合作，恢复被毁的森林，大幅增加社会最贫穷阶层的收入，70% 的现场工作人员是受过红树林恢复专门培训的妇女。

表 7.5.1　项目的具体进程安排（Ecofriend World，2018）

2020 年 11 月	准备在 2020/2021 年种植 5 km²
2020 年 12 月	种植了 1.4 km²，树木生长健康
2021 年 1 月	在即将到来的春季，超过 1,000 万颗种子被收集用于苗圃和种植
2021 年 2 月	开展社区支持活动，为项目地区的医院和学校提供紧急支持，帮助应对新冠 19 的挑战
2021 年 11 月	5 km² 种植完成
2023 年 11 月	将发放的第一笔信贷

WIF 的目标是在未来 15 年内恢复缅甸 1,000 km² 被毁的红树林，并将于 2019 年开始在印度和印度尼西亚种植。其目标是种植超过 10 亿棵红树林，减少 5 亿吨二氧化碳排放，改善脆弱沿海社区 1,000 多万人的生活。

7.5.6　文莱

在全球约 68,000 km² 红树林中，东南亚的红树林约占总量的 34% ~ 42%。其中，印度尼西亚的红树林覆盖率最高（60%），其次是马来西亚（11.7%）、缅甸（8.8%）和泰国（5%）（Yahya et al.，2020）。文莱湾的红树林是东亚面积最大的相对未受干扰的森林之一（Satyanarayana et al.，2018）。根据文莱达鲁萨兰国林业部数据显示，该国红树林面积约 184.18 km²，占土地面积的 3%，主要分布在文莱湾内部（Forestry Department，2023，面积大且未受干扰（联合国教科文组织，2022）。

文莱达鲁萨兰国政府林业部负责管理红树林湿地生态系统，由于多种原因，文莱的红树林逐渐减少，湿地生态系统的质量也在下降，目前也未形成针对沿海红树林湿地生态系统的举措（Islam et al.，2018）。2022 年 4 月 10 日，文莱气候变化秘书处（BCCS）与林业部和环境、公园和娱乐部（JASTRe）合作，在 BruWILD（当地非政府组织）的支持下组织了"蓝碳倡议"活动。共有 50 棵红树林树苗和 100 棵沿海树木被种植在穆阿拉丹戎峇都的阿皮阿皮湿地（Api-Api Wetland），计划至 2035 年种植 50 万棵树木。"蓝碳倡议"强调了红树林和沿海树木在解决气候变化相关问题方面的重要性，红树林的碳吸收能力是热带林木的 5 倍，具有很高的碳封存能力，能够有效增加碳汇。同时，沿海树木可以保护海岸免受侵蚀，降低风速（Department of Environment, Parks and Recreation，2021）。该活动符合文莱国家气候变化政策（BNCCP）和 Protokol Hijau 制定战略的内容，即增加森林覆盖率。

7.5.7　菲律宾

菲律宾是一个由约 7,100 个岛屿组成的群岛国家，沿红树林、海草床和珊瑚礁与 36,300 km 的海岸线接壤。这些海洋栖息地在向全国 1,500 多个城镇和 42,000 个村庄提供食物和其他商品和服务方面发挥着重要作用。特别是红树林，提供了大量的渔业（海藻、鱼类、蟹类、对虾、软体动物等无脊椎动物）和林业（木材、薪柴、皮革用于染料、纤维和绳索、软木等）产品。红树林设施包括保护海岸免受台风和风暴潮的影响、侵蚀控制、洪水调节、沉积物捕获、营养循环、野生动物栖息地和苗圃（Primavera et al.，2008）。

1976年，国家红树林委员会（NMC）成立，其任务是设计一个全面、综合的方案，使红树林规划和管理程序合理化，并审查当时所有的鱼塘租赁和木材许可证。"国家造林计划"下的红树林种植始于20世纪80年代，第一个项目在苏禄马伦加斯群岛，占地45.6 km²。第一个获得大规模国际发展援助的红树林项目是1984年世界银行资助的中央维萨亚斯地区项目。此后，国民政府启动了一批外部援助的红树林项目。社区和地方政府实施的红树林修复项目有保和岛的帕甘甘岛和巴纳康岛、中央维萨亚斯地区项目、林业部门项目、渔业部门项目、渔业资源管理项目、基于社区的资源管理项目、伊洛伊洛的皮尤项目等（Primavera et al.，2008）。

菲律宾红树林的面积一直在下降，从1950年到2010年，菲律宾损失了600 km²红树林，使覆盖面积从原来的3,100 km²减少到2,500 km²，平均每年损失0.3%，远低于全球观测到的下降（-1.9%每年）（Menendez et al.，2018），与之形成对比的是，鱼虾养殖池的面积却增至2,320 km²。这种现象引发了红树林重新植树项目的广泛关注，从20世纪30年代至50年代的社区自主行动，到1970年代的政府赞助项目，再到1980年代至今的大规模国际发展援助项目。然而，尽管在过去几十年中注入大量资金进行红树林的大规模复育，但其长期存活率普遍偏低，仅为10%～20%。这种低存活率主要可以追溯到两个主要因素：不当的树种选择和不适宜的场地选择。人们倾向于选择并大量种植不适应沙质基质的红树种属，如角果树，而非其自然分布的乌桕树和角树。更重要的是，这些种植地点通常位于红树林难以生存的低潮带至亚潮带区，而不是其更为适宜的中至上潮带水平。这一现象的原因在于，理想的种植地点早已被改建为半咸水鱼塘，而前者则成了无所有权问题的开放区域。尽管鱼塘所有权问题可能是复杂且困难的，但这不应凌驾于生态要求之上：红树林应当被种植在鱼塘所在的地方，而非在海草床和潮间带沙滩等其从未存在的地方（Primavera et al.，2008）。

菲律宾海藻产业是该国第一大水产养殖商品，占其水产养殖总产量的60%～70%。海藻是菲律宾最主要的渔业出口产品之一，2019年的出口额为2.5亿美元。此外，超过100万菲律宾人（其中大部分是农民）依靠这一产业为生。但在目前，该产业正受到诸多问题的威胁，其中最主要的问题是产量下降（BFAR，2022）。

海藻是菲律宾第一大水产养殖商品，占该国水产养殖总产量的60%～70%，同时也是该国最主要的渔业出口产品之一，2019年的出口额为2.5亿美元。此外，超过100万菲律宾人（其中大部分是农民）依靠这一产业为生。菲律宾渔业和水生资源局渔业发展项目下的水产养殖业子项目关注菲律宾海藻产业，发放海藻种植体并通过集体种植的方式改善海藻产业现状。这是实施2020年第27号行政命令系列中规定的"农场和渔业集群与整合计划"（F2C2）以实现更具包容性的农业企业发展的完美模板。海藻农民合作社是实现这一目标的完美载体。

7.5.8　柬埔寨

柬埔寨曾拥有世界上面积最大、种类最丰富的海草草甸（Marine Conservation Cambodia, 2023），柬埔寨海洋保护组织的柬埔寨海草保护项目致力于养护、保护和扩大柬埔寨沿海水域的海草草甸。同时还帮助依赖海草相关资源的当地社区。

柬埔寨的柬中综合投资开发试验区即七星海，畔邻泰国湾，沿柬埔寨王国西南海滨，占地 360 km²，呈 L 形向两翼延伸，海岸线长约 90 km，约占柬埔寨总海岸长的五分之一，占柬埔寨优质海岸线的二分之一，有着世界第二大红树林，面积达 47.74 km²（幸枫财经商业，2023）。

7.5.9　越南

越南拥有丰富的红树林资源，在海岸保护、减少温室气体排放以及储存碳方面发挥着重要作用。然而由于过度砍伐、水产养殖和战争的影响，红树林遭到了严重的破坏。为了应对这一问题，越南政府实施了多项红树林恢复和保护项目。

越南红树林的管辖主要由农业和农村发展部（MARD）和自然资源和环境部（MONRE）共同管理，MARD 制定相关的保护计划和规划，MONRE 对土地进行分配，颁发长期土地使用证，土地使用证上关于红树林的信息由 MARD 提供。并设有人民委员会负责监督相关法律在其管辖范围内的实施和执行，评估和批准各土地管理者对管辖内红树林功能转化的计划，实施管辖范围内的环境影响评估。

越南政府出台很多相关政策对红树林生态系统进行保护，也有针对红树林保护的相关法律法规，包括《森林保护与发展法》将红树林视为一类特殊性质的森林来进行管理；《海洋和海岛资源环境法》都将红树林视为重要的海洋资源，规定要采取必要措施来保护红树林生态系统；《生物多样性法》强调保护国家的生物多样性资源，法律承认森林和红树林的环境价值（丁小芹等，2018）。

1990 年至今，越南政府实施了多项修复方案和项目。其中为了抵御热带台风和适应气候变化，红树林修复项目主要集中在越南北部和中部，近年来，面对气候变化和海平面上升问题，红树林修复项目更多集中在越南南部，特别是湄公河三角洲区域（Thuc et al., 2016）。例如，1992 年政府根据第 327 号决定，启动一项大型红树林造林计划，种植红树林 520 km²。2011 年至 2020 年，根据国家目标计划、森林保护和发展计划以及其他相关计划，共实施 113 个项目，恢复红树林 480 km²。除了这些国家资助的项目外，湄公河三角洲的红树林恢复还得到了国际非政府组织的支持，这些非政府组织包括 KFW 开发银行（MARD, 2014）、绿色气候基金（SNV, 2016）、联合国开发计划署（UNDP, 2015）、国际气候倡议（MARD, 2014）和世界银行（WB, 2017; Hai et al., 2020）。

红树林具有较高的碳存储能力，因此，修复项目有助于碳减排战略，红树林修复已经被纳入许多国际协议。森林恢复对减少温室气体排放的贡献首先在《联合国气候变化框架公约》（UNFCCC）和越南的发展机制（CDM）中得到承认。《联合国气候变化框架公约》的其他森林机制也纳入其中，例如，减少森林砍伐和退化的排放（REDD+），REDD+涉及发展中国家森林的保护、可持续管理和增加森林碳储量的作用（Hai et al.，2020）。

　　随着《巴黎协定》的通过，包括越南在内的29个缔约方承诺将红树林修复作为其国家自主贡献的一部分来面对气候变化。未来，将蓝碳纳入国家NDC是一个重要的机会。在越南的国家自主贡献计划（INDCs）中，红树林修复被提议作为缓解气候变化的重要举措之一（Herr et al.，2016）。

》参考文献

［1］丁小芹,张继伟. 中越红树林保护管理的比较与经验借鉴分析［J］. 环境与可持续发展,2018,43（3）:73-76.

［2］李雪威,李佳兴. "双碳"目标下中国与印度尼西亚的蓝碳合作研究［J］. 广西社会科学,2022（12）:47-55.

［3］Aziz A A, Thomas S, Dargusch P, et al. Assessing the potential of REDD+ in a production mangrove forest in Malaysia using stakeholder analysis and ecosystem services mapping［J］. Marine Policy, 2016, 74:6-17.

［4］Blue Carbon Accelerator Fund. Australian Government and International Union for Conservation of Nature［R/OL］n.d., https://bluenaturalcapital.org/bcaf/Fund.

［5］Cameron C, Hutley L B, Friess D A, et al. Community structure dynamics and carbon stock change of rehabilitated mangrove forests in Sulawesi, Indonesia［J］. Ecological Applications, 2018, 29（1）.

［6］Carbon Credits. First Carbon Credit Methodology for Seagrass Developed in France［EB/OL］. https://carboncredits.com/first-carbon-credit-methodology-for-seagrass-developed-in-france.

［7］Conservation International. Colombia, a new way to protect mangroves takes root［EB/OL］. https://www.conservation.org/.

［8］Durrani A, Rosmin M, Volz U.The role of central banks in scaling up sustainable finance - what do monetary authorities in the Asia-Pacific region think? ［J］. Journal of Sustainable Finance & Investment, 2020, 10:112-92.

［9］Ecofriendworld. First in Myanmar with Mangrove Blue Carbon credit issuance［EB/OL］. 2018, https://ecofriend.world/2018/11/16/first-in-myanmar-with-mangrove-blue-carbon-credit-issuance/.

［10］Europea Marine Board. Blue Carbon:Challenges and Opportunities to Mitigate the Climate and Biodiversity Crises［EB/OL］. https://www.marineboard.eu/publications/blue-carbon.

［11］Filbee-Dexter K, Wernberg T. Substantial blue carbon in overlooked Australian kelp forests ［J］. Sci Rep, 2020, 10(1): 12341.

［12］Friess DA, Thompson BS, Brown B, Amir AA, et al. Policy challenges and approaches for the conservation of mangrove forests in Southeast Asia［J］. Conserv Biol. 2016 Oct 30（5）: 933-49.

［13］Hai N.T, Dell B, Phuong V.T, et al. Towards a more robust approach for the restoration of mangroves in Vietnam［J］. Annals of Forest Science, 2020, 77（137）:17-35.

［14］Hamerkop. The potential for blue carbon offsetting projects in Europe［EB/OL］. https://www.hamerkop.co/blog/blue-carbon-offsetting-projects-in-europe.

［15］Herr D, Landis E. Coastal blue carbon ecosystems. Opportunities for nationally determined contributions［R］, 2016.

［16］Ines A, Lucentezza N, Barakalla R, et al. Network analysis of blue carbon governance process in Indonesia［J］. Marine Policy, 2022（137）:1-10.

［17］IPCC. Special Report on the Ocean and Cryosphere in a Changing Climate［EB/OL］. https://www.ipcc.ch/srocc/.

［18］Islam S N, Rahman N H H A, Reinstadtler S, et al. Assessment and Management Strategies of Mangrove Forests Alongside the Mangsalut River Basin（Brunei Darussalam, on the Island of Borneo）［M］//MAKOWSKI C, FINKL C W. Threats to Mangrove Forests:25. Cham: Springer International Publishing, 2018:401-417.

［19］Kamaruzaman J, Bin H T D H D. Managing Sustainable Mangrove Forests in Peninsular Malaysia［J］. Journal of Sustainable Development, 2009, 1（1）:88.

［20］Menendez P, Losada I J, Beck M W, et al. Valuing the protection services of mangroves at national scale:The Philippines［J/OL］. Ecosystem Services, 2018, 34:24-36.

［21］NCCS. Charting Singapore's low-carbon and climate resilient future［Z］. National Climate Change Secretariat, 2020.

［22］NEA. Singapore's third national communication under the United Nations framework convention on climate change［Z］. National Environment Agency, Government of Singapore, Singapore, 2014.

［23］Primavera J H, Esteban J M A. A review of mangrove rehabilitation in the Philippines: successes, failures and future prospects［J］. Wetlands Ecology and Management, 2008, 16（5）:345-358.

［24］Satyanarayana B, M. Muslim A, Izzaty H N A, et al. Status of the undisturbed mangroves at Brunei Bay, East Malaysia:a preliminary assessment based on remote sensing and ground-truth observations［J］. PeerJ, 2018, 6:e4397.

［25］Stankocic M, Panyawai J, Khanthassimachalerm N, et al. National assessment and variability of blue carbon in seagrass ecosystems in Thailand［J/OL］. Marine Pollution Bulletin, 2023, 197:115708.

［26］SSwansea University Prifysgol Abertawe. The UK's biggest seagrass restoration project［EB/OL］. https://www.swansea.ac.uk/research/research-highlights/sustainable-futures-energy-environment/seagrass.

［27］SThe Fish Site. 12 Blue Carbon Mangrove Projects to Watch［EB/OL］. https://thefishsite.com/articles/12-blue-carbon-mangrove-projects-to-watch.

[28] SUnited Nations Environment Programme[EB/OL]. Blue carbon：the role of healthy oceans in binding carbon[EB/OL]. https：//wedocs.unep.org/20.500.11822/7772.

[29] SUnited Nations Environment Programme. Out of the Blue：The Value of Seagrasses to the Environment and to People[EB/OL]. https：//www.unep.org/resources/report/out-blue-value-seagrasses-environment-and-people.

[30] Walden L, Serrano O, Zhang M, et al. Multi-scale mapping of Australia's terrestrial and blue carbon stocks and their continental and bioregional drivers[J]. Commun Earth Environ, 2023, 4：189.

[31] World Bank. Unlocking Blue Carbon Development：Investment Readiness Framework for Governments[Z/OL]. http：//hdl.handle.net/10986/40334 License：CC BY-NC 3.0 IGO.

[32] SYahya N, Idris I, Rosli N S, et al. Mangrove-associated bivalves in Southeast Asia：A review[J]. Regional Studies in Marine Science, 2020, 38：101382.

[33] SZeng Y, Friess D A, Sarira T V, et al. Global potential and limits of mangrove blue carbon for climate change mitigation[J]. Current Biology, 2021.

国内蓝碳大事记

• 2016 年 12 月,山东威海南海新区启动国家海洋碳汇研发基地建设。

• 2017 年 4 月 19 日,习近平总书记在广西北海金海湾红树林生态保护区考察时强调:一定要尊重科学、落实责任,把红树林保护好。

• 2017 年 8 月 22 日,福建厦门产权交易中心(厦门市碳和排污权交易中心)参与制定了金砖国家领导人厦门会晤碳中和项目方案,在国内率先运用红树林海洋碳汇实施碳中和,成为金砖国家领导人会晤历史上第一次实现"零碳排放"。

• 2021 年 4 月,广东湛江红树林造林项目成为全球首个同时符合自愿碳减排核证标准(VCS)和气候社区生物多样性标准(CCB)的碳汇项目,是我国开发的首个蓝碳交易项目。

• 2021 年 5 月 8 日,广东深圳大鹏区生态环境局编制完成全国首个《海洋碳汇核算指南》。

• 2021 年 6 月 8 日,广东湛江完成我国首笔"蓝碳"交易项目¾广东湛江红树林碳汇交易项目。

• 2021 年 7 月,福建厦门产权交易中心设立全国首个海洋碳汇交易平台。

• 2021 年 7 月 19 日,兴业银行厦门分行与福建厦门产权交易中心合作,并设立全国首个"蓝碳基金",开创了全国蓝碳金融先河。

• 2021 年 8 月 10 日,山东荣成农商银行完成全国首笔"海洋碳汇贷"。

• 2021 年 9 月 12 日,福建厦门产权交易中心海洋碳汇交易平台完成了福建首宗海洋碳汇交易¾泉州洛阳江红树林生态修复项目 2000 吨海洋碳汇。

• 2021 年 10 月 24 日,国务院印发 2030 年前碳达峰行动方案,明确提出"整体推进海洋生态系统保护和修复,提升红树林、海草床、盐沼等固碳能力"等碳汇能力巩固提升行动。

• 2022 年 1 月 1 日,福建厦门产权交易中心成功完成我国首宗海洋渔业碳汇交易。

• 2022 年 3 月 18 日,海南国际碳排放权交易中心获批设立。

• 2022 年 7 月 28 日,《海南省海洋生态系统碳汇试点工作方案(2022—2024 年)》发布。

• 2022 年 11 月 5 日,习近平总书记出席在武汉举行的《湿地公约》第 14 届缔约方大会开幕式上宣布:中国将在深圳建立"国际红树林中心"。

• 2022 年 12 月 30 日,海南国际碳排放权交易中心首单跨境碳交易成功落地。

• 2023 年 1 月 1 日,自然资源部 2022 年批准发布的《海洋碳汇核算方法》(HY/

T0349-2022)行业标准正式实施。

- 2023 年 2 月 28 日,全国首单"蓝碳"拍卖在浙江宁波成交。
- 2023 年 4 月 4 日,广东省印发我国首个蓝碳碳普惠方法学《广东省红树林碳普惠方法学(2023 年版)》。
- 2023 年 4 月 10 日,习近平总书记到湛江市麻章区湖光镇金牛岛红树林片区考察时强调:这片红树林是"国宝",要像爱护眼睛一样守护好!
- 2023 年 5 月 13 日,自然资源部办公厅印发实施 6 项蓝碳系列技术规程。
- 2022 年 5 月 19 日,福建秀屿区依托海峡资源环境交易中心进行了全国首个双壳贝类碳汇交易项目。
- 2023 年 6 月 8 日,浙江省首单红树林蓝碳交易在苍南落地。
- 2023 年 9 月 15 日,生态环境部正式通过《温室气体自愿减排交易管理办法(试行)》。
- 2023 年 9 月,江苏省组织制定《潮滩与盐沼生态系统碳储量调查技术规范》《海岸线分类与调查技术规范》两项标准,首次明确了潮滩与盐沼生态系统中碳储量的调查方法和评估标准等。
- 2023 年 9 月 15 日,广西首宗"蓝碳"交易在北部湾产权交易所集团广西(中国—东盟)蓝碳交易服务平台挂牌成交。
- 2023 年 9 月 26 日,我国首单红树林保护碳汇在深圳土地房产交易大厦内成功拍卖。
- 2023 年 9 月 26 日,我国首笔盐沼蓝碳交易项目在江苏盐城正式签约。
- 2023 年 9 月,全球首个国际红树林中心正式落户深圳。
- 2023 年 10 月 20 日,生态环境部、市场监管总局正式发布《温室气体自愿减排交易管理办法(试行)》。
- 2023 年 10 月 24 日,生态环境部发布首批 4 项 CCER(China Certified Emission Reduction)方法学,包括造林碳汇、并网光热发电、并网海上风力发电、红树林营造。
- 2023 年 11 月 28 日,国家发改委公布全国首批 35 个碳试点名单。
- 2024 年 1 月 11 日,自然资源部办公厅印发实施《蓝碳生态系统保护修复项目增汇成效评估技术规程(试行)》。
- 2024 年 1 月 25 日,国务院总理李强签署第 775 号国务院令,公布《碳排放权交易管理暂行条例》,于 2024 年 5 月 1 日正式发布施行。
- 2024 年 3 月 11 日,浙江宁波产权交易中心联合福建厦门产权交易中心在浙江象山县设立全国首个跨省共建的蓝碳生态碳账户。
- 2024 年 5 月 16 日,厦门产权交易中心携手厦门人保财险推出全国首单蓝碳交易财产安全险。